北朝鮮の軍事工業化

北朝鮮の軍事工業化

―― 帝国の戦争から金日成の戦争へ ――

木村光彦
安部桂司 著

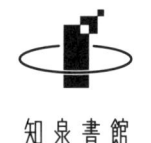

知泉書館

凡　例

* 引用資料で判読不能箇所は xxxx で示す（ひとつの x がひとつの文字を表わすとは限らない）．
* 用語や表記が引用文献によって異なる場合，本文ではできるだけ統一を図った（たとえば，精錬は製錬に，溶鉱炉は熔鉱炉に統一した）．
* 平安南道，咸鏡北道など各道の名称は，平南，咸北などと略す場合がある．
* 表で，n. a.はデータ欠如，‐（ダッシュ）または空白は，単位未満，該当なしあるいは不明を意味する．
* ロシア語は，Roman Alphabet で表記する．
* 出版地の記載のない引用文献はすべて東京で出版されたものである．
* 社史を再引用する場合，発行当時の社名で示す．

北朝鮮産業略図

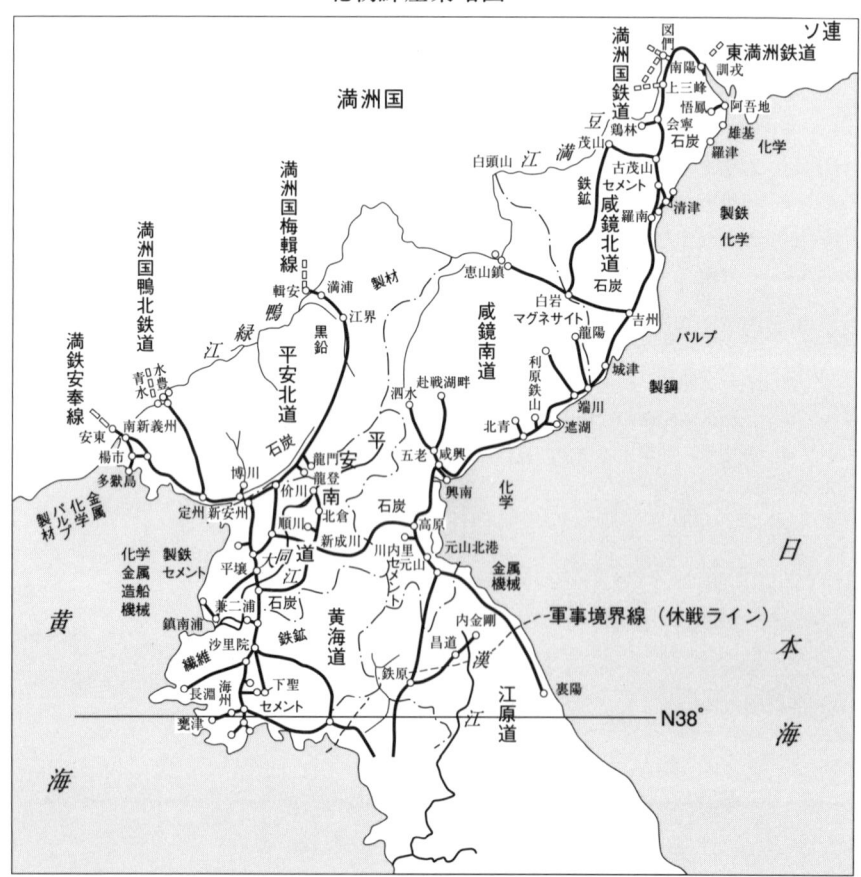

注） 黒線は終戦時の鉄道路線，白丸はターミナル駅と主要駅を示す．鉱産物は石炭，鉄鉱，黒鉛，マグネサイトのみ代表的な産地を記す．この図は終戦時の状況を示すが，参考のために朝鮮戦争後の南北の境界線も記した．

は し が き

　1904-05年の日露戦争を経て，日本帝国は1910年に大韓帝国を併合した．これによって朝鮮半島は完全に日本の支配下にはいり，日本の大陸進出の足場が固まった．その後1931年に満洲事変がおこり，日本は中国との軍事対立をふかめた．この対立は1937年以降全面戦争に発展した．日本帝国は戦時体制を敷き，戦争遂行のために人的・物的資源を動員した．日本本土のみならず朝鮮・満洲で，鉱物資源の開発と軍需生産拡充計画が進行した．1941年に日米戦争がはじまると，この動きは一層加速・拡大した．1945年8月15日，日本帝国は崩壊した．朝鮮半島では，北緯38度線以北がソ連，以南が米国の支配下におかれた．南北は次第に対立をふかめ，1948年にはそれぞれが独自に国家を創設した．1950年6月25日，北の指導者，金日成は南への軍事進攻を開始した．こうして朝鮮半島では，日本帝国崩壊から5年後にあらたな戦争が始まった．

　本書では，上記の期間——1910-50年——の朝鮮半島38度線以北（以下，北朝鮮）の工業化を論じる．とくに戦時期から朝鮮戦争にいたる時期に，北朝鮮でいかに工業化が進展し，それがいかに戦争とかかわったのかを考える．

　この主題は現在まで未開拓である．従来，1910-45年間の工業化は，植民地工業化論の枠組の中で議論されてきた．他方，1945-50年間の北朝鮮にかんする出来事は，主として朝鮮戦争論の中で論じられた．両者は別個の問題領域を形成し，その相互関連はほとんど考察対象にならなかった．しかも前者では，戦時末期——1943年ごろから帝国崩壊まで——の工業化は，十分に分析されていなかった．資料の制約から，多くの議論は1940年ごろで終わっている[1]．くわえて，議論が日本帝国による収奪に集

　1）近年の代表作には以下がある．河合和男・尹明憲『植民地期の朝鮮工業』未来社，

中し，それ以外の視点がはなはだ希薄であった．後者では，経済面の研究がおくれている．すなわち，今までの朝鮮戦争論は外交や政治に偏し，戦争の経済的側面に考察がおよんでいない[2]．戦争をおこすには当然，兵器が要る．のみならず，多様な軍需物資——燃料や各種の兵員装備品——が必要である．これらを得るには，国内に生産力——経済基盤——がなくてはならない．外国から得る場合も，無償援助に全面的にたよらないかぎり，対価支払いのためにやはり国内生産力が必要である．開戦にあたり，金日成はこうした経済問題にどのように対処したのであろうか．これを考えるには，植民地工業化を視野に入れることが欠かせない．

本書の著者のひとり，木村は先に，『北朝鮮の経済——起源・形成・崩壊』（以下，木村前著）を著した．そこでは，帝国の支配体制と金日成のそれが，全体主義という点で連続性をもつことを強調した．本書の問題意識は，この議論の延長線上にある．

本書は，企業ないし工場史，技術史の観点から主題に接近する．具体的には第1に，帝国支配下の北朝鮮でどのような企業や工場が発展したのかを究明する．大規模な企業・工場のみならず，小規模であっても重要性が高いと考えるものは，可能なかぎり調べる．そこでは，生産量，設備，技術に焦点をあてる．第2に，帝国崩壊後にソ連軍および金日成政権がそれらをいかに継承し，いかに運営したのかを調査し，朝鮮戦争の準備過程を経済面からあきらかにする．

本書の議論の要点はつぎのとおりである．
「併合以降，北朝鮮の鉱工業は大きく発展した．とくに1940-45年の軍事工業の発展は，従来考えられていた以上に急速かつ広汎で，その結果北朝鮮はアジアで有数の近代工業地帯に変貌した．帝国の崩壊後，生産設備はソ連占領軍の手を経て金日成政権に継承された．同政権はこれを基盤に周到に戦争準備を行ない，南へ進攻した．この点で，帝国の戦争準備は金日

1991年，堀和生『朝鮮工業化の史的分析』有斐閣，1995年，金仁鎬『太平洋戦争期朝鮮工業研究』図書出版新書苑，ソウル，1998年．河合・尹の分析対象はおおむね1940年までである．堀の書物は戦時末期（および戦後韓国）を視野に入れた労作であるが，分析の力点を電力業と化学工業においている．金の著作は，1940-45年の朝鮮工業化を主題としている点で貴重である．しかし北朝鮮関係の叙述は少ない．

2) 政治・歴史学者による朝鮮戦争の研究は枚挙に暇がない．最近の成果については，和田春樹『朝鮮戦争全史』岩波書店，2002年参照．

成の戦争準備に直結した.」

　本書でもちいる主な資料は，前半では内務省の調査報告と日本企業の社史である．前者は，日本企業が朝鮮にのこした在外資産の概要報告で，終戦直後に内務省が各企業に提出を命じたものである．この資料は中央日韓協会資料の一部で，現在は学習院大学東洋文化研究所が所蔵している．本研究ではこれを全面的に調査，整理する．社史は，会社に不都合な事実を省略する傾向がある点，精粗がまちまちである点に難がある．これらの欠陥はできるだけ，他の資料でおぎなう．帝国の朝鮮支配には，つよい負の側面があった．戦時期の労働動員がそれである．多くの社史はこれにほとんど触れていない．しかし労働力の調達方法や労働条件は本書の主たる関心外であるので，この欠けはとくに大きな問題ではない．後半では，ロシア語の旧ソ連政府内部文書を利用する．これらは現在，ロシアの外務省公文書館と経済文書館に所蔵されている．終戦直後の状況については日本側の資料——社史や証言を多用する．そのほか，捕獲資料（米軍が朝鮮戦争中に奪取した北朝鮮の内部資料）や韓国の文献を参考にする．

　本書の構成を以下に示す．

　前編は1910-45年すなわち植民地期の工業化を論じる．第1章の主題は鉱業である．従来の植民地工業化論では，鉱業は軽視または無視されてきた．しかし北朝鮮の工業化は，鉱業を抜きには論じられない．ここでは石炭をはじめ各種の鉱物資源の開発状況を調べる．つづく各章は，金属・機械工業（第2章），化学工業（第3章），繊維・食料品・その他工業（第4章）を主題とする．第5章は，上記各章の要約と全体の展望を与える．付論1〜3は，植民地期北朝鮮の工業化に関連する主題——インフラストラクチュア（電力・鉄道・港湾），技術者，南朝鮮の工業化を手短に検討する．

　後編は1945-50年を対象とする．第6章は，日本帝国崩壊直後に在北朝鮮の旧日本企業にどのような物的損害が生じたのかを解明する．スターリンの占領政策についても触れる．第7，第8章は工業の再建と題し，1945-47年，1948年末の工業の実態を検討する．第9章は，金日成が開戦に向けて物資面でいかに準備を整えたのかを究明する．エピローグで本書をしめくくる．付論4は，北朝鮮がソ連に輸出した戦略物資，M精鉱（モナザ

イト）について解説する．末尾に「資料」を付する．資料1は帝国の鉱工業遺産目録を意図したもので，本書のデータ分析の基礎をなす．今後の研究のためにも，できるだけ詳細に記す．資料2～5は，あらたに発掘した旧ソ連文書の紹介である．政治・経済の観点からとくに貴重な文書を選んで，全文または一部を翻訳する．内容は，北朝鮮北東部3港の貸与規定（資料2），兵器工場の建設支援をふくむソ連の対北朝鮮技術援助（同3），朝鮮戦争中の北朝鮮軍事委員会決定書（同4），地下兵器工場の状況報告（同5）である．資料6は，戦前・戦後の北朝鮮工業の連続性を示すデータである．

本書は，対象期間中の北朝鮮工業の総合的研究を意図したものではない．叙述の多くは技術的説明と工場別のデータの提示に割く．こうした点に関心をもたない読者は，第5章の前編総括，後編の各章のまとめおよびエピローグに目を通せば，本書の内容把握に十分であろう．

本書では，38度線以北を北朝鮮と呼ぶのに合わせて，以南を南朝鮮（1948年の建国以降は韓国）と表記する．これは便宜のためであり，他意はない．日本軍の真珠湾攻撃（1941年12月）に始まった戦争は，一般に太平洋戦争と呼ばれる．最近ではアジア太平洋戦争とも呼ばれる．本書では，主たる交戦国を明示するために日米戦争と表記する．

目　次

凡例 ·· v
北朝鮮産業略図 ·· vi
はしがき ·· vii

前編　1910-1945 年

第1章　鉱　業 ·· 5
　1　石　炭 ··· 5
　2　その他（金属・非金属）鉱物 ··································· 12

第2章　金属・機械工業 ·· 23
　1　製　鉄 ·· 23
　2　製錬，軽金属 ·· 35
　3　機械・鋳物，兵器・造船 ·· 43

第3章　化学工業 ·· 49
　1　肥料・カーバイドおよび関連製品 ······························ 51
　2　火薬・油脂 ·· 57
　3　タール・人造石油・石油精製，電極 ··························· 61
　4　製紙・パルプ・人絹 ·· 65
　5　セメント，耐火煉瓦・陶器 ····································· 70
　6　その他 ·· 75

第4章　繊維・食料品・その他工業 ································ 81
　1　繊　維 ·· 81
　2　食料品 ·· 86
　3　その他 ·· 91

第5章 総　括 …………………………………………………………95
1 　企業活動 ……………………………………………………95
2 　技　術 ………………………………………………………101
3 　巨視的観察 …………………………………………………107
4 　むすび ………………………………………………………108

付論1　電力，鉄道，港湾 …………………………………………113
1 　電　力 ………………………………………………………113
2 　鉄　道 ………………………………………………………116
3 　港　湾 ………………………………………………………119
付論2　技術者 ………………………………………………………122
付論3　南朝鮮の工業化 ……………………………………………129

後編　1945-1950年

第6章　帝国の崩壊と物的損害 …………………………………137
1 　ソ連軍の進攻と企業活動の停止 …………………………137
2 　設備の損害 …………………………………………………142
3 　原材料・製品の損害 ………………………………………146
4 　スターリンの政策——むすびに代えて …………………148

第7章　工業の再建 (1) ……………………………………………150
1 　操業再開の試み ……………………………………………150
2 　日本人技術者 ………………………………………………151
3 　生産水準 ……………………………………………………161
4 　要　約 ………………………………………………………165

第8章　工業の再建 (2) ……………………………………………166
1 　ソ連報告の内容 ……………………………………………167
2 　検　討 ………………………………………………………186
3 　まとめ ………………………………………………………194

第9章　開戦に向けて ……………………………………………196

目　次　　xiii

  1　ソ連製兵器の獲得 …………………………………………………196
  2　軍需品の国内生産 …………………………………………………207
  3　結 ……………………………………………………………………210

エピローグ ………………………………………………………………………211

付論4　M精鉱とウラン鉱 ……………………………………………………215

資　料

 1　1944-45年の北朝鮮鉱工業にかんする資料：企業・工場の概要………221
 2　清津，羅津，雄基3港の貸与規定を示す旧ソ連の報告書 ……………255
 3　朝鮮戦争開始前後の対北朝鮮技術援助の実態を示す旧ソ連の報告書…257
 4　1950年7月の朝鮮民主主義人民共和国（DPRK）軍事委員会命令書…262
 5　朝鮮戦争中の地下兵器工場の状況報告 …………………………………265
 6　戦前・戦後の継承関係からみた北朝鮮の工場 …………………………269

あとがき ……………………………………………………………………………271
参考文献 ……………………………………………………………………………277
索引（事項，会社・工場・鉱山・事業所・研究所，人名）……………………291
英文目次・要旨 ……………………………………………………………………327

図表目次

表 2-1	兼二浦製鉄所の鋼塊・鋼材生産量，1934-45 年	26
表 2-2	日本高周波重工業城津工場の生産実績，1943-45 年	29
図 3-1	北朝鮮化学工業の基本生産系統図	50
表 5-1	鉱物資源とその用途，北朝鮮における分布状況	97
表 5-2	終戦時の北朝鮮の大規模工場：事業投資額，従業員数，主要製品	102
表 5-3	南北別工業生産額，1915-40 年（5 年毎）	108
表 5-4	基礎資材生産量，全朝鮮，1941-44 年度	109
表 5-5	鉱産物生産量，全朝鮮，1937，1941，1944 年度	110
表 5-6	1944 年末の基礎資材生産能力，日本帝国全体と朝鮮	111
表(付)1-1	北朝鮮の水力発電所，終戦時	115
表(付)1-2	発電能力の比較，北・南朝鮮，日本，1945 年	116
表(付)1-3	北朝鮮の鉄道，終戦時既設分	117
表(付)1-4	鉄道網の比較，北・南朝鮮，日本，1945 年	119
表(付)1-5	北朝鮮の主要港湾	120
表(付)2-1	技術者：出身学校の専攻別・勤務先分類，1939 年	123
表 6-1	倉庫内の生産物・半加工品（精鉱）在庫，1946 年 5 月 1 日	147
表 7-1	操業を再開した主要企業，1946 年 9 月現在	152
表 7-2	平壌で登録された日本人技術者・技能者統計，1946 年 1 月 20 日	153
表 7-3	北朝鮮に残留した日本人技術者の事業場別人数，1946 年 11 月	156
表 7-4	ソ連資料が記すセメント・製糸・綿紡織工場の稼動状況と労働者数，1946 年	163
表 7-5	軽工業処傘下の国営企業所の主要製品生産量，1947 年 1 - 9 月（および 1944 年）	164
表 8-1	ソ連報告が記す主要製品の生産能力と生産量（1944 年，1948 年）	
	A 製鉄部門	169
	B 非鉄金属部門	172
	C 化学部門	175
	D 建材部門	179
	E 軽工業部門	180
表 8-2	ソ連報告が記す 1946-1948 年の新設作業場	183
表 8-3	ソ連報告が記す 1946-1948 年の工業生産総額	186
表 8-4	戦時末期と 1948 年末の主要化学工場設備の比較	192
表 9-1	ソ連が供与に同意した兵器および関連備品（1949 年分）	198
表 9-2	朝鮮人民軍の装備，1950 年 5 月 12 日	198
表 9-3	産業省傘下企業所の対ソ輸出：金額および計画・実績量，1949 年	201

表 9-4　鉱工業品の生産量と対ソ輸出量の比較，1949 年 ……………………203
表 9-5　産業省の主要品目別生産・輸出計画の実行状況，1950 年上半期 ………204
表 9-6　産業部門別生産額，1950 年上半期 ………………………………………205

写真　興南工業技術専門学校電気科の日本人教官と朝鮮人校長・事務官・学生，
　　　1947 年 …………………………………………………………………………160

北朝鮮の軍事工業化

―― 帝国の戦争から金日成の戦争へ ――

前　編
1910-1945 年

第 1 章

鉱　業

本章では，石炭と，その他の金属・非金属鉱物に分けて叙述する．

1　石　炭

石炭は通常，炭化度の高い（揮発分が少ない）順に無煙炭，瀝青炭，褐炭に大別される．瀝青炭と褐炭は，無煙炭に対して有煙炭とも呼ばれる．無煙炭は，揮発分が少なく着火が悪い反面，火力がつよく燃焼時間が長い．煤煙も生じない．有煙炭はこれとは対照的である．燃えやすいが，揮発分が不完全燃焼すると多くの煤煙を発生する．他の分類では石炭は，コークスになるかどうかによって粘結炭と非粘結炭に分けられる．ある種の瀝青炭は一定の温度で溶融し，揮発分の発生後にコークスとなる．これが粘結炭あるいはコークス炭（コークス用原料炭）である．他方，他の種の瀝青炭および無煙炭，褐炭はこの性質をもたないので，非粘結炭とよばれる．

　北朝鮮には無煙炭が豊富に存在し，その埋蔵量は植民地末期に 10 数億トンと見積もられた[1]．主産地は西部であった．とくに平壌近郊の無煙炭鉱は有名で，平壌は炭田に浮かぶ都──「炭都」とさえいわれた．平壌無煙炭の大半は粉状で産出された（粉炭）．その輸送には，大同江河畔の保山港から舟運を利用する便があった．日本への積出しは，この舟運を使って鎮南浦港から行なった．大同江には，冬季に結氷し輸送が困難になるという問題があった．これを解決するために，1941 年に平壌から元山まで鉄道を敷き，元山北港から積み出すルートが開発された（平元線，付論 1 参照）．

---

1)　福島英朔「帝国燃料界の将来と朝鮮無煙炭の使命」平壌商工会議所『平壌無煙炭資料集成』平壌調査資料第 19 号，同所，平壌，1942 年，3 頁．

(1) 無煙炭

平壌無煙炭の開発を主導したのは，第五海軍燃料廠と朝無社（朝鮮無煙炭株式会社）であった．

第五海軍燃料廠[2]　北朝鮮の無煙炭の開発は早かった．それは第一に，日本で無煙炭をほとんど産しなかったからである．無煙炭およびこれを原料とする煉炭は，まず海軍の艦船燃料用として求められた．日本海軍は1870年代に，フランスから技術を導入して煉炭製造の実験を開始した．1880年代には平壌の無煙炭の調査を始め，1900年代にはその有望性を確認するに至った．1907年，韓国統監府は平壌鉱業所を設置し，平壌炭の開発に着手した．その責任者には海軍機関少将が任命された．1910-11年，朝鮮総督府は同鉱業所に煉炭機1台を設置する一方，年間採炭能力10万トンをめざして採炭設備の拡張を行なった．採掘炭は大部分，煉炭用として徳山の海軍煉炭製造所に送り，一部を粉炭のままあるいは煉炭に加工後，朝鮮内に供給した．このように平壌鉱業所は，朝鮮における煉炭の製造と使用に先導的役割をはたした．

海軍はのちに同鉱業所の海軍への移管を総督府に求めた．その結果1922年に，同鉱業所は海軍の直轄となり海軍燃料廠平壌鉱業部と改称された．このときの年間採炭量は約10万トン，煉炭生産量は3.8万トンであった．そののち設備の拡充がはかられ，煉炭機については徳山の海軍燃料廠（旧煉炭製造所）からの移設と既存機の改装が行なわれた．採炭量は1928年には14万トンに達した．これは当時の全朝鮮の炭鉱中で最大であった．同じく煉炭生産量は4.5万トンを記録し，全朝鮮の煉炭総生産(10.7万トン）の半分近くを占めた．煉炭はほぼすべて，家庭・鉄道汽罐用として朝鮮内の都市で消費された．1928年，平壌鉱業部で働く（朝鮮人）鉱夫は約2,500人，年間常時使用電力総量は340万kw（朝鮮電業よ

---

[2] 朝鮮総督府『朝鮮総督府施政年報　大正十年度』同府，京城，1922年，104頁，朝鮮総督府殖産局『朝鮮の石炭鉱業』同局，京城，1929年，65-66，189-90頁，徳野真士「平安南道鉱業状況」56-60頁『朝鮮各道鉱業状況』朝鮮鉱業会，京城，1930年，『海軍燃料沿革』第2篇煉炭事業，出版者不明，1935年，101，227-28，240頁，海軍省『海軍省年報　昭和十四年度』同省，1939年，燃料懇話会編『日本海軍燃料史』上，原書房，1972年，719-20頁，脇英夫・大西昭夫・兼重宗和・冨吉繁貴『徳山海軍燃料廠史』徳山大学綜合研究所，徳山，1989年，3，29，90頁．

り受電）で，以下の各種設備を配備していた：削岩機 11 台，排水機 69 台，予備発電機 3 台（各 625 kw），軌道（5 マイル）用電車 7 台，巻揚機・扇風機・自動車（各台数不明），煉炭工場 2 か所（煉炭機 3 台），金属工場（機械，金属品の製作・修理），木工場，保健室，慰安室，購買所．

　平壌鉱業部は 1936 年に官制改正により海軍燃料廠鉱業部となり，1941 年には第五海軍燃料廠となった．採炭量は 1938 年までに 18 万トンに増加した．戦時中には採炭，煉炭増産が進行し，防空・防火施設も拡充された．戦時末期の採炭量は年間 25 万トン規模であった．煉炭工場は 4 工場を数え，年間生産量は 25 万トンに達した．終戦当時，釜山－新義州間の急行列車はすべて燃料廠製の煉炭で運行していた．

　朝無社[3]　総督府は併合当初，軍用炭の確保と資源の温存を優先し，平壌炭田の優良鉱区の民間企業による採掘を制限した．許可を与えたのは三菱製鉄兼二浦製鉄所，朝鮮電気興業，明治鉱業など数社にすぎなかった．そののち，産業界の要求，木材にかわる家庭燃料（オンドル用）の開発の必要性が高まったことで，総督府はこの方針を転換した．すなわち同府は，1924 年に特許鉱区の無煙炭輸移出の解禁と，重要鉱区の民間開放，民間会社による平壌炭の積極開発の方針を決定した．1927 年には，斎藤実総督の斡旋により新たな無煙炭会社が設立された．これが朝鮮無煙炭株式会社，略称，朝無社であった．資本金は 1,000 万円（払込金 250 万円）で，三菱製鉄が大口出資者となった．同社は，稼行中の鉱区の所有権と新たな 35 鉱区の採掘権を得た．1935 年には，宇垣総督の斡旋によって三菱鉱業，東拓鉱業，明治鉱業所属の各重要炭鉱 5 炭鉱を吸収した．その結果，資本金は 2,000 万円（払込金 1,000 万円）に増大した．同社はまた，中小煉炭業者を糾合して傍系会社の朝鮮煉炭を設立した（資本金 200 万円，東拓鉱業と共同出資）．朝鮮煉炭は，職工数 200 人超の煉炭工場を平壌に設置した．こうして朝無社は，朝鮮の無煙炭開発の中心的存在となった．その出

　3）　朝鮮総督府『朝鮮総督府施政年報　昭和二年度』同府，京城，1929 年，264 頁，渋谷禮治（朝鮮総督府殖産局）編『朝鮮工場名簿　昭和十六年版』朝鮮工業協会，京城，1941 年，194 頁，平壌商工会議所調査課「平壌無煙炭概観」前掲，平壌商工会議所，11 頁，内藤八十八編『鮮満産業大鑑』事業と経済社，京城，1940 年，58 頁，東洋経済新報社編『朝鮮産業年報』同社，1943 年，90 頁，朝無社社友会（回顧録編集委員会）編『朝鮮無煙炭株式会社回顧録』前編，同会事務局，福山，1978 年，14-15, 19, 106, 112-18, 123 頁，朝鮮電気事業史編集委員会編『朝鮮電気事業史』中央日韓協会，1981 年，112 頁．

炭量は，1940年には130万トン，1941年には160万トンに達した．傘下炭鉱の中では，平壌炭田，平南北部炭田の黒嶺，新倉，江東，徳山炭鉱の規模が大きかった．黒嶺炭鉱の産炭は発熱量が6,500-7,000カロリー（1g当り）の高さで，灰分はやや多いものの硫黄分が少ない点で優れていた．1人当り出炭量は0.5-0.6トンで，日本の中小炭鉱より高い値を示した．

会社の産炭全体の約1/3（56万トン）は日本，満洲，上海に輸移出され，約2/3が朝鮮内消費に向けられた．朝鮮内では大部分，家庭燃料に使われた．これは，水練り無煙粉炭の開発等により，着火難という無煙炭の欠点が克服されたことによる．

戦時期には次の要因によって，朝鮮の無煙炭にたいする需要が急増した．

(ア) 朝鮮で産業用木炭の需要が増大したため，木炭から無煙炭（豆炭，煉炭）に家庭燃料を一層幅広く切替える必要が高まった．

(イ) 従来使用していた有煙炭（瀝青炭）の入手難，新たな無煙炭利用技術（微粉燃焼装置，レン製鉄法・バッセー製鉄法など）の開発により，一般・鉄道機関車ボイラー用，製鉄燃料用，化学工業原料用（カーバイド，セメントその他）として需要が高まった．

(ウ) 仏領インドシナから日本への無煙炭輸入が困難となった．

朝無社はこれに応じて資本金を5,000万円に増額し，設備の拡張と増産を続けた．とくに産業向け出炭量を大きく増やした．最大の納入先は日本窒素興南工場，三菱鉱業清津製錬所であった．朝鮮小野田，朝鮮セメントなど朝鮮内のセメント会社や日本鉱業，朝日軽金属，朝鮮軽金属といった製錬所・金属加工工場にも供給した．こうして戦時中に，朝無社が供給する無煙炭の用途は，産業用燃料と家庭用燃料がほぼ拮抗するに至った．1945年の同社の出炭量は不明であるが，計画では310万トンに達した．

朝無社は自社の石炭輸送機関として，傘下に鉄道と港湾を所有した．1938年設立・資本金1,500万円の西鮮中央鉄道，1944年設立（同社の元山北港経営部が独立）・資本金2,500万円の元山北港株式会社がそれである．後者は元山北港の建設を目的とした会社であった．朝無社はまた，鉱夫の食糧対策の一環として江原道平康郡で農園を経営した．1943年に三菱系東山農事を引継いだ城山農業がそれで，資本金は100万円であった．

このほかの主要な無煙炭鉱会社は次のとおりであった．

第1章 鉱　業

朝陽鉱業[4]　朝陽鉱業は，荒井初太郎，小杉謹八ら朝鮮財界の有力者が1938年に設立した[5]．資本金500万円（払込金125万円）のうち，半額を日本高周波重工業が出資し，平安南道价川郡朝陽面の無煙炭鉱を開発した．その産炭の大部分は，平壌近辺の他の無煙炭鉱と同じく，微粉炭であった．硫黄分や灰分が少なく朝鮮屈指の優良無煙炭といわれ，製鉄・化学工業用として重要視された．

大東鉱業[6]　片倉殖産は蚕室暖房用の無煙炭の開発に努め，1937年に大東鉱業を設立した．本社は東京，資本金は当初500万円，1943年2,000万円（払込金1,250万円）であった．大東鉱業は北海道下川鉱業所のほか，朝鮮で平安北道龍登鉱業所，咸鏡南道高原鉱業所を経営した．龍登鉱業所は，朝無社所属の各炭鉱や南朝鮮の寧越炭鉱と並ぶ有力炭鉱で，1935年には約6万トンを出炭した．炭質も優良であった．高原鉱業所は1939年開坑の新規炭鉱で，その将来性への期待が高かった．両鉱業所の産炭は鉄道によりそれぞれ，鎮南浦港，文坪港に運ばれ，日本に搬送された．戦時期には輸送難から，朝鮮内での売炭が増大した．

鳳泉無煙炭鉱[7]　鳳泉無煙炭鉱株式会社は1934年設立の会社で，平安南道北部炭田（价川郡）の鳳泉炭鉱と藍田炭鉱を所有した．輸送上の問題のために平壌近郊の炭田より開発が遅れたが，平元線の開通によって日本海側の元山港への運搬が容易になり，開発が進展した．鳳泉炭鉱は朝鮮の最優良炭鉱として知られた．そこでは地下掘りのみならず露天掘りも行なわれ，産炭は戦時末期には小型熔鉱炉で製鉄に使われた．

無煙炭を原料とする煉炭製造工場には，上述の海軍燃料廠，朝鮮無煙炭平壌工場のほかに，鐘淵工業の平壌煉炭工場と鎮南浦煉炭工場があった．前者は日産200トンの設備で，1943年に操業を開始した．製品は当初，

---

[4]　前掲，内藤編，67-68頁，東洋経済新報社編，92頁．
[5]　荒井初太郎（1868年生，富山県出身）は1904年に，土木会社北陸組の一員として京釜線工事に関わった．のちに独立して荒井組を興し，鴨緑江鉄橋の建設を請け負った．精米，醸造，農事，牧畜，鉱山など幅広く事業経営を行なった（阿部薫編『朝鮮功労者銘鑑』民衆時報社，京城，1935年，第2部，73頁）．
[6]　前掲，東洋経済新報社編，93頁，朝鮮総督府殖産局鉱山課編『朝鮮の無煙炭鉱業』朝鮮鉱業会，京城，1936年，66-67頁．
[7]　同上，東洋経済新報社編，92頁，朝鮮総督府殖産局鉱山課編，63-64頁．

家庭用の予定だったが，のちに主に鉄道局が汽罐用に買い上げた．後者は日産300トンの設備を配したが，全運転に至る前に終戦となった[8]．

(2) 有煙炭

北朝鮮の有煙炭の埋蔵量は，植民地末期に3億トン強といわれた．その大部分は褐炭で，北海道炭，九州炭のような良質の瀝青炭（コークス炭）はほとんど産しなかった．産地は咸鏡北道の会寧，生気嶺，吉州，明川をはじめ，咸鏡南道咸興，黄海道鳳山，平安南道安州に分布した[9]．産炭の多くは鉄道用であったが，一部は家庭用にも販売された．これらは日本の石炭に比べて化学物質含有量が多かったため，1930年代には好個の人造石油（液化石炭）原料として注目を集めた．

　北朝鮮の有煙炭開発は，個人企業のほか，明治鉱業，朝鮮有煙炭株式会社などが推進した．

　明治鉱業[10]　明治鉱業は，併合前後に朝鮮の炭鉱と金山の開発に乗り出した．1911年に平安北道の昌城金山を買収したのに続き，翌年には平安南道の安州炭鉱を獲得した．安州炭鉱は，1912年に鉱業権を取得し開坑に着手した．1928年にはドイツ・ジーメンス製の電気削岩機（1基12kg）を12基，電気排水機12基を使用するなど，朝鮮の他の炭鉱に先駆けて機械化をすすめた．安州炭鉱は推定埋蔵量5,000万トンといわれ，家庭用，鉄道用に褐炭を産出した．1945年に25万トン，1946年には50万トンの出炭を計画した．沙里院炭鉱は，1914年に明治鉱業が鉱業権を取得し，1931年に開坑した．1935年に同社は鳳山炭鉱株式会社から，沙里院炭鉱近くの鳳山炭鉱を買収し，鳳山坑を開坑した．沙里院炭鉱は朝鮮屈指の有煙炭鉱といわれ，1937-41年には年平均約30万トンの褐炭を産出した．産炭は瀝青炭に近く，火付け良好，火力強力，煤煙僅少で暖炉やボイラーに適した．1945年5月，明治鉱業は古乾原炭鉱と訓戎炭鉱の経営を朝鮮

---

　8) 鐘紡株式会社社史編纂室編『鐘紡百年史』同社，大阪，1988年，302, 401頁．

　9) 朝鮮総督府殖産局鉱山課編『朝鮮の有煙炭鉱業』朝鮮鉱業会，京城，1935年，1-16頁．

　10) 前掲，朝鮮総督府殖産局『朝鮮の石炭鉱業』158-59頁，阿部編，第2部，829頁，明治鉱業株式会社社史編纂委員会編『社史　明治鉱業』同社，1957年，71-73, 110, 468-70頁．

有煙炭株式会社から委託され，その産炭の増加に努めた．このほか明治鉱業は1918年に，平安南道江東郡の大成無煙炭鉱を開坑した．同炭鉱は1934年には4万トンを出炭したが，1935年，朝無社設立にともない同社に譲渡された．

朝鮮有煙炭[11]　朝鮮有煙炭株式会社は，総督府の斡旋により中小有煙炭鉱が合同し成立した．設立は1939年で，資本金1,500万円（払込金876万円）であった．設立者は北鮮炭鉱，東洋拓殖（東拓），東拓鉱業，麻生鉱産の4社で，各社の所有鉱区を現物出資した．その中心は咸鏡北道慶源郡の古乾原炭鉱であった．同炭鉱は，阿吾地，沙里院，遊仙の諸炭鉱と並ぶ朝鮮の主要有煙炭鉱で，1935年には従業員308人を雇用し，褐炭3万トンを産出した．炭質は優良で，発熱量が6,000-7,000カロリー（1g当り）と高く，灰分，硫黄分が少なかったことから，鉄道用，家庭用に好評を得た．

朝鮮有煙炭株式会社は1941年に朝鮮合同炭鉱，富士炭鉱を合併した．前者からは咸北・会寧郡の鶏林炭鉱と咸南・新興郡の咸興炭鉱，後者からは咸北・穏城郡の訓戎炭鉱を継承した．これらの炭鉱はいずれも年間数万トンを出炭した．産炭は褐炭で，主として朝鮮総督府鉄道局に販売した．1943年の会社資本金は1,915万円（払込金1,707万円）で，東拓および東拓鉱業がほぼ全株を所有した．傘下炭鉱の有煙炭総埋蔵量は数千万トンと見積もられた．

大日本紡績[12]　大日本紡績は1943年に咸北・会寧郡の弓心炭鉱を買収し，終戦まで経営した．同炭鉱は1936年に山下黒鉛鉱業が開坑した朝鮮有数の有煙炭鉱で，満洲・ソ連に続く大鉱脈の一部を成した．炭質は優良で，発熱量は6,600カロリーを超えた．月産量は，当初8,000トンであったが，周辺鉱区の開発・買収により1944-45年には4万トンに増大した．産炭は同社の清津人絹工場で消費する予定であったが，総督府の命令によって，総督府鉄道局に60％，残りを諸企業に供給した．

---

11)　全経聯（全国経済調査機関聯合会朝鮮支部）編『朝鮮経済年報　昭和十五年版』改造社，1940年，218頁，中村資良編『朝鮮銀行会社組合要録』東亜経済時報社，京城，1940年，383頁，前掲，東洋経済新報社編，93頁．

12)　社史編纂委員会編『ニチボー七十五年史』ニチボー株式会社，大阪，1966年，223-34頁．

岩村鉱業[13]　岩村鉱業は朝鮮在住の岩村長市（1881-1948年，熊本出身）が興した企業で，1938年に株式会社となった．当初資本金は1,000万円で，山一証券が40％出資した．同社は北朝鮮でいくつかの炭鉱を経営した．咸鏡北道の遊仙炭鉱はそのなかで最大であった．その産炭は質量ともに朝鮮屈指で，家庭用，鉄道（特急列車汽罐）用に販売した．1943年に岩村長市は，東邦炭鉱（資本金3,000万円，赤司初太郎会長）に岩村鉱業の持株を譲渡した．

このほか，朝鮮窒素肥料株式会社（1941年以後は日本窒素肥料株式会社，以下，朝鮮窒素または日本窒素，日窒）が咸鏡北道の阿吾地，永安などで有煙炭鉱を開発した．その目的は，人造石油製造事業の推進であった（後述）．

2　その他（金属・非金属）鉱物

北朝鮮は，金，銀，銅，鉄，鉛，亜鉛といった主要金属鉱物のほか，黒鉛，マグネサイト，タングステン（重石），ニッケル，モナザイト，蛍石，珪石，タンタルニオブ，重晶石，緑柱石，コバルト，燐鉱石，ジルコンなど多種の鉱物を産した．反面，水銀，白金，錫，硫黄はほとんど産しなかった．産出鉱物のなかには日本国内で得がたい重要なものがあった．タングステンとマグネサイトがその例で，これらは産出規模も大きかった．咸南・端川郡には，世界有数といわれる埋蔵量数億トンの高品位マグネサイト鉱があった．黒鉛も豊富で，平安北道の江界は鱗状黒鉛の世界的産地として知られた[14]．

北朝鮮では，金，銀，鉄鉱山の開発は早い時期からすすんだ．他の鉱物は1930年以降総督府が自ら，あるいは鉱山会社や京城帝国大学を督励して積極的に探索を行なった．とくに，希土元素を含む鉱物は軍事工業に不

---

13) 前掲，中村編，372頁，東洋経済新報社編，94頁，『殖銀調査月報』第62号，1943年，109頁．岩村の事業は建設業，鉱業，林業を軸に朝鮮から満洲に拡大した（岩村長市郎氏談，2002年8月16日）．

14) 南朝鮮にはタングステンとモリブデン（水鉛）の大きな鉱山があった（全羅北道の長水鉱山は東洋一のモリブデン鉱山といわれた）．それ以外は，北朝鮮に比して鉱物資源がはるかに少なかった．

第1章　鉱　業

可欠であったから，日米戦争勃発後に探索の動きが加速した．総督府は1943年に，35の調査班から成る朝鮮重要鉱物緊急開発調査団を組織し，鉱床の調査を実施した[15]．探索の結果，朝鮮とりわけ北朝鮮には，大東亜共栄圏内の他地域では得がたい希土元素が存在することが判明した[16]．

通常は鉱物には含めないが，石灰石も工業資源として重要である．北朝鮮には石灰石が豊富に存在した．平壌炭田の無煙炭層は通常，その下に石灰層をともなった．

北朝鮮の金属鉱山開発に大きな役割を果したのは，三菱鉱業と日本鉱業であった．

三菱鉱業・茂山鉄鉱開発[17]　三菱鉱業は1930年前後から，朝鮮で本格的に事業を展開した．その柱のひとつは咸鏡北道の茂山鉄山の開発で，他の柱が江原道，咸鏡南・北道の金銀山開発であった．茂山鉄山は当時，三菱製鉄が所有していた．1935年に三菱製鉄が日本製鉄に合同したのを機に，これを三菱鉱業が継承した．1939年には，茂山鉄鉱開発株式会社の所有となった．同社は三菱鉱業と日本製鉄，日鉄鉱業の3社が共同で設立した会社であった（資本金5,000万円，三菱鉱業50％，日本製鉄25％，日鉄鉱業25％出資）．日本製鉄は清津製鉄所の原料鉱石を確保するために，この会社の設立を推進した．茂山鉄山はこうして日本製鉄の傘下に置かれたが，経営は事実上，三菱鉱業が行なった．

茂山鉄山の鉱量は15億トンといわれたが，1935年以前には未開発であった．それは，磁鉄鉱と珪石が縞状に混在したので選鉱に手間がかかった

---

15) 「朝鮮重要鉱物緊急開発調査団」『朝鮮鉱業会誌』第26巻7号，1943年，32頁．
16) 木野崎吉郎「地質学上から見たる朝鮮の稀元素資源」『朝鮮鉱業会誌』第27巻1号，1944年，7頁．
17) 前掲，東洋経済新報社編，77頁，資源庁長官官房統計課編『製鉄業参考資料　昭和18年-昭和23年』日本鉄鋼連盟，1950年，793，814-15頁，日本製鉄株式会社社史編集委員会編『日本製鉄株式会社史』同社，1959年，107，320，332，339，494-95頁，垣内富士雄『茂山鉄鉱山視察報告書』未公刊，1960年，穂積真六郎「朝鮮茂山鉄鉱の開発と清津製鉄所建設回顧談」手稿，友邦協会，1965年，同「朝鮮産業の追憶 (1)　総督府鉄鋼行政のハイポリシー」友邦協会『朝鮮の鉄鉱開発と製鋼事業　朝鮮近代産業の創成 (1)』同会，1968年，44-48頁，遠藤鐵夫「朝鮮における鉄鋼業の思い出　近代的製鉄事業勃興の頃」同上，13-17頁，三菱鉱業セメント株式会社総務部社史編纂室編『三菱鉱業社史』同社，1976年，322-25，337-40，372，430-33，450-53頁，小島精一編『日本鉄鋼史』昭和第二期篇，文生書院，1985年，444頁．

こと，鉱石の品位が30-40％と低かったこと，日本海側まで180kmも離れた奥地にあったことによる．三菱は，1938年から1941年までに3,500万円の資金を投下し，年間能力200万トン，品位60％の精鉱設備（湿式磁力選鉱工場）を建設した．鉱石の採掘方法は，高さ15mに及ぶ階段式露天掘りで，これを行なうために米国から多数の最新式巨大機械を導入した．すなわち，発破作業では大型自走式ボーリング機を用い，液体酸素，カーリット，ダイナマイト等の爆薬数十トンで，数万トンから最大30万トンの鉱石を1度に爆砕した．これをブルドーザーと容量5トンの電気ショベルで35トン積みの巨大ダンプカー10数台に積込み，選鉱破砕工場に運搬した．選鉱場にも各種の大型機械を備えた．電力は，機械稼動や冬季の凍結を避けるための暖房用に，100数十キロ離れた長津江水力発電所から大量に送電した．そのために，大規模な受電設備を設置した．このように茂山では，当時世界でも珍しい高度・大型の米国式鉱山技術と設備が導入され，見る者を驚嘆させた．

　茂山の鉄鉱石生産実績は1940年には23万トンにすぎなかったが，1942年には100万トン，1944年には105万トンを記録した．この産出量は，釜石，鞍山と並んで日本，満洲，朝鮮で最大であった．朝鮮でこれに次いだのは利原，价川，襄陽，下聖鉄山の30-60万トンであったから，茂山鉄山の大きさは際立っていた．しかし生産実績は，当初見込んだ500万トンには遠く及ばなかった．茂山の鉄鉱石は主として，北鮮拓殖鉄道，総督府鉄道局により清津の日本製鉄製鉄所と三菱鉱業製錬所に送られた．満洲の鞍山・本渓湖の製鉄所，日本の八幡・広畑・輪西製鉄所にも供給されたが，多量ではなかった．とはいえ，1943-44年には焼結用の粉鉱として，茂山鉄鉱石は八幡・広畑製鉄所で重要な役割を果した．

　三菱鉱業は1935年に，茂山とともに兼二浦，銀龍，下聖の3鉄山を三菱製鉄から継承した．これらはいずれも黄海道にあり，併合直後から開発が始まっていた．この中では下聖鉱山の規模が最大であった（1944年の産出量は50万トン）．その鉱石は兼二浦製鉄所に送られた．

　金銀山経営は，咸北・富寧郡の青岩鉱山，咸南・端川郡の大同鉱山など多数に及んだ．しかし1943年の「金山整備令」により，三菱鉱業はこれら鉱山をほぼすべて朝鮮鉱業振興株式会社に譲渡した．

　日本鉱業[18]　日本鉱業の前身である久原鉱業は，統監府の時代に朝鮮の

地質調査を始めた．1915年には黄海道南川鉱山を買収し，その後，金・銀・銅・鉛・亜鉛鉱山を中心に北朝鮮で鉱山開発を積極的に進めた．1932-36年には，北朝鮮の主要金山2か所（平南・成興，黄海・楽山）で，年平均0.8トンの金を採掘した．1936年には，有力金山であった平北・大楡洞鉱山を買収した．同鉱山は，月間処理能力3万トンの浮遊選鉱設備と同1万トンの青化製錬設備を有し，以後，1943年に朝鮮鉱業振興株式会社に譲渡するまでに金10.3トン，銀8.6トンを産出した．1938年には，ニューヨークに本社をもつOriental Consolidated Mining Companyから平北・雲山鉱山を買収した．同鉱山は古くから知られた大金山で，1896-1938年間に80余トンの金を産出した．買収当時の坑道延長は80マイルに達し，月間処理能力2.5万トンの浮遊選鉱設備，同3,000トンの青化製錬設備，採金船3隻を有していた．同鉱山は大楡洞鉱山と同様，1943年に朝鮮鉱業振興株式会社に譲渡された．その間の産金量は8トンであった．金銀山以外には，江原道で硫化鉄鉱山（金華鉱山，遠北鉱山），黄海道で箕州重石鉱山を経営した．箕州鉱山では1943年に従業員1,600人を雇用し，タングステン品位69％の重石を1,900トン産出した．

日本鉱業の鉱山・製錬部門の投下資本は1942年度末には総額3.8億円に達し，その50％が朝鮮，40％が日本国内向けであった．

上で登場した朝鮮鉱業振興株式会社は国策会社で，その概要は以下のとおりであった．

朝鮮鉱業振興[19]　朝鮮総督府令にもとづいて1940年6月に設立された．設立時の資本金は1,000万円（払込金250万円），最大株主は朝鮮殖産銀行で，そのほか朝鮮銀行，日鉄鉱業，三井鉱山，住友本社，日本鉱業，三菱鉱業，日本高周波重工業，鐘淵実業，日窒鉱業開発，小林鉱業などが出資した．同社はマグネサイト鉱山以外の重要鉱山を買収し，採掘と製錬に当った（マグネサイトの採掘のためには後述の別会社，朝鮮マグネサイト開発が設立された）．さらに経営難の鉱山会社への融資，鉱業用資材の売買，

---

18) 同上，東洋経済新報社編，82頁，日本鉱業株式会社五十年史編集委員会編『日本鉱業株式会社五十年史』同社，1957年，45, 92, 106-07, 677-87頁．
19) 前掲，中村編，387頁．

鉱物買上げを行ない，戦時朝鮮の鉱業行政全般に関わった．設立当初，朝鮮の金鉱開発は日本産金振興株式会社が担当する予定であったが，1942年10月以降はこの事業も朝鮮鉱業振興が行なった．収益の点では，タングステン，次いでモリブデン（鉱山所在地は主に南朝鮮）の重要性が高かった．終戦時の資本金は5,000万円（払込金3,500万円）で，そのうち日本政府，朝鮮総督府の出資金は各1,250万円であった．

これらの2社にくわえ，以下の重要鉱山会社があった．

藤田鉱業[20]　藤田鉱業（当時，藤田組）は1930年代に，金輸出再禁止後の産金ブームの中で北朝鮮の平安北道，咸鏡南道，江原道で金山開発をすすめた．獲得した鉱山は総督府指定の重要4鉱山を含み，その中では平安北道熙川郡の安突鉱山がもっとも有望であった．同鉱山には，露頭延長1kmに及ぶ金含有石英鉱脈があった．大型削岩機数台で金鉱石を採掘したのち，青化製錬した．藤田鉱業は1943年に，国策に沿って，安突鉱山を含む北朝鮮の5鉱山を朝鮮鉱業振興株式会社に譲渡した．

日窒鉱業開発[21]　朝鮮窒素は1929年に，資本金100万円で朝鮮鉱業開発株式会社を設立した．その目的は，自社工場用の原料鉱石，とくに硫化鉄鉱の確保にあった．同社は1934年に200万円，1938年に700万円に増資し，1939年に日窒鉱業開発と改称した．当初は金・銀・銅・鉛・亜鉛・硫化鉄鉱山の開発を行なったが，戦時期には国策にしたがって，ニッケル鉱山や化学工業用の希元素金属鉱山の開発を推進した．1942年以降ニッケル鉱は咸鏡南道で，コロンブ石，モナザイト原鉱は平安北道で採掘した．

三成鉱業[22]　三井鉱山は1912年に平安南道の价川鉄山を買収し，朝鮮で事業を始めた．以後，いくつかの金属鉱山の経営を行なったが，十分な

---

20)　社史編纂委員会編『創業百年史』同和鉱業株式会社，1985年，268，299頁．
21)　前掲，中村編，353頁，内務省（朝鮮総督府）『在朝鮮企業現状概要調書』未公刊，朝鮮事業者会，1946年，41，森田四季男「製錬工場」『化学工業』第2巻1号，1951年，82-83頁．
22)　前掲，徳野「平安南道鉱業状況」33頁，同「平安北道鉱業状況」66頁（前掲『朝鮮各道鉱業状況』），三井鉱山株式会社『男たちの世紀　三井鉱山の百年』同社，1990年，151-52頁，三井文庫編『三井事業史』本篇第3巻中，同文庫，1994年，359-62頁．

成果を上げるに至らなかった．1928年に鈴木商店傘下の日本金属系企業から平南・成川郡の鉛・亜鉛鉱山を買収したのを機に，別会社，株式会社彦島製錬所を設立した．同社は翌年には平安北道の三成金山を獲得した．同鉱山は1923年に3名の朝鮮人が開発を始めて以来，朝鮮有数の金山として知られた．1932年，彦島製錬所は三成鉱業と改称した．当時の資本金は500万円（払込金255万円）であった．戦時期には，総督府が産金振興の方針を転換したことから，三成鉱山では主に黒鉛を採掘した．成川鉱山では亜鉛精鉱の増産が著しかった．

住友鉱業[23]　住友合資は1930年代に朝鮮の鉱業経営に乗り出した．1930年に平安北道の宣川鉱山を獲得し，さらにいくつかの金銀山，鉄山を買収した．1937年には朝鮮鉱業所を設立し，同所をつうじて朝鮮の鉱山の経営を行なった．

1936年に住友別子銅山と住友炭鉱が合併し，住友鉱業が成立した．1944年，朝鮮鉱業所の経営は住友鉱業に委託された．北朝鮮の同社鉱山の中で黄海道の物開鉱山の蛍石は質量ともに優れ，アルミ工業用として朝鮮内の軽金属工場に供給された．

小林鉱業[24]　小林鉱業は小林藤右衛門（1869-1929年）が創始した会社で，ほぼ朝鮮のみで事業を行なった．藤右衛門は奈良県五条の出身で，1906年に朝鮮に渡り，10年間朝鮮総督府の御用商人として働いた．1917年には江原道洪川郡の金山を買収し，その後，朝鮮全土で多くの鉱山を経営した．同時に，鉄道会社（朝鮮京東鉄道）を興すなど，朝鮮実業界で広く活躍した．総督府にも人脈をもち，とくに宇垣一成（総督臨時代理，1926年4月〜12月）とは親しかった．彼の死後，長男の采男（うねお，1894-1979年）が事業を継いだ．采男は1919年に東京帝大政治学科を卒業後，農商務省，内閣資源局に勤務した官僚であった．鉱山についても詳しく，優秀な鉱山技師として知られた．かれは1934年に小林鉱業を資本金

---

23)　『殖銀調査月報』第65号，1943年，51頁，畠山秀樹『住友財閥成立史の研究』同文館，1988年，421-22頁．
24)　「忘れかたみ」（小林藤右衛門の葬儀記録）未公刊，n. d.，『殖銀調査月報』第46号，1942年，26-27頁，前掲，東洋経済新報社編，79頁，大韓重石社史編纂委員会編『大韓重石七十年史』大韓重石鉱業株式会社，慶尚北道達城郡，1989年，143-45頁，昭和塾友会編『回想の昭和塾』同会，1991年，57-60，324-25頁，小林会『思い出の小林鉱業』同会，1994年，18-35頁，村井和子氏談（2001年8月28日）．

300万円の株式会社とし，朝鮮で鉱山経営に従事する一方，朝鮮総督府の鉱山政策に影響を与えた．戦時中は，国策に沿ってタングステン鉱の増産に努めた．日本帝国における小林鉱業のタングステン鉱（南北朝鮮計）の産出シェアは75％に達した．

　北朝鮮地域の小林鉱業の重要鉱山は黄海道谷山郡の百年鉱山であった．この鉱山は延長2.5 kmの鉱床から成るタングステンの大鉱山で，朝鮮の他のタングステン鉱山を圧する規模を誇った．小林鉱業はこれを1937年に買収し，終戦まで経営した．

　日鉄鉱業[25]　日鉄鉱業は，1934年に発足した日本製鉄傘下の鉄山と炭鉱を統合し，1939年に成立した．資本金は5,000万円であった．三菱財閥が所有した北朝鮮の載寧・下聖鉄山も日鉄鉱業の所有となった．日鉄鉱業はこれらの鉱山を自ら経営せず，三菱鉱業に委託した．日鉄鉱業が経営した朝鮮の鉱山の中では，平安南道价川郡の价川鉄山が最大であった．同鉄山はもともと三井鉱山が開発し，その後北海道製鉄，日本製鋼所の手に渡った．これらの企業は，採掘した鉄鉱石を三菱製鉄兼二浦製鉄所に販売した．日鉄鉱業はこの鉱山を買収し，露天掘りおよび坑内掘りで採鉱した．鉱石は，平壌から分岐する价川鉄道を通じて兼二浦まで輸送した．

　宇部興産朝鮮鉱業所[26]　宇部窒素工業は1936年に咸鏡南道の端川鉱山を買収した．同社は朝鮮鉱業所を置いてこれを終戦まで経営した．同鉱山は朝鮮随一の優良硫化鉱山といわれた．海抜1,000 mの奥地にあったので，宇部本社は道路の開発，空中ケーブル（15 km）の設置に多額の資金を投じた．採掘した鉱石は城津港まで鉄道で運び，硫酸原料として鉱石専用社船（大祐丸，2,800トン積み）で宇部に送った．戦時期には海上輸送難から，日本窒素興南工場にその全量を供給した．

　1942年に宇部窒素工業と宇部セメントその他関連会社が合併し，宇部興産が成立した．これにともない，この鉱業所は宇部興産朝鮮鉱業所となった．

　東拓鉱業[27]　東拓鉱業は東拓の子会社で，同社が1933年に朝鮮電気興

25）　前掲，日本製鉄，329-30頁，徳野「平安南道鉱業状況」36-37頁．
26）　俵田翁伝記編纂委員会編『俵田明伝』宇部興産株式会社，宇部，1962年，270-74頁，中安閑一伝編纂委員会編『中安閑一伝』同社，1984年，146-47頁，百年史編纂委員会編『宇部興産創業百年史』同社，1998年，79-80頁．

業会社の鉱業部門を継承して設立した．資本金は700万円であった．このとき無煙炭・煉炭部門を朝無社と朝鮮煉炭株式会社に譲渡し，産金事業を中心に経営を行なった．戦時期には黒鉛と硫化鉄を重点的に採鉱した．終戦時には北朝鮮では臥龍，端豊鉱山ほか2鉱山，南朝鮮では2鉱山を経営していた．

朝鮮マグネサイト開発[28]　朝鮮マグネサイト開発株式会社は，1939年に朝鮮総督府令にもとづいて設立された国策会社であった．資本金は1,500万円で，総督府と東拓が大半を出資した．総督府は，咸鏡南道端川郡北斗日面の龍陽マグネサイト鉱山を現物出資した．このほか，日本製鉄，三菱鉱業，品川白煉瓦，日本マグネサイト化学工業，神戸製鋼所，東京芝浦電気，旭電化工業など，マグネサイト鉱石を必要とする企業も出資した．龍陽鉱山は鉱量1億トンと見積もられたが，交通不便な僻地にあったため長期間放置されていた．朝鮮マグネサイト開発は1942年末までに2,200万円を投じて専用鉄道を建設した．鉱山設備は同年9月に80％完成した．

利原鉄山[29]　1915年に組合組織の利原鉄山会社が成立した．設立の目的は，八幡製鉄所と契約を結び，咸南・利原郡利原鉄山の赤鉄鉱石を同所に供給することであった．同社は1918年に株式会社となった．利原鉄山の鉱石は鉄分平均含有量50-55％と比較的優良で，推定埋蔵量数千万トンといわれた．1927年には8万トンの産出を計画した．1929年には朝鮮鉄道咸鏡線の開通にともない，遮湖港に通じる約8kmの準専用鉄道を敷いた．鉱石搬送には30トン積み特殊貨車を使った．港にはドイツ・プライトニット社製の大型桟橋と毎時200トン能力の運搬機械を設置し，6,000トン級船舶に自動的に積み込んだ．戦時期には産出鉱石を日本と朝鮮にほぼ同量供給した．

朝鮮燐鉱[30]　朝鮮燐鉱株式会社は，朝鮮燐灰石開発組合の資産を継承して1940年に発足した．同組合は，燐鉱石輸入会社であった大日本燐鉱が

---

27)　前掲，中村編，356頁，内務省，41．
28)　同上，内務省，前掲，東洋経済新報社編，87頁，磯野勝衛『本邦軽金属工業の現勢（アルミニウムとマグネシウム）』産業経済新聞社，1943年，99-100頁．
29)　同上，東洋経済新報社編，78頁，前掲，阿部編，第4部，123頁，日本高周波鋼業株式会社編『日本高周波鋼業二十年史』同社，1970年，19頁．
30)　同上，東洋経済新報社編，89頁，前掲，内務省，41，『殖銀調査月報』第64号，1943年，38頁．

過燐酸肥料製造会社10数社と共同で組織していた．新会社の資本金は400万円で，朝鮮鉱業振興株式会社と大日本燐鉱が大株主となった．同社は咸南・端川郡の新豊里鉱山と平南・永柔郡の永柔鉱山をはじめ，いくつかの燐灰石鉱山を経営した．前者は燐灰石含有量20-50％（燐酸10-20％相当），埋蔵量数千万トンの大鉱床で，1939年に発見された．その鉱石は日本窒素興南工場，朝鮮日産化学鎮南浦工場に供給した．

東邦鉱業[31]　東邦鉱業は1934年に発足した．1940年の資本金は270万円（払込金225万円）で，北朝鮮では平北の江界郡と亀城郡で黒鉛鉱山を経営した．同社は帝国内最大の燐状黒鉛会社として知られ，産出シェアは90％に達した．

中外鉱業[32]　中外鉱業は1932年に資本金300万円で発足した．当初は持越金山株式会社と称し，静岡県で持越金山を経営した．1936年に朝鮮の金銀山を買収し，中外鉱業と改称した．1942年には黄海道の銀峰鉛山を買収し，北朝鮮で鉛と亜鉛を重点的に採掘した．日本火薬社長の原安三郎が社長を兼務した．

朝鮮雲母開発販売[33]　朝鮮雲母開発販売株式会社は1939年に，資本金150万円（払込金75万円）で発足した．戦時期に，東京芝浦電気，日立製作所，富士電機，川崎重工，三菱電気，安川電機など日本の主要電機メーカーが増資に応じ，大会社に成長した．北朝鮮各地で雲母鉱山・工場を経営し，総督府から雲母統制会社の指定を受けた．各鉱山には電化設備を設置し，1944年度に100トンの雲母生産目標を達成した．

日本ヂルコニウム[34]　1943年に京城で成立した．資本金は10万円と小規模であったが，北朝鮮のジルコン鉱山開発を目的とする重要企業であった．軍の指示で，東京の日本精工所，希有金属精錬研究所が出資し，技術を提供した．

日本金属化学[35]　鈴木商店系太陽産業の子会社で，1943年に京都で成立した．資本金は1,000万円であった．江原・高城郡で採掘した黒砂（モナ

---

31) 前掲，中村編，359頁，『大陸東洋経済』1944年10月15日号，26頁．
32) 前掲，東洋経済新報社編，86頁，内務省，41．
33) 同上，東洋経済新報社編，88頁，内務省，41，前掲，中村編，382頁．
34) 「新兵器の強化と希有元素金属」『大陸東洋経済』1943年11月15日号，23頁，『殖銀調査月報』第67号，1943年，81頁．
35) 前掲，内務省，41．

ザイト）を京都の本社工場に送り，セリウム化合物を製造する計画を立てた．

朝鮮製錬[36]　総督府の産金奨励政策に応じて，朝鮮殖産銀行が1935年に朝鮮製錬株式会社を設立した．資本金は1,000万円（払込金750万円）であった．同社は南朝鮮の忠清南道に，最新設備を備えた長項製錬所を建設した．終戦時には製錬所のほか，北朝鮮で平掘りの銅山，蛍石鉱山を6か所経営していた．

日本鉱産[37]　日本鉱産は日本曹達の子会社で1939年に，百年山タングステン株式会社など朝鮮の4鉱山会社を統合して成立した．資本金は850万円（払込金同）であった．当初は日曹朝鮮鉱業と称し，1943年に日本鉱産と改称した．黄海・谷山郡，咸南・文川郡などで金銀，タングステンを採掘した．

中川鉱業[38]　中川鉱業は1937年に資本金200万円で成立した．創設者の中川湊（1878年生，福岡出身，五高卒）は1906年に朝鮮に渡り，鉱山経営に従事した．北朝鮮では江原・金化郡で昌道鉱山を経営した．同鉱山は重晶石・緑柱石鉱山として広く知られた．とくにその重晶石は硫酸バリウム含有率95％の世界的優良鉱で，全朝鮮の重晶石産出量の半分を占めた．山元の施設では，化学処理を行なって爆薬や染料製造に必須の硝酸バリウム，塩化バリウムを生産した．合金材料のストロンチウムやベリリウムの抽出設備も設けた．

東海工業[39]　東海工業は旭硝子（1944年以後は三菱化成）の子会社で，ガラス原料の珪砂採取に従事した．珪砂の産地は日本には乏しく，同社は伊豆地方で少量を採鉱したにすぎなかった．朝鮮には黄海・長淵郡，全南・務安郡に相当規模の産地があったので，同社は1914年に朝鮮に進出した．戦時末期にはインドシナからの輸入が途絶したために，朝鮮の珪砂の重要性が高まった．同社は朝鮮で1942年に7.2万トン，1943年に6.1万トン，1944年に4万トンの生産実績をあげた．

---

36) 前掲，中村編，360頁，内藤編，60-61頁．
37) 同上，中村編，348頁，企画本部社史編纂室『日本曹達70年史』日本曹達株式会社，1992年，59-60頁．
38) 前掲，東洋経済新報社編，80頁，内務省，41，横溝光暉編『朝鮮年鑑　昭和二十年度』京城日報社，京城，1944年，397頁．
39) 同上，内務省．

長谷川石灰[40]　長谷川石灰は,「朝鮮の石灰王」といわれた長谷川和三郎一族の合資会社で, 1926年に成立した. 1940年の資本金は15万円であった. 小規模会社ながら, 黄海・載寧郡, 瑞興郡など朝鮮各地で石灰を採掘した.

安田鉱業所[41]　安田鉱業所は1911年に, 安田豊治（1887年生, 徳島県出身）が設立した. 安田は朝鮮における黒鉛開発の先駆者で, 平北・江界郡, 碧潼郡などで質量ともに世界屈指の黒鉛鉱山を経営した. 新義州には黒鉛選鉱場を設置した.

その他の主要な日系鉱山会社は資料1のとおりである.

---

40) 前掲, 中村編, 415頁, 穂積, 33頁, 渋谷編, 104頁, 鮮交会『朝鮮交通史』同会, 1986年, 978頁.

41) 前掲, 内藤編, 65-66頁, 京城日報社『朝鮮年鑑別冊　朝鮮人名録』同社, 京城, 1942年, 153頁, ダイヤモンド社編『日本坩堝――坩堝史とともに生きる』同社, 1968年, 100頁.

第 2 章

金属・機械工業

北朝鮮では製鉄,製錬業が併合後かなり早い時期から発展した.機械工業はこれに比べて遅れた.とはいえ1920年代から,機械修理,鉱山用機械製作,造船といった分野で中規模工場が建設された.飛行機や弾丸・爆弾を製造する兵器工業も興った.本章では,製鉄業,非鉄金属工業,機械および関連工業の展開を観察する.

1 製 鉄

1920年以降,北朝鮮の製鉄業の中心的位置を占めたのは,日本製鉄(三菱製鉄)兼二浦製鉄所であった[1].1930年代には,日本高周波重工業城津工場で特殊鋼製造が始まった.戦時期には,日本製鉄清津製鉄所,三菱製鋼平壌製鋼所,朝鮮製鉄平壌製鉄所などの大規模製鉄所が建設された.小型熔鉱炉による製鉄所の建設もすすんだ.これは1942年の閣議決定によって計画されたものであった.朝鮮では,原料として無煙炭を使う技術——無煙炭製鉄——の開発が試みられた[2].

(1) 大型製鉄所

日本製鉄兼二浦製鉄所[3]　三菱合資会社は日韓併合直後,黄海道黄州郡兼二浦(大同江河畔)の鉄山を買収した.その後,近隣の鉄山と平安南道

---

1) 長島修「日本帝国主義下における鉄鋼業と鉄鉱資源」(上),(下)『日本史研究』第183, 184号,1977年.
2) 総督府技師の指導の下で,京城郊外の朝鮮渡辺鋳工がその実験を行なった.前掲,東洋経済新報社編,92頁.
3) 前掲,日本製鉄,141, 159, 259, 295, 300, 458-59, 485-87, 526, 532, 579頁,前掲,三菱鉱業セメント,232-40頁,飯田賢一編『技術の社会史』第4巻,有斐閣,1982年,186, 190-94頁.

の無煙炭鉱の買収を続け，製鉄所建設を計画した．これには寺内正毅朝鮮総督の勧誘と支援があった．同総督は，総督府鉱山局を通じて三菱の鉱山調査に協力すると同時に，兼二浦の広大な陸軍所有地の払下げを斡旋した．総督府所有鉄道用地40万坪の貸与，建設諸資材の輸移入税免除の決定も行なった．兼二浦製鉄所の建設は1914年に始まった．熔鉱炉資材は当初ドイツに注文したが，大戦の影響で米国に変更した．米国では大戦下，鉄材禁輸問題が起こり，このため兼二浦製鉄所の建設工事は大幅に遅延した．1918年にようやく工事が完成し，年産5万トンの熔鉱炉2基の火入れを行なった．前年の1917年に三菱は資本金3,000万円（払込金1,500万円）で三菱製鉄を設立し（本社東京），兼二浦製鉄所の経営をこの会社に委ねた．

兼二浦製鉄所は，当時最新式のウィルプット式副産物回収炉を導入するなど，近代的設備を備えた．1919年には，三菱長崎および神戸造船所製の平炉と圧延設備を設置し，銑鋼一貫生産体制を整えた．鋼材生産の目的はもっぱら，海軍艦艇用の厚板と大形鋼を三菱の造船所に供給することであった．1921年には「八八艦隊計画」に応じて，海軍艦艇用高張力鋼板の製造を開始した．こうして同年には，銑鉄8.3万トン，鋼5.1万トン，鋼材3万トンの生産実績を上げた．

第1次大戦後，不況と海軍軍縮の影響で鉄鋼相場が大幅に下落した．これは兼二浦製鉄所の経営を悪化させた．会社は1922年に製鋼部門を休止し，翌年，資本金を2,500万円に減額した．製鋼部門の休止は，1933年に平炉1基の操業が再開するまで続いた．その間，1931年には第3号熔鉱炉の火入れが行なわれ，銑鉄生産は15万トンに増大した．これは，同年の釜石製鉄所の生産量より大きかった．八幡製鉄所の銑鉄生産量と比較すると，その20％強であった．この時期の兼二浦製の銑鉄は，原料鉱石に珪酸分が多く含まれたために平炉用（製鋼用）としては不適であったが，鋳物用としてはすぐれていた．販売先はほぼすべて日本であった．

1934年，三菱製鉄も加わった製鉄大合同の結果，日本製鉄が成立し，兼二浦製鉄所は日本製鉄に移管された．日本製鉄発足直後，傘下の各製鉄所で施設の拡充計画が立てられ，兼二浦でも熔鉱炉の改造（第1熔鉱炉を撤去し，12万トン熔鉱炉を新設）やコークス炉，副産物工場の建設が進められた．1934-35年に第2，第3号平炉の稼動が始まった．1940年には予

備製錬炉が完成し，炉型の改造と合わせ，製鋼能力は15万トンに増大した．1935，40，42年には，低燐銑炉（15トン炉2基，20トン炉1基）を建設し，その製品（低燐銑，低燐白銑，チルド銑，金型銑，低炭素銑などの特殊鋼原料）を主に呉海軍工廠に納入した．この低燐銑炉は河村驍博士が1922年に考案した独特のもので，装入鉄鉱の燐分の量にかかわらず脱燐，脱硫が可能であった．炉の操業には多くの困難がともなったが，冷却板や煉瓦の改良によって効率を向上させた．

　1943-44年には政府の指示にもとづいて，兼二浦製鉄所に容量20トンの特設小型熔鉱炉10基（年産能力5万トン）が設置された．これらは全炉稼動したが，戦時下の緊急増産に伴う技術的欠陥を免れず，品質不良，生産不調に終わった．1944年の生産量は，銑鉄275,675トン，低燐銑25,666トンであった[4]．鋼塊の生産量は1942年に最大を記録し，その後減少したが，44年まで10万トンの水準を維持した（表2-1）．1944年には政府の命令で，尼崎製鉄から薄型圧延機1基を移設した．終戦時の兼二浦製鉄所の設備能力は製銑35万トン，製鋼15万トン，圧延能力17万トン（条鋼7万トン，厚板10万トン）であった．これは，当時の内地における日本製鉄の各製鉄所中で最小の部類に属した（その総設備能力は，製銑450万トン，製鋼420万トン）．

　兼二浦製鉄所の原料事情は，次のとおりであった．鉱石は，黄海道の下聖，殷栗，銀龍，兼二浦，載寧および平安南道の价川に産する褐鉄鉱を使用した．中国や南方ズングンの赤鉄鉱も混用したが，朝鮮産鉱石が大部分であった．上記の朝鮮鉄山の鉱石は鉄分が50％程度とやや低かったが，燐・硫黄・銅などの混入が少ない反面マンガンの含有量が多い点では，製銑に適していた．欠点は水分が多く粘弱性を示すことで，このためしばしば高炉に変調が生じた．屑鉄は，自家発生以外の朝鮮のものは品質不良・低効率であった．原料コークス炭は，華北の中興・開灤，九州の崎戸・高島，北海道の大夕張・茂尻や樺太西海岸の塔路（三菱鉱業経営）から入手した．平炉用には撫順小塊炭を使った．冬季には，大同江の結氷のために，朝鮮外から調達する屑鉄と石炭を多量に貯蔵する必要があった．戦時末期に生産が減退した最大の要因は，コークス炭不足であった．石灰石は，兼

---

4)　前掲，内務省，5.

表 2-1 兼二浦製鉄所の鋼塊・鋼材生産量, 1934-45 年

(トン)

年	鋼塊	鋼材（普通圧延鋼材）					
		軌条	形鋼	棒鋼	鋼板	その他	計
1934	59,697	–	–	–	21,619	–	21,619
35	97,424	–	13,603	–	38,229	–	51,832
36	87,014	–	17,634	–	38,978	–	56,612
37	102,927	–	22,833	–	42,970	594	66,397
38	103,279	–	25,191	–	66,298	–	91,489
39	94,299	–	24,438	–	52,480	–	76,918
40	93,594	–	22,633	–	53,007	–	75,640
41	107,907	–	22,140	–	63,630	–	85,770
42	126,205	–	26,460	–	84,649	–	111,109
43	116,964	–	19,458	–	80,854	–	100,312
44	108,388	315	16,575	–	64,067	–	80,957
45	43,007	819	4,284	1,152	5,386	–	11,641

注) 1945 年は終戦時までの数値.
出所) 前掲, 日本製鉄, 527, 570 頁.

二浦近辺の丸山鉱山で採掘した．埋蔵量は豊富で，原価も低廉であった．

日本製鉄清津製鉄所[5] 清津製鉄所は，日本製鉄が 1939 年 4 月に建設に着手した．総督府と朝鮮軍は以前からこの建設をつよく勧誘し，着工に先だって清津港の防波堤の強化・新設，資材輸送用船舶の確保，土地入手に幾多の便宜をはかった．計画では，茂山の鉄鉱石と東満洲の密山および鶴崗炭鉱からコークス炭を運び，銑鋼一貫工場を設置することになっていた．そのために日本製鉄が資本参加し，前述の朝鮮マグネサイト開発，北鮮拓殖鉄道，茂山鉄鉱開発のほか，日本炉材製造清津工場，密山炭鉱など，関係会社・工場が次々と設立された．しかし資材・労力不足，寒気・悪天候のため，清津製鉄所の建設工事は大幅に遅れた．そこで，2 基の熔鉱炉を同時に稼動する当初の予定を変更し，第 1 号熔鉱炉の建設に全力を集中した．その結果，3 年後の 1942 年 5 月にようやく，製銑能力 17.5 万トンの第 1 号熔鉱炉の火入れを行なった．同時に，自家発生する廃ガスを利用する発電所を設置し，その操業を開始した．

その後「火の玉運動」を展開し，同年 12 月に第 2 号熔鉱炉の火入れを

---

5) 前掲，日本製鉄, 104-05, 155, 286-89, 300 頁, 遠藤, 12 頁, 安井國雄『戦間期日本鉄鋼業と経済政策』ミネルヴァ書房, 1994 年, 231-33 頁.

第 2 章　金属・機械工業　　　　　　　　　　　　　　　　27

実現した．原料鉄鉱は常時，茂山鉱山の鉱石を約 80 ％，その他の朝鮮産鉱石を 20 ％使用し，コークス炭は北海道炭を 60 ％，華北開灤炭を 40 ％使用した．1943-44 年には，兼二浦と同様に特設小型熔鉱炉（10 基）が建設された．小型熔鉱炉では無煙炭の利用を試みたが，結果は不良であった．製鋼圧延設備は 1945 年 3 月に，大阪の中小型設備と八幡の 400 トン混銑炉の移設が決定された．しかし基礎工事の大半を完了した段階で終戦となり，移設は実現しなかった．1944 年度の銑鉄生産量は 226,683 トンであった[6]．

日本高周波重工業城津工場[7]　1934 年，満鉄中央試験所の一研究員が，高周波を使う独特の原鉄処理法「高周波電撃法」を発明した．これは当時，画期的な製鉄法として日本で大きな注目を浴びた．理研（理化学研究所）コンツェルンの大河内正敏もこれに関心を示し，その企業化に助力を申し出た．一方，利原鉄山株式会社（前章参照）は当時，高炉で製錬できない粉鉱の処理に悩んでいた．経営も苦しく，朝鮮殖産銀行に救済融資を求めていた．新製鉄法の情報を得た同社幹部は，これを導入して経営の再建を図ろうと考え，企業化に踏み切った．資金は殖産銀行が提供した．こうして 1935 年に京城で設立されたのが日本高周波重工業であった．資本金は 1,000 万円，第 1 回払込金は 500 万円であった．工場建設地は，利原鉄山の近くで電力を得やすい城津（咸北）に決定した．工場は 1937 年に完成し，電気炉の火入れが行なわれた．

城津工場の操業は技術面で多くの困難に直面した．砂鉄を使う電撃製錬は試行錯誤を繰り返した．その結果，世間の耳目をひいた高周波方式よりむしろ低周波方式が優れていることが判明し，低周波電撃炉への転換が行なわれた．この転換には多大な費用を要した．

技術や収益力への疑問は少なくなかったが，日本高周波重工業はスタート以来大きく成長した．それは，当時特殊鋼を製造する国内メーカーが少なかった一方，軍需が顕著に増大したからであった．朝鮮の特殊金属鉱山

---

　6)　前掲，内務省，5.
　7)　前掲，日本高周波鋼業，11-89, 371-72 頁，遠藤，23-24 頁，内務省，5,『東洋経済新報』1832 号，1938 年 9 月 17 日，52-53 頁，同，1973 号，1941 年 5 月 31 日，56-59 頁，朝鮮総督府殖産局鉱山課編『朝鮮鉱区一覧　昭和十五年七月一日現在』同府，京城，1940 年，下川義雄『日本鉄鋼技術史』アグネ技術センター，1989 年，310-11 頁，小西秋雄「日本高周波城津工場の終戦と引揚——十四年前の思い出を語る」未公刊，n. d.

を多数所有していた点も有利であった．同社は1938-39年に資本金を4,000万円に増やし，城津工場を拡張した．主力製品は当初，原鉄と高速度鋼材であった．後者は，自製のフェロタングステンから製造した．1940年の日本帝国のフェロタングステン総生産量は4,373トンで，そのうち日本高周波の生産量は1,562トンを占めた．この大半は城津工場の製品であった．城津工場では，炭素工具鋼，特殊工具鋼，切削工具類も多量に生産した．1940年には軸受鋼の製造を開始した．従来日本では，軸受鋼は大部分輸入に依存していたが，第2次大戦勃発後は輸入が困難となった．そこで政府は，軸受鋼と軸受の全面的国産化をめざして，国内特殊鋼メーカーに補助金を与えることを決定した．日本高周波はこれを受けて，軸受鋼の製造に乗り出したのである．主たる製品納入先は不明であるが，1940年以降はおそらく，日本の兵器工場と南朝鮮の仁川陸軍造兵廠であった．

城津工場は1938年に陸軍造兵廠の監督工場に指定された．本社自体は1944年に，軍需会社法にもとづく軍需会社に指定された．戦時末期には，軍の銃用鋼生産指示が，高速度工具鋼，軸受鋼に次いで多くなった．生産は飛躍的に伸び，1945年には総督府と朝鮮軍から表彰を受けた．

日本高周波は傘下に以下の多数の鉱山を所有し，朝鮮（および中国，日本）で原料鉱を採掘した：鉄鉱−利原（咸南・利原郡）／タングステン鉱−南陽（京畿・水原郡），清松（平南・陽徳郡），青龍（中国・熱河省）／モリブデン鉱−南陽，昭徳（全北・長水郡）／ニッケル鉱−雲松（咸南・端川郡），鷲谷／マンガン鉱−金化（江原・金化郡）／バナジウム鉱−恵音島（京畿・江華郡）／クロム鉱−若山（大分県大野郡），江華島（京畿・江華郡）／マグネサイト鉱−白岩（咸北・吉州郡），南渓（同）（1939年現在）．傘下以外の原料調達先は，次のとおりであった：コークス−兼二浦，高島（日本）／有煙炭−遊仙，生気嶺／無煙炭−大東，朝陽／鉄鉱石−茂山，利原，襄陽／タングステン−朝鮮鉱業振興会社の諸鉱山／蛍石−文登（江原・華川郡）／珪石−業億（咸北）／石灰石−清津，明川のほか一部は自家製造／耐火煉瓦−品川白煉瓦，日本耐火材料，日窒マグネシウム／電極−日本炭素工業，昭和電極，日本カーボン／フェロシリコン−朝鮮電気冶金／アルミニウム・コバルト・フェロバナジウム−軍からの割当．

1943年の日本高周波の売上高は，帝国の全メーカー中45位を記録した．同社は富山，品川にも工場を設置したが，主力は城津工場であった．城津

第 2 章　金属・機械工業

表 2-2　日本高周波重工業城津工場の生産実績，1943-45 年

(トン)

品　目		1943 上	1943 下	1944 上	1944 下	1945 上
原　鉄（鋼材）		7,739	8,568	9,613	11,042	6,293
フェロタングステン		28	25	-	526	1,085
フェロモリブデン		36	110	-	180	60
鋼　板		1,223	1,506	1,849	2,302	1,334
線　材		45	22	67	61	26
特殊鋼材	銃用鋼	244	521	1,292	2,345	523
	炭素工具鋼	349	715	1,022	649	1,874
	自動車鋼	152	290	972	544	-
	高速度工具鋼	1,278	1,317	1,020	488	331
	徹甲弾用鋼	-	-	1,465	-	509
	特殊工具鋼	167	311	49	1,262	190
	軸受鋼（高炭素・高クローム鋼）	1,116	266	374	246	3
	強靱鋼	-	-	156	428	151
	無空鋼	271	99	365	183	115
	クロムタングステン鋼	-	625	462	-	52
	耐熱鋼	241	118	261	122	57
	中空鋼	143	235	207	29	185
	その他	272	1,063	827	814	202
	計	4,233	5,560	8,472	7,110	4,192

注）　1945 年上半期の生産量は，1944 年 12 月から 1945 年 3 月までの値．
出所）　前掲，内務省，5，日本高周波鋼業，86 頁．

工場の生産は戦争の最後の段階まで増大を続けた（表 2-2）．

　城津工場は終戦時に，電気炉・誘導炉を 50 基ちかく設置していた．そのなかには，当時としては大型のエルー式弧光型 10 トン電気炉が 4 基あった．従業員は 7,000 人を超えた．職員に占める朝鮮人の比率はかなり高く，総計約 1,100 人中，400 人超であった．会社は工場周辺に社宅，宿泊設備のほか，病院，百貨店，公会堂などを建設した．このため城津は，日本高周波の企業城下町の観を呈した．

　三菱製鋼平壌製鋼所[8]　三菱製鋼は 1942 年に，三菱重工と三菱鋼材が合併して誕生した（資本金 3,000 万円）．同社は，三菱重工の長崎製鋼所と平壌工場を継承した．平壌工場は，大同江河畔（兼二浦の対岸）の降仙に

8）　三菱製鋼社史編纂委員会編『三菱製鋼四十年史』同社，1985 年，233，244-51，三島康雄・長沢康昭・柴孝夫・藤田誠久・佐藤英達『第二次世界大戦と三菱財閥』日本経済新聞社，1987 年，154，161 頁．

建設中の大規模銑鋼一貫製鉄所であった．この製鉄所は三菱重工が建設を計画していたもので，製鋼原料の自給と電気炉による特殊鋼増産を目的とした．鴨緑江の電源と鉄鉱資源に近かったため，降仙が建設地に選ばれた．初期建設費用は1,600万円もの巨額に達し，三菱財閥が総力をあげて調達に当った．三菱製鋼に移管後，建設工事は資材不足のために大幅に遅延したが，1943年末までに第1製鋼工場，原鉄工場，団結工場がほぼ完成した．設備も，原鉄炉，混鉄炉，製鋼炉，予備製錬炉，製鋼電気炉各1基を新設または長崎から移設し，1943年末に従業員629人で操業を開始した．このとき同工場は，平壌製鋼所と改称された．計画では，電気炉による直接製鋼法を採用して炭素鋼と合金鉄を製造し，これを陸海軍に供給することになっていた．しかし直接製鋼法は技術的，経済的に多くの問題を含んでいたために，還元鉄法に切替えられた．のちにはこの方法も困難となり，最終的にはキューポラによる転炉法製鋼が行なわれた．陸軍は鉄鋼製品とくに防弾鋼板の増産命令を次々に下した．平壌製鋼所はこれに応じるために，大厚板圧延機構想を含む巨大な設備拡充計画を立案した．それによると予定年産能力は，鋼塊8.5万トン，圧延材1.8万トン，特殊鋼片1万トン，還元鉄4.5万トン，合金鉄1,000トンに達した．しかし建設工事は容易に進展せず，終戦までに計画の半分以上が未完に終わった．けっきょく鋼の生産は行なわれたものの，製品の出荷は実現しなかった．

朝鮮製鉄平壌製鉄所[9]　朝鮮製鉄は，大同製鋼と東拓が1941年に設立した会社であった．資本金は6,000万円，うち払込金は1,500万円で，両社が折半出資した．大同製鋼はそれ以前に，満洲への進出を期して，満洲特殊鋼の設立を企てていた．しかし，期待した満洲重工業との提携が不調に終わったために，これに代わる朝鮮への進出を決定したのである．他方，東拓は当時，江界水力電気を設立し，江界に大規模な発電所を建設中であった．同社は，この電力の大口需要者として朝鮮製鉄に大きな期待をかけた．

工場立地は平壌近郊の平南・江西郡大安里に決まり，100万坪の土地を買収した．工場では年間，電気銑30万トン，鋳鋼・中空鋼・弾丸鋼・各

---

9)　大同製鋼株式会社編『大同製鋼50年史』同社，名古屋，1967年，155-56頁，大河内一雄『幻の国策会社　東洋拓殖』日本経済新聞社，1982年，176-83頁．

種合金鉄20万トンを生産する計画であった．このような大規模な電気製銑プラントは，水力資源の豊富なドイツ，イタリアのアルプス山麓にあるだけで，朝鮮はもとより日本にもなかった．工場の建設計画は，注文した設備の未着，江界の発電所建設の遅れのために変更を余儀なくされたが，1943年に熔鉱炉が完成し火入れを行なった．周辺では，食糧の自給自足を目的に農園を造成した．橋梁，トンネル，鉄道引込線の建設と1万トン級船舶が停泊可能な大同江河口築港工事もすすんだ．こうして生産が始まり，とくに軍の要請によって弾丸鋼を製造した．しかし本格的な生産実績を上げる前に終戦となった．

(2) 中・小型製鉄所

三菱鉱業清津製錬所[10]　1937年，三菱鉱業は昭和製鋼所と共同で，ドイツのクルップ社からレン炉（Renn，ロータリーキルン）による直接製鋼法の特許権を購入した．これは鉱石から直接還元で鋼を製造する技術であった．その代金は40万ポンドで，その半分を三菱鉱業が負担した．同社は翌年，この技術による清津製錬所の建設に着手した．原料は，茂山の鉄鉱石と平安南道の無煙炭を利用する予定であった．炉の建設にあたってはクルップ社が技術者を派遣し，その指導で工事が進んだ．1939年に第1号炉の火入れが行なわれ，1943年までに6基の炉が稼動した．エルー式7トン電気炉2基による炭素鋼の製造も始まった．1942年の鋼（ルッペーluppe，粒鉄）生産量は56,120トンで，終戦まで年産5万トン水準を維持した．レン法は技術的に難が多く，本場のドイツでは貧鉱を処理して熔鉱炉の原料に使うにとどまった．清津でも，炉の運転や製品の質の点で多くの問題が生じた．

鐘淵工業平壌製鉄所[11]　鐘淵紡績は主として人絹パルプの製造を行なうために，1938年に資本金6,000万円，払込金1,500万円で鐘淵実業を設立した．鐘淵実業は戦時期に，兵器用の鉄鋼需要が激増したことから，鉄鋼生産事業への参入を企てた．これは社長の津田信吾のリーダーシップに

---

10) 前掲，三菱鉱業セメント，340-43頁，穂積「朝鮮産業の追憶」55-56頁，遠藤，18-19頁，奥村正二『製鐵製鋼技術史』伊藤書店，1944年，129-31，137-40頁．

11) 前掲，鐘紡，343-45，380-86頁，石黒英一『大河　津田信吾伝』ダイヤモンド社，1960年，260-61頁．

よるもので，鐘紡はすでに1938年に尼崎製鉄を傘下におき，製鉄事業に進出していた．朝鮮工場の建設地には，平壌の同社人絹工場の隣接地（80万坪）を選んだ．原料は華北から赤鉄鉱と石炭（開灤炭）を運ぶ計画であった．技術指導には日本鋼管が当り，資金は陸軍省財務局を通じて調達した．主たる計画設備は，日産50トン製銑炉12基，同20トン炉10基，日産1,000トンのコークス製造設備，日産10トンの耐火煉瓦工場であった．熟練した製銑工は尼崎製鉄や日鉄兼二浦製鉄所から集め，製銑炉は大阪の鉄工所に発注した．1943年に工場の建設が始まり，翌年には製銑炉1基の火入れを行なった．1945年初めまでに，計画設備の約半分が稼動した．同年2月には陸軍の命令により，50トン炉2基を華北の大同に移設した．終戦までに生産した銑鉄は約6万トンであった．その半分は鉄道で鎮南浦港に送り，その後，軍が小倉陸軍造兵廠に輸送した．

　鐘淵実業は1944年2月に鐘淵紡績と合併して鐘淵工業となった．

　日本原鉄清津工場[12]　日本高周波重工業は1943年に，陸軍の緊急指示により日本原鉄株式会社を設立した．この指示は「昭和十八年度鉄鋼特別増産陸軍対策要綱」に沿うもので，陸軍は，鉱石の自給能力と迅速な設備増強能力の点で日本高周波重工業に期待をかけていた．日本原鉄の資本金は1,000万円（払込金250万円），本社は京城，工場建設地は清津であった．計画では電気還元炉を年内に完成させ，年間3万トンの低周波電気製鉄を行なうことになっていた．資金と資材の調達，土地買収は陸軍が斡旋した．清津工場は1943年8月に起工し，同年12月に炉の火入れを行なった．同工場は1944年1月に，仁川陸軍造兵廠の監督工場に指定された．しかし従業員未充足のために1944年の生産実績は計画をはるかに下回り，設備能力3万トンにたいして原鉄11,492トンの生産にとどまった．製鉄原料には茂山の鉄鉱石を使用した．

　朝鮮住友製鋼海州工場[13]　次章で述べる朝鮮セメント株式会社は1938-39年に，鋳物とインゴットを製造する製鋼工場を海州に設置した．セメント工場付設の火力発電所の余剰電力を使い，石灰石山で採れる鉄鉱石を製錬する計画であった．3トン電気炉，5トン電気炉，年産1万トンの製

---

12)　『殖銀調査月報』第64号，1943年，41頁，前掲，日本高周波鋼業，76-79頁．

13)　前掲，宇部興産，98，128頁，住友金属工業社史編纂委員会編『住友金属工業六十年小史』同会，1957年，181頁．

鋼設備を導入した．しかし多額の投資に見合う利益が得られなかったために，1944年に住友金属工業から経営陣を受け入れ，新設会社にこの工場を移管した．これが朝鮮住友製鋼であった．資本金は600万円で，住友金属工業と朝鮮セメントが折半出資した．同社は，既存の電気炉と鋳物設備のほか，鍛造設備を拡充して輪芯・自動連結器などの車両部品を生産する計画を立てた．しかし実績は上がらなかった．

日本窒素興南製鉄所[14]　1930年代に朝鮮窒素の興南肥料工場では，硫酸製造に使う硫化鉄鉱が年間50万トンを超えた．その焼滓からは15万トン以上の銑鉄が生産可能であった．そこで同社は1937年に，肥料工場の隣に製銑電炉を建設した．設計には，同じ興南でマグネシウム工場建設にかかわったオーストリア人，ハンスギルグ（Hansgirg）博士が当った．翌年に試験操業を始めたが，電炉に故障が続出したため1年半後に試験を打ちきった．これにかわって1939年に，バッセー（Basset）法による製銑設備が設置された．これは，ロータリーキルンで製銑とセメント原料の生産を同時に行なう方法であった．炉長63m，外径3.2m，1日製銑能力70トンのキルンと日産100トンの製鋼電炉で操業を開始したが，故障が続いた．興南の技術陣はその克服に努力し，月に数百トン程度ではあったが，自社の工作工場（後述）に良質の銑鉄を供給した．1944年，この製銑設備はアルミナ製造に転換された．

日本鋼管元山製鉄所[15]　1943年に日本鋼管は元山で20トン熔鉱炉10基の建設を計画した．原燃料は，襄陽と利原の鉄鉱石，開灤コークス炭（70％）・朝鮮の無煙炭（30％）を使用する予定であった．1944年5月に第1号炉の火入れを行なった．操業は順調で，朝鮮の小型熔鉱炉中でもっとも優秀な成績をあげた．1945年2月になると，コークス炭の入荷がほとんど途絶えた．総督府は無煙炭による代替を推奨したが，これは技術的に困難であった．このため操業がほとんど不可能となった．

以上のほかに，次の中小製鉄所が存在した．

---

14)　丸井遼征「金属工場」前掲『化学工業』64頁，前掲，奥村，183-84頁，遠藤，26頁．

15)　日本鋼管株式会社編『日本鋼管五十年史』同社，1962年，215-16頁，長島修『日本戦時企業論序説　日本鋼管の場合』日本経済評論社，2000年，234-36頁．

朝鮮電気冶金富寧工場[16]　朝鮮電気冶金株式会社は，日本電気冶金，鐘淵実業，東拓の3社が1941年に資本金450万円（払込金225万円）で設立した．咸北・富寧に工場を設置し，富寧水力発電所の余剰電力を利用して，カーバイド，フェロジルコン，海綿鉄（sponge iron）を製造した．1943年7月に鐘淵実業が東拓と日本電気冶金の出資金を肩代わりし，資本，技術，経営の全面で会社を掌握した．

利原鉄山遮湖製鉄所[17]　1942年の閣議決定による指令を受け，利原鉄山株式会社が咸南・利原郡遮湖で小型熔鉱炉による銑鉄製造を開始した．機械はドイツ製，無煙炭は大東鉱業の高原炭（咸南）を使用した．

理研特殊製鉄羅興工場[18]　1943年に理研が資本金1,000万円（払込金250万円）で，理研特殊製鉄株式会社を設立した．咸南・北青郡羅興に工場を設置し，1944年に操業を開始した．利原鉄山の粉鉱を利用し，塗田式低温還元炉（トンネル式の平炉で1,100度の低温で加熱する）で海綿鉄を製造した．技術的には手堅い方法であったが，本格的な生産に入る前に終戦となった．

日本マグネサイト化学工業城津工場（金属部門）[19]　日本マグネサイト化学工業が1943年に，城津の耐火煉瓦工場に合金鉄製造設備を設置した．日産6トン程度の小規模電炉でフェロジルコンを製造した．

日本無煙炭製鉄海州製鉄所，鎮南浦製鉄所[20]　日本無煙炭製鉄株式会社が1943年5月に，海州で小型製鉄所の建設に着手した．銑鉄日産20トン容量の小型熔鉱炉2基を設置する計画で，うち1基は同年10月に完成し，操業を開始した．同社は同時期に，鎮南浦にも小型熔鉱炉2基を建設した．

---

16)　『殖銀調査月報』第63号，1943年，37頁，前掲，中村編，194頁，鐘紡，401頁．
17)　前掲，東洋経済新報社編，78頁，内務省，5．
18)　『殖銀調査月報』第63号，1943年，95頁，同，第69号，1944年，35頁，市村清『闘魂ひとすじに　わが半生の譜』有紀書房，1966年，144-56頁，前掲，内務省，5，遠藤，28頁．
19)　同上，内務省．
20)　『殖銀調査月報』第65号，1943年，53頁，同，第66号，1943年，100頁．無煙炭製鉄技術の開発経過とその回顧については，前掲，遠藤，28-38頁参照．

2 製錬,軽金属

(1) 製　錬

北朝鮮の鉱山開発と並行して,鉱山会社が各地に製錬所を設置した。代表的なものは,日本鉱業鎮南浦製錬所,日窒鉱業開発興南製錬所,中外鉱業海州製錬所,三成鉱業龍岩製錬所であった。このなかで日本鉱業鎮南浦製錬所の規模がもっとも大きかった。

日本鉱業鎮南浦製錬所[21]　久原鉱業(日本鉱業の前身)は朝鮮での鉱山獲得・買鉱の拡大にともなって,鉱石とくに金銀銅鉱の処理を行なう製錬所の建設を計画した。場所は海上輸送に利便な鎮南浦とし,同港から約4kmの大同江河畔に決定した。1915年5月に起工し,同年10月に操業を開始した。当時の主要設備は熔鉱炉・錬鈹炉各1基,真吹炉12基で,粗銅産出量は月間216トンであった。従業員は1,400名を数えた。第1次大戦後は,不況の影響で銅製錬作業を休止し,鉱石を佐賀関に送った。その後各鉱山の鉛鉱石産出が増大したことから,1925年に鉛炉を建設した。1927年には銅製錬が復活した。1936年には当時世界一の高さをもつ600フィート(183 m)の大煙突が竣工した。1941年には月産能力500トンの亜鉛電解設備が完工し,敷地5万坪,延長8マイルの敷設レールをもつ製錬所となった。戦時期の従業員数は臨時員を含めると4,600名を超えた。これは,日本鉱業の主力製錬所であった日立や佐賀関に匹敵した。1937-41年の年間平均銅熔錬鉱量は218,286トンで,日立製錬所のそれの約4割に相当した。製錬鉱量はその後も大きく減少することはなかった(1942年23万トン,1944年18万トン)。

1943年には硫酸・アルミナ工場と氷晶石工場(弗化アルミニウム,水酸化アルミニウム製造)の建設を開始した。その工事は終戦までにそれぞれ,50％,80％進捗した。1944年3月からは,黄海道箕州鉱山の重石を製錬してフェロタングステンを生産した。終戦までの生産量は452トンであっ

---

21) 徳住宮蔵「鎮南浦製錬所概要」『朝鮮鉱業会誌』第6号,1941年,1-7頁,前掲,日本鉱業,41-42,60,93,104,118,387,677-78頁,内務省,6.

た．

日窒鉱業開発興南製錬所[22]　日窒鉱業開発（当時，朝鮮鉱業開発）は1933年に，興南の肥料工場の隣接地に製錬工場を建設した．肥料工場の設備と技術を効果的に利用して，同社所有の鉱山で採掘した鉱産物を製錬することが目的であった．建設後，工場は継続的に拡大し，1941年には年製錬能力が金2.7トン，銀40トン，銅3,200トン，鉛4,800トンに達した．亜鉛電解設備も導入した．銅の電解には，熔鉱炉で電解酸素を使用するなど多くの技術的工夫を凝らした．その他，朝鮮の低品位鉱の再選鉱を行なう浮遊選鉱設備を設置した．この設備によって，金，銀，銅，鉛，亜鉛，硫化鉄の回収と製錬能力の向上が実現した．同時に，アルミニウム・鉛製錬用の蛍石の選鉱，モナザイト・チタン鉄鉱・ガーネット・コロンブ石の選鉱が可能となった．ニッケル製錬は，銅製錬の設備を転用して1943年に開始した．1945年7月にはニッケル電解工場の建設に着手したが，完成前に終戦を迎えた．

日本窒素九龍里製錬所[23]　九龍里は興南肥料工場から4kmほど離れた場所で，朝鮮窒素は1937年にここに亜鉛製錬工場を建設した．これは，秩父鉱山で採掘した亜鉛を興南の余剰電力で製錬するものであった．総工費450万円を投じ，最新の機械を設置した．興南で培った冶金・化学技術を基礎に，帝国内の同種工場中でもっとも高い成果を上げたが，秩父鉱山の不振から原料難に陥った．1944年には電解設備を龍興工場の液体燃料製造用（後述）に転換するため，亜鉛製錬作業を停止した．

住友鉱業朝鮮鉱業所元山製錬所[24]　住友鉱業は1937年に元山近郊の寒村，文坪に製錬所を建設した．敷地面積およそ1万坪，従業員800名の規模で，金，銀，銅，鉛の電解製錬を行なった．

三成鉱業龍岩浦製錬所[25]　三成鉱業は，産金振興を推進する総督府の要請で1941年に新義州郊外の龍岩浦に製錬所を建設した．同製錬所は，金，銀，銅，鉛，亜鉛等の製錬を行ない，日本鉱業鎮南浦，住友鉱業元山と並ぶ朝鮮の3大金製錬所のひとつとなった．1943年9月には，陸軍の指示

---

22)　前掲，森田，82-83頁．
23)　前掲，丸井，62-64頁．
24)　佐々木祝雄『三十八度線』全国引揚孤児育英援護会，神戸，1958年，10-11頁．
25)　前掲，東洋経済新報社編，84頁，三井鉱山，152頁．

で銅製錬設備をフィリピンのマンカヤン鉱山に移転した．

中外鉱業海州製錬所[26]　前出の中外鉱業は1932年に海州に乾式製錬所を設置し，金，銀，銅の製錬を行なった．1942年には鉛製錬を始め，1943年にはコバルト製錬設備を導入した．

朝鮮燐状黒鉛城津工場[27]　燐状黒鉛の採鉱・製錬を目的として1939年に，野崎鉱業株式会社が発足した．資本金は80万円で，本社を城津に置いた．1944年に住友系企業がこの会社を買収し，新たに朝鮮燐状黒鉛株式会社を設立した．資本金は250万円（払込金同）で，住友鉱業，住友金属工業，日本電気などが大口出資した．城津工場では，1944年に品位85％の黒鉛2,427トンを生産した．終戦時には年3,300トンの製錬設備を建設中であった．

以上のほか，東邦鉱業が1945年に江界で製錬所建設に着手したが，詳細は不明である[28]．

(2)　軽 金 属

軽金属の代表はアルミニウムとマグネシウムである．その製造は一般に，複雑な化学処理を伴うので，化学工業の性格を合わせもつ．とくにソーダ工業との関係が深い．アルミニウムは，原料鉱石からアルミナ（酸化アルミニウム）を製造したのち，これを電解して得る．一般的なアルミナ製造法はバイヤー法で，ボーキサイトを苛性ソーダで処理する．このほか戦前には，明礬石や礬土頁岩を用いる硫安法やソーダ石灰法が開発された．この方法は不純物の除去に高度の技術を要し，生産費が嵩んだ．日本では1920年代に東京工業試験所や理研が，ボーキサイトや満洲産礬土頁岩を用いるアルミニウム製造の研究をすすめた．これは1930年代の事業化につながった．朝鮮では1930年ごろから総督府燃料選鉱研究所や朝鮮窒素が，平壌産あるいは満洲産の礬土頁岩を使うアルミニウム製造の研究を始めた[29]．

---

26)　前掲，内務省，6，東洋経済新報社編，86頁．
27)　前掲，内務省，6，41，中村編，384頁．
28)　『殖銀調査月報』第78号，1945年，67頁．
29)　朝鮮銀行調査部『朝鮮ニ於ケル軽金属工業』同行，京城，1944年，54頁．

マグネシウムの原料はマグネサイト鉱石または苦汁（にがり）である．製造法には，マグネサイトを焼成して酸化マグネシウムまたは塩化マグネシウムを得，これを電解する方法，苦汁から無水塩化マグネシウムを得，これを電解する方法，マグネサイトを焼成してマグネシウム蒸気を発生させ，これを水素ガス中で冷却する方法（ハンスギルグ法または直接還元法）があった．最後の方法は高度の技術を要した．日本のマグネシウム製造は，満洲産マグネサイトや国産苦汁を原料とした研究を基礎に，1930年代に理研や満鉄が推進した．同じころ朝鮮窒素が，北朝鮮産のマグネサイト・苦汁を原料とするマグネシウム製造に乗り出した[30]．

日中戦争開始以降，航空機の機体・部品需要が急増したことから，朝鮮，満洲，華北で，現地の電源と鉱物資源を利用したアルミニウム，マグネシウムの増産が図られた．総督府は1939年に「朝鮮軽金属製造事業令」を発布し，1940年には朝鮮窒素に「アルミニウム製造研究命令」を下した．日米戦争勃発後は，北朝鮮を中心に軽金属緊急大増産が進行した．終戦の年に軍は，（北）朝鮮でアルミニウム20万トン，マグネシウム2万トンの生産目標を立てた[31]．

以上の経過が示すように，北朝鮮には1930年代後半から続々と軽金属工場が出現した．

日窒マグネシウム興南工場[32]　1934年に朝鮮窒素と米国のAmerican Magnesium Metalsが出資して，資本金140万円の日本マグネシウム金属株式会社が発足した．同社は年間に金属マグネシウムを2,000トン，マグネシア・クリンカーを12,800トン生産する計画を立て，興南に工場を建設した．ここには前出（上記米社所属）のハンスギルグ博士を招き，直接還元法によるマグネシウム製造設備を導入した．操業開始は1935年7月であった．1938年には，技術的問題を解決し，直接還元法による世界初の金属マグネシウム製造を軌道に乗せた．製品インゴットの品位は99.

---

30)　同上，58頁．
31)　同上，50-51, 56頁．
32)　前掲，丸井，55-62頁，中野仁「興南マグネシウム工場記」「日本窒素史への証言」編纂委員会編『日本窒素史への証言』第十一集，1980年，136-38, 167頁，姜在彦編『朝鮮における日窒コンツェルン』不二出版，1985年，263頁．

95％で，きわめて高かった．原料のマグネサイトは，咸北・吉州郡と咸南・端川郡の自営鉱山（合水，北斗鉱業所）で採鉱した．

1944年，日本マグネシウム金属は日窒マグネシウムと改称した．

日本窒素興南アルミニウム工場[33] 1937年，朝鮮窒素はマグネシウム工場の隣接地に，アルミナ工場とアルミニウム工場を設置した．これらの工場の操業には大きな技術的困難がともなった．アルミナ工場では当初，南朝鮮産の明礬石を原料に用いたが，結果は不良であった．そこで原料を華北産の礬土頁岩に変え，ソーダ石灰法で処理した．アルミナ電解炉はゼーダベルグ式88基を設置した．この炉は，使用材料その他の問題のために寿命が短く，コスト高の原因となった．朝鮮窒素の技術陣は，低品位のアルミナから純度の高いアルミニウムを得るために工夫を重ねた．その結果，純度99.5％超の製品を産出するまでになった．しかし品位の安定と生産の増大を実現する前に，終戦となった．

朝鮮軽金属鎮南浦工場[34] 理研コンツェルンは1938年に，資本金1,500万円で朝鮮理研金属株式会社を設立した．その目的は，平壌一帯に産する礬土頁岩を用いてアルミナからアルミニウムを一貫製造することであった．同社は1939年に鎮南浦工場の建設に着手し，翌年，独自に考案した湿式法にもとづくアルミニウム生産を始めた．マグネシウム工場は1941年に建設を開始し，1944年に完成した．咸鏡南道端川産のマグネサイト鉱に苦汁などを加えて，マグネシウムを製造する計画であった．

鎮南浦工場の経営は，技術的欠陥と資材不足から困難に陥った．そこで総督府は昭和電工に経営の肩代わりを要請し，同社は1942年8月にこれを受け入れた．同工場は1942年末から，アルミナ電解槽の一部を転用しマグネシウムの増産体制に入った．アルミニウム部門は1943年から完全操業に入り，飛行機や軍艦用に生産を順調に伸ばした．戦時末期にはアルミナの不足が深刻化したため，総督府の指導により電気炉2基を日本窒素興南工場から譲り受けた．設備拡張工事中に終戦を迎えた．

---

33) 同上，丸井，60-62頁，同「電解工場勤務二十年」同上『日本窒素史への証言』編纂委員会編，第十集，1980年，87-101頁．

34) 『東洋経済新報』第1832号，1938年9月17日，1086頁，『大陸東洋経済』1944年3月1日号，138-39頁，同，1944年10月15日号，広告，前掲，内務省，9，昭和軽金属株式会社アルミニウム社史編集事務局編『昭和電工アルミニウム五十年史』昭和電工株式会社，1984年，118，120頁．

アルミニウム製造副原料の蛍石は，平南・中和郡水山面，大同郡龍山面，平壌府の自社鉱山で採掘した．これらの鉱山は1939年に柴田鉱業から買収した．以後，坑道の整備，設備全般の電化をすすめ，優良鉱山として数次にわたり総督府から表彰を受けた．その他，終戦時の原料の調達先はつぎのとおりであった：礬土頁岩－華北／無煙炭－平安南道／ピッチ－兼二浦，黒鉛－价川，永興／工業塩・生苦汁－総督府専売局／固形苦汁・塩化カリ－華北／塩化石灰－日本．苦汁を得るためには塩田の自社経営も行なった．

1944年に朝鮮理研金属は後述の朝鮮電工の子会社となり，朝鮮軽金属と改称した．

朝鮮神鋼金属新義州工場[35]　神戸製鋼所，大日本塩業，太陽産業などの出資により1939年に東洋金属が誕生した．資本金は5,000万円（払込金1,250万円）であった．同社はマグネシウム工場を新義州近郊の楽元に建設した．苦汁・鉱石併用法によって年間1,000トンのマグネシウムを製造する計画であった．原料苦汁は満洲，華北や大日本塩業の北朝鮮の塩田から，カーナリット・塩は大日本塩業，リグニンは朝鮮無水酒精，軽焼マグネシアは北朝鮮各地から調達する予定であった．操業は1941年に始まったが，苦汁の不足のために，半数の電解炉しか稼動できなかった．マグネシウム生産実績は，1943年260トン，1944年452トンで，1945年第1四半期には生産命令126トンにたいして127トンであった．

1942年に東洋金属は朝鮮神鋼金属と改称した．

三菱マグネシウム工業鎮南浦工場[36]　信越化学工業は陸軍の指示に応じて，1938年に直江津工場でマグネシウムの製造を開始した．原料は苦汁であった．陸軍は同社に，朝鮮でも同様の事業を行なうように指示した．これを受けて信越化学は1941年に，資本金500万円で朝鮮重化学工業を設立した．本社と工場は鎮南浦に置き，年間1,200トンの金属マグネシウムを製造する計画であった．工場の操業は1942年10月に始まったが，運

---

35) 前掲，朝鮮銀行調査部，76-77頁，「神鋼五十年史」編纂委員会編『神鋼五十年史』同委員会，1954年，109頁．

36) 三菱化成工業株式会社総務部臨時社史編集室編『三菱化成社史』同社，1981年，103-04頁，三菱社誌刊行会編『三菱社誌　三十八』東京大学出版会，1981年，1964-65頁，信越化学工業株式会社社史編纂室編『信越化学工業社史』同社，1992年，32-33頁，原朗・山崎志郎編『軍需省関係資料　第5巻　軍需省局長会報記録』現代史料出版，1997年，268頁．

転トラブルが続き実績をあげ得なかった．1942年12月に三菱系の日本化成は，信越化学から朝鮮重化学工業の経営権を譲り受け，同社を三菱マグネシウム工業と改称した．鎮南浦工場では，苦汁・鉱石併用によるマグネシウム製法の改良を行ない，大型塩化炉による製品開発に成功した．1944年度には軍需省から1,224トンの生産命令を受けた．これは朝鮮で最大，帝国全体では関東電化工業渋川工場，理研金属宇部工場についで第3位の量であった．しかし大量生産に至る前に終戦を迎えた．

原料の苦汁は日本・華北・満洲から，石炭とマグネシアは朝鮮内で，電極は日本から調達した．

朝日軽金属岐陽工場[37]　1943年11月，日本軽金属は朝日軽金属株式会社を設立した．本社は京城，資本金は4,000万円（払込金1,000万円）であった．資本金の半額は日本軽金属，残りは旭電化工業，古河電気，関東電化工業が出資した．朝日軽金属は，平壌と鎮南浦の中間，平安南道江西郡岐陽里に年産能力5,000トン，東洋一の大規模マグネシウム工場の建設を計画した．この計画は，軍，総督府，軽金属統制会，商工省のつよい要請によるものであった．鴨緑江の発電所から受電し，朝鮮マグネサイト開発株式会社から原料マグネサイトを調達する予定であった．工業塩は大日本塩業をつうじて青島から船で運び，硫酸，塩酸，ソーダ灰，消石灰，黒鉛電極は朝鮮内の諸工場から調達または自家製造，ピッチコークスは日本，満洲から調達する予定であった．

岐陽工場では当初，小型炉によるマグネシア塩化法を旭電化工業尾久工場から導入する方針であった．しかし技術上の問題から，三菱化成の大型炉塩化法を導入することにした．突貫工事の結果，1944年末に第1期建設計画の一部が完成し，翌年1月に電解槽36基への通電を開始した．電解ソーダ設備は年間2万トンの苛性ソーダ生産能力を有した．しかしボイラーが未完成なうえに機械に故障が続いたために生産実績は上がらず，終戦までに製造した金属マグネシウムはわずか37トンにすぎなかった．終戦時には第2期工事が進行中であった．この工事はトンネル掘削を主とし，朝鮮で最初の防弾地下工場の建設をめざした．

37）続日本ソーダ工業史編纂委員会編『続日本ソーダ工業史』日本ソーダ工業会，1952年，169頁，日本社史全集刊行会『日本社史全集　日本軽金属三十年史』常盤書院，1977年，112-13頁．

三井軽金属楊市工場[38]　日本曹達は1939年に，アルミニウム製造事業の展開を企図し，西鮮化学株式会社を設立した．同社は電気料金の安い朝鮮で，アルミニウム電解工場の建設に着手した．場所は水豊ダムから遠くない平北・龍川郡北中面楊市（多獅島）で，敷地面積は100万坪であった．大倉財閥が経営する不二農場の敷地50万坪を買収し，用地を確保した．1941年，西鮮化学は東洋アルミニウムと合併し，資本金4,500万円（払込金2,250万円）の新会社，東洋軽金属となった．東洋アルミニウムは三井鉱山と南洋アルミニウムが出資し，1938年に成立した三井系の会社であった．三井は同社を軽金属部門の拠点とするべく，大牟田市や富山県に工場を建設していた．同社と西鮮化学の合併は陸軍と総督府が斡旋した．

楊市では1943年10月までに第1，第2工場の建設工事が完了し，一部の操業を開始した．アルミナは三井の三池工場から調達する予定であったが，その量が不十分で，操業率は上がらなかった．

東洋軽金属は1944年5月に三井軽金属と改称した．

朝鮮電工鎮南浦工場[39]　昭和電工は，軍のつよい要請にもとづき，1943年に鎮南浦でアルミニウム工場の建設を計画した．そこでは，同社が経営を請け負っていた朝鮮理研金属の工場とは別に，年間5万トンのアルミニウムの製造を企図した．生産には水豊と江界の発電所の電力を利用し，華北から礬土頁岩を運ぶ予定であった．

昭和電工はこの工場の経営のために，新会社の朝鮮電工を設立した．資本金は1億円（払込金2,500万円）で，戦時金融公庫が出資した．工場用地として買収した土地は360万坪に達し，この点で朝鮮で最大規模の工場になる予定であった．自家用農牧場，塩田も設ける計画であった．建設工事は資材不足や従業員の応召から難航し，大幅に遅延した．終戦までに終了したのは，発電所の建物，12,5000kwの発電設備，電解槽20基および水銀整流器3台の建設・据付などにとどまり，アルミナ工場の90％は未完成に終わった．

---

38)　前掲，朝鮮銀行調査部，66-67頁，日本曹達，68-69頁，三井文庫編，593-94頁，川合彰武『朝鮮工業の現段階』東洋経済新報社京城支局，京城，1943年，281頁，秋津裕哉『わが国アルミニウム製錬史にみる企業経営上の諸問題－日本的経営の実証研究』冬青社，1994年，50-51頁．

39)　前掲，昭和軽金属，118-21頁．

朝鮮住友軽金属元山工場[40]　住友系各社は1943年に共同で，資本金8,000万円（払込金4,000万円）のアルミニウム製造会社，朝鮮住友軽金属を設立した．当初ボーキサイトを利用する予定であったが，後に計画を変更し，満洲または華北の礬土頁岩を乾式法により処理することにした．文坪の住友鉱業朝鮮鉱業所元山製錬所の隣で工場建設に着手し，1944年3月に第1期工事を完了した．電解工場を建設中に終戦となった．

3　機械・鋳物，兵器・造船

(1)　機械・鋳物

北朝鮮に金属工場や化学工場を建設した日本企業の多くは，それらの工場に機械工作設備を付設した．たとえば，日本窒素は興南，永安，阿吾地，青水，南山の各化学工場に工作工場を設置し，化学機械の製作や修理を行なった．こうした工場は独立の企業形態をとらなかったので，その存在が看過されやすい．じっさい，総督府の統計や資料にはほとんど登場しない．しかし北朝鮮工業におけるその役割は小さくなかった．

北朝鮮で最大の機械工場は日本窒素の興南工作工場であった．

日本窒素興南工作工場[41]　この工場は1928年に，興南肥料工場とともに設置された．興南化学コンビナートの発展とともに拡大し，コンビナートで必要な化学機械の製作・改善・修理に当った．とくに，独自設計の機械はほぼすべてここで製作した．工場は興南地区，本宮地区，龍城地区の3か所に分かれ，それぞれが，鋳造用の電気炉，鍛造用の大型ハンマー，各種旋盤，製罐用のプレス機を含む一連の設備を有した．その規模は独立した工作会社に匹敵した．1937年頃には，設備投資額は100万円にのぼった．終戦時には，旋盤など合計264台の工作機械を設置し，2,500名の従業員を雇用するほか，1,000名の下請職工を使役していた．

---

　40)　『殖銀調査月報』第71号，1944年，37頁，前掲，住友金属工業株式会社社史編纂委員会編，181頁，日本社史全集刊行会『日本社史全集　住友軽金属工業社史』常盤書院，1977年，86頁．

　41)　日本窒素肥料株式会社文書課山本登美雄編『日本窒素肥料事業大観』同社，大阪，1937年，211頁，昆吉郎「工作工場」前掲『化学工業』84-87頁．

このほか，日本製鉄兼二浦製鉄所，同・清津製鉄所，朝日軽金属岐陽工場にそれぞれ，数十台の工作機械を配備した工作工場があった（資料1参照）．

総督府鉄道局も工作工場を設置した．その最大のものは京城工場であった．北朝鮮では平壌，清津，元山，海州に工場が設置された．

朝鮮総督府鉄道局工場[42]

鉄道局の工場では機関車や貨客車の修理を行なった．修繕用工作機械類および機関車・貨客車部品は日本のメーカーから購入した．機関車の設計・組立ては京城工場が担当し，北朝鮮の工場では行なっていなかった．1937年以降貨車の製作はすべて，南朝鮮の民間工場に委託した．

平壌工場 1904年に臨時軍用鉄道監部が兼二浦に鉄道工場を設置した．1911年にこの工場は平壌に移転し，鉄道局平壌工場となった．当初の工作機械は30台ほどであったが，その後の拡張の結果，1939年には100台に達した．1942年に西平壌操車場横で移転拡張工事が始まり，工事途中で終戦を迎えた．終戦時の従業員数は793人であった．

清津工場 1929年に咸鏡線が全通したことから，同線の車両修理に対応するため，翌年に鉄道局が清津工場を新設した．終戦時には，清津駅からやや離れた場所に移転する計画で，拡張工事を行なっていた．従業員数は360人であった．

元山工場 この工場は，1942年に北朝鮮東部の機関車修理を主目的に新設された．最新の機械設備を設置して同年2月に操業を開始した．翌年には貨車修理場も竣工した．終戦時の従業員数は978人であった．

海州工場 これは海州機関区の修繕設備を拡張し，1945年7月に発足した．京城工場からの転入者を合わせて154人の人員がいた．

独立した企業形態の主要機械工場には，次のものがあった．

北鮮製鋼所文川工場[43] 北鮮製鋼所は1938年に設立された．本社および工場は咸鏡南道文川郡川内里に位置し，主として鉱山・土木建築用機械を製作した．近隣の小野田セメント川内工場とも密接な関係をもち，実質的

---

42) 前掲，鮮交会，398-99，434-55，757-59頁．
43) 前掲，中村編，170-71頁，内務省，6，磯谷季次『わが青春の朝鮮』影書房，1984年，220頁．

な下請け工場として機械修理，部品製作を行なった．設立時は資本金50万円の小企業にすぎなかったが，その後急成長した．終戦時には工作機械120台を設置し，1,300人近い従業員を雇用していた．

朝鮮商工鎮南浦工場，平壤工場[44]　朝鮮商工株式会社は1919年に，朝鮮在住の日本人，中村精七郎（中村組社長）が設立した．同社は，土木，油，肥料，機械，鉄工，造船，運送など多くの商工業種に進出し，「半島の三井物産」と称された．鉄工所の嚆矢は1910年設立の鎮南浦工場で，鉱山・製錬用機械の製作・修理を行なった．終戦時，鎮南浦工場には工作機械124台と各種の炉があり，769人の従業員がいた．平壤工場では主として鋳鉄管を製造し，朝鮮の水道管需要を満たした．

東洋商工新義州工場[45]　東洋商工の起源は平安北道宣川郡の個人企業であった．新義州近辺の工業開発がすすみ，多獅島鉄道が開通したことから，1939年に新義州に工場を移転した．1940年には，資本金100万円（払込金50万円）の株式会社となった．1943年，従業員総数は167人，工場敷地面積は1,400坪であった．浮遊選鉱機などの鉱山機械，土木・化学用諸機械の設計および製造，各種鋳物（普通鋼，特殊鋼，合金）の製造に当った．原材料の鋼材は日本から移入し，銑鉄は日本製鉄兼二浦製鉄所，満洲国鞍山の昭和製鋼所から購入した．

平北重工業新義州工場[46]　戦時期に，新義州所在の3鉄工所——新義州鉄工所（職工50人未満），栄工作所（同50-100人），新延鉄工所（同50-100人，朝鮮人経営）が合併して平北重工業が成立した．同社は鉱山・船舶用汽罐の製造，機械修理・製造を行なった．

その他にも，栗本鉄工所（1944年設立，平南・順安，鋳鉄品・機械鋳物生産），中外製作所（朝鮮火薬の関連会社，1939年設立，海州，鉱山用機械等の生産）をはじめ中小鉄工所が，各地とくに平壤，新義州，咸興に散在した[47]．

---

44)　前掲，阿部編，第2部，641-42頁，第4部，27-28頁，中村編，391-92頁，内務省，6，鎮南浦会編『よみがえる鎮南浦』同会，1984年，166頁．中村組の事業は戦後，中村汽船（神戸）と山九運輸（東京）に継承された．
45)　『殖銀調査月報』第67号，1943年，7頁，同，第68号，1944年，4，10頁．
46)　前掲，渋谷編，62-63頁，新緑会編『鴨緑江　特別号　平北・新義州地区居留民在住四十年の記録』同会，横浜，1996年，47頁．

(2) 兵器・造船

北朝鮮の主要な兵器工場は，平壌兵器製造所と三井鉱山朝鮮飛行機製作所の2工場であった．

平壌兵器製造所[48] 平壌兵器製造所は陸軍兵器廠所属の兵器工場であった．砲用弾丸，皮具，麻製兵器，航空機弾を製造した．所在地は，平壌の中心部に近い大同江左岸であった．1918年9月に東京砲兵工廠所属の朝鮮兵器製造所として創設され，以後，幾多の変遷を経て，終戦時には仁川陸軍造兵廠に属した．

1935年の同製造所の敷地面積は約20万坪であった．隣接地には，製品を保管する陸軍兵器廠平壌出張所（1940年以降は平壌兵器補給廠）があった．職工数は1923-38年間におよそ200人から2,000人に増大した．戦時中に陸軍は，米軍の攻撃に備えてこの製造所を地下に移す計画をすすめた．それは，平壌刑務所の囚人を使役して，平壌から約10km離れた岩山の中に一大地下工場を建設するものであった．作業は終戦までに九分通り完成した．平壌製造所の終戦直前の主要生産品目は弾丸と爆弾で，弾丸製造能力は月間18万発（年間200万発強）であった．終戦時には6,000人（うち朝鮮人5,000人）がこの工場で働いていた[49]．

三井鉱山朝鮮飛行機製作所[50] 1937年，資本金3,000万円（払込金750万円）で昭和飛行機工業株式会社が成立した．同社は翌年，陸軍大将小磯国昭の要請にもとづいて，平壌近郊の美林で航空機製作所の建設に着手した．敷地面積は20万坪であった．建設工事は1940年に一応完成し，翌年には部品の製作や機体修理を始めた．その後，陸軍と海軍の複雑な利害関係から昭和飛行機工業はこの製作所の経営を断念した．1942年9月，朝鮮軍司令部と総督府の働きかけにより，三井鉱山がその所有権を譲り受けた．三井は当初から人事，資本の両面で昭和飛行機工業に関与していた．

---

47) 前掲，内務省，6.
48) 木村光彦・安部桂司「北朝鮮兵器廠の発展――平壌兵器製造所から第六五工場へ」『軍事史学』第37巻4号，2002年，47-59頁.
49) 森田芳夫，手書きノート，no.14，1948年7月．この従業員数はおそらく勤労学徒を含む．
50) 昭和飛行機工業株式会社編『昭和飛行機四十年史』同社，1977年，17，57-60頁，前掲，三井鉱山，180-82頁，三井文庫編，192-96頁.

その背景には，三菱に比して従来手薄であった重化学工業に参入し，航空機製造をその核とする意図があった．くわえて平壌での航空機生産は，三井系の東洋軽金属（前述）のアルミニウム販売先確保の点で大きな意義があった．三井鉱山は平壌製作所を朝鮮飛行機製作所と改称し，部品製作，機体修理を行なった．1944年6月に同所は陸軍航空本部の監督工場となり，ユングマン練習機200機の機体製作命令を受けた．同年10月，その第1号機が完成し進空式を挙行した．その後，資材不足のために月間生産2機程度で推移し，設備の大拡張工事中に終戦を迎えた．

　造船所は，海州，清津，鎮南浦，元山などに中小規模のものが設けられた．それぞれ数十台の工作機械を設置し，数十トン規模の木造船を製造した．戦時末期には「一港一造船所」の政府方針にしたがい，各社の統合がすすんだ．

　鐘淵西鮮重工業海州造船所[51]　朝鮮セメントは，セメント工場の機械修理と各種機械製作を目的に，1938年に海州鉄工所を設立した．同じく海州で1939年4月に，鉱山機械の製作を目指す炭鉱関係者らが西鮮重工業を設立した．両者は同年9月に合併し，西鮮重工業が存続会社となった．資本金は130万円（払込金104万円）であった．この会社は，朝鮮セメントからインゴットの供給を受け，ミル用のスチールボール，焼玉エンジン，木造船，民需および軍需の各種機械部品を製造した．1943年に経営上の問題から同社は鐘淵工業に売却され，以後鐘淵が鐘淵西鮮重工業海州造船所として経営に当った．

　朝鮮造船工業元山造船所[52]　朝鮮造船工業は1943年に，朝鮮郵船，東拓，日本高周波，殖産銀行など朝鮮の主要企業が共同で設立した．資本金は100万円（払込金50万円）で，元山に工場を設置した．木造船，鉄鋼船，内燃機関の製造を計画した．終戦時には従業員830人を雇用し，木造船を建造していた．

---

51)　前掲，中村編，185頁，俵田翁伝記編纂委員会編，326-31頁，中安閑一伝編纂委員会編，144-45，169-70頁，宇部興産，98-99頁．

52)　『殖銀調査月報』第67号，1943年，44頁，『大陸東洋経済』1944年10月15日号，26頁，前掲，内務省，8．

朝鮮造船鉄工所清津造船所[53)]　1937年に清津造船鉄工所が，佐々木光次の個人企業として発足した．資本金は50万円（払込金20万円）で，1939年の従業員数は100人から200人の間であった．のちに朝鮮造船鉄工所に統合された．

朝鮮商工鎮南浦工場造船部[54)]　前記，朝鮮商工鎮南浦工場付設の造船工場であった．設置年は不明である．平壌無煙炭を運ぶ艀船を建造した．

---

53)　前掲，中村編，161頁，渋谷編，77頁，『殖銀調査月報』同上．
54)　前掲，平壌商工会議所，163頁，鎮南浦会編，166頁．

第3章

化 学 工 業

化学工業では，いくつかの基礎物質から多くの製品が製造される．たとえば，アンモニアを硫酸と化合させると，良質の窒素肥料である硫安（硫酸アンモニウム）が得られる．同じアンモニアを酸化・凝縮すると硝酸が生成する．この硝酸中にアンモニアを吹き込み，生成した液を蒸発結晶させると，硝安（硝酸アンモニウム）ができる．硝安もまた窒素肥料であるが，油と混合すると爆発するので，強力な爆薬としても使う．すなわちアンモニアから肥料とともに，火薬が製造される．カーバイド（炭化カルシウム）も重要な中間原料である．これを窒素と化合させると，窒素肥料の石灰窒素ができ，水に反応させるとアセチレンが生成する．アセチレンは，金属熔接・切断用の酸素アセチレン炎のほか，合成繊維，合成ゴム，プラスチック，液体燃料の原料になる．

　このような特徴から，化学工業は各部門が連続的に発展し得る．帝国支配下北朝鮮の化学工業は，その例であった．すなわち北朝鮮では，豊富に存在する石炭，石灰石，水力資源を基礎に，石炭化学，電気化学工業の各部門——肥料，ソーダ，油脂，火薬，燃料等——が大きく発展した（主要製品の生産系統を図3-1に示す）．これを推進したのが，よく知られているように，野口遵（1873-1944年）であった．かれは1908年に日本窒素を興した．1920年代後半には朝鮮に進出し，鴨緑江支流の赴戦江で大規模な電源開発を行なう一方，咸鏡北道の興南に化学肥料工場を建設した．かれのこの事業は，規模と技術の点で世界第一級といわれた．日本帝国の全工業施設のなかでも屈指であった．野口は東京帝大電気工学科出身の技術者であり，みずから率先して先進技術の導入・開発を行なった．同時に，多数の優秀な技術者を周囲に集めた．資金面では三菱の支援を受けた．官界－総督府とのつながりも深かった．こうした点については，すでに多数の研究がある[1]．以下ではそれらを参考に，野口系企業の発展を工場単位

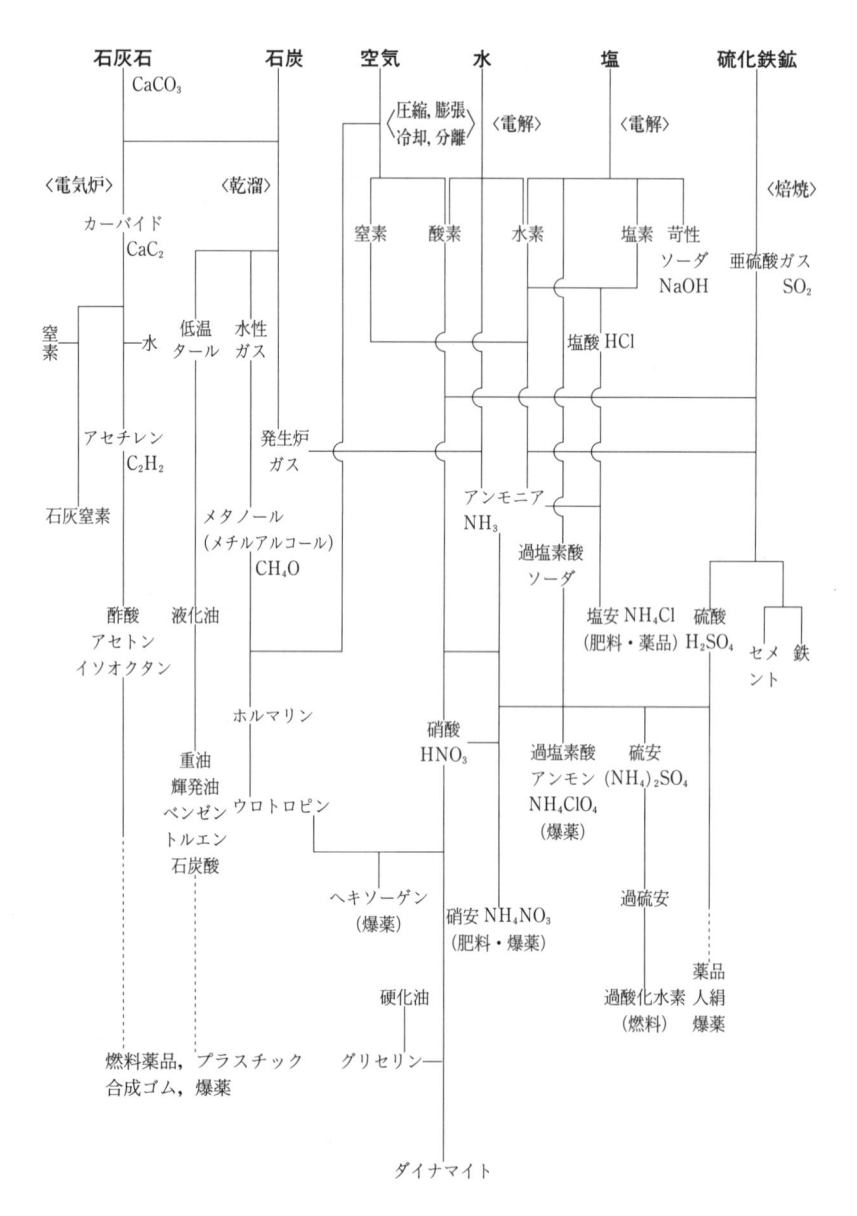

図 3-1　北朝鮮化学工業の基本生産系統図

注）「特集　興南工場」前掲『化学工業』30頁等を参考に作成した．

第3章 化学工業

に要約する．北朝鮮には日本の非野口系化学会社も進出した．これらは看過されがちであるが，重要なものが少なくない．本章では，これらの工場についても要約を行なう．ここにはセメントなど窯業部門の工場を含める．人絹工場も本章で扱う．人絹製造は一般に繊維工業とみなされるが，じっさいには，硫酸などの化学物質の製造・利用の点で化学工業の性格がつよいからである．

1 肥料・カーバイドおよび関連製品

空中窒素固定によるアンモニアの合成法は，化学史上の一大発明であった．これによって，アンモニアを原料とした肥料と火薬の飛躍的な増産が可能となった．合成法の手順は次のとおりである．① 空気と水をそれぞれ電気分解して窒素と水素を得る，② その混合ガスを合成塔に入れ，高温・高圧にする，③ 触媒を使って反応させる．この方法はドイツで，1907年に化学者ハーバー（Haber）が理論化し，1913年にバーデシュ社（BASF社）のボッシュ（Bosch）が工業化した．そのためハーバー・ボッシュ法と呼ばれる[2]．つづいて，同法を基礎とし，触媒の種類，圧力・温度や合成塔の構造を異にする各種アンモニア合成法が開発された．そのひとつがカザレー法であった．野口遵は1922年にその開発者，イタリア人カザレー（Casale）から特許権を購入し，ただちにかれを延岡に招いてアンモニ

---

1) 最近の代表作は，大塩武『日窒コンツェルンの研究』日本経済評論社，1989年，前掲，堀，第6章，姜編書である．欧米人の著作には，Molony, B., *Technology and Investment——The Prewar Japanese Chemical Industry*, Council on East Asian Studies, Harvard University Press, Cambridge, Mass., 1990 がある．これらの成果にもかかわらず，野口の事業の巨大さに比して，その研究はわずかにすぎない．

2) F. Haber (1868-1934)．ユダヤ系ドイツ人．カイザー・ウィルヘルム研究所（のちのマックス・プランク研究所）初代物理化学研究所長．第1次大戦中には毒ガス研究に従事し，毒ガス戦の父といわれた．1918年ノーベル化学賞受賞．C. Bosch (1874-1940)．ドイツの化学者．1931年ノーベル化学賞受賞．BASF社は，第1次世界大戦中に硫安工場を硝酸工場に転換し，火薬の増産に努めた．同時に，苛性ソーダの副産物などから毒ガスを製造した．ハーバーの高弟，W. メッツナーは1925年に来日し，日本陸軍の毒ガス研究を指導した（宮田親平『毒ガスと科学者』文芸春秋社，1996年，125-26頁）．火薬生産との結びつきから，ハーバー・ボッシュ法の開発は第1次世界大戦の引金となったといわれるが，これは俗説にすぎない（廣田鋼蔵「アンモニア合成法の成功と第一次大戦の勃発」『現代化学』1975年2月号）．

ア合成による大規模硫安工場を建設した[3]．1926年には水俣にこれを上回る規模の硫安工場を建設した．

日本窒素興南肥料工場[4]　野口は1927年に，資本金1,000万円で朝鮮窒素を設立した．同社の主力工場となる興南肥料工場の起工は1927年，完工は1929年であり，この間に赴戦江のダム，送電・給水設備と興南港の建設，興南の都市整備が進行した．これらはすべて野口がイニシアチブをとって推進した．すなわち興南の工業開発の大きな特徴は，民間の事業家が工場建設とインフラ整備を同時に大規模にすすめた点にある．

興南肥料工場は電解，アンモニア合成，硫安製造，触媒の各工場から成った．当初の硫安製造能力は年間40万トンで，延岡工場，水俣工場のそれをはるかに上回った．製造機器は，延岡・水俣工場では，多く欧米からの輸入に頼ったが，興南では窒素分離器をのぞきすべて日本のメーカー（安川電機，富士電機，芝浦製作所，神戸製鋼所，日立製作所，三井物産造船部など）に発注した．とくに芝浦製作所は，当時世界一の大容量の回転変流器39基を一手に受注した．このように興南工場の建設は，日本の機械工業の発展に大きな刺激を与えた．

硫酸製造に欠かせない硫化鉄鉱は，日本および朝鮮各地の鉱山から調達した．なかでも重要であったのは，藤田組所有の岡山県柵原(やなはら)鉱山であった．同鉱山の硫化鉄鉱は高品位でかつ採掘コストが安かったので，野口は1928年に藤田組と20年間の硫化鉄鉱長期需給契約を締結した．戦時末期には海上輸送が危険となったため，興南肥料工場では柵原の硫化鉄鉱の代わりに，咸南・端川や遠北（江原道金化郡，日本鉱業所属）の硫化鉄鉱を使った．燐肥料の原料燐鉱ははじめ主に東南アジアから運んだが，のちには朝鮮産の燐鉱石の利用が増えた．カリ肥料製造はドイツ産の硫酸カリに依存した．

興南肥料工場は創設以後，継続的に拡張した．硫安のほか，硫燐安，過

---

3) カザレーは，ハーバーやボッシュのようには化学史上に名を残していない．

4) 前掲，同和鉱業，254-55頁，日本窒素肥料，各頁，木村安一編『芝浦製作所六十五年史』東京芝浦電気株式会社，1940年，374頁，北山恒「興南肥料工場」前掲『化学工業』49-54頁，『殖銀調査月報』第64号，1943年，38頁，通産省『商工政策史』第21巻，化学工業（下），商工政策史刊行会，1969年，43頁．岡本達明・松崎次夫編『聞書水俣民衆史第五巻　植民地は天国だった』草風館，1990年，59-65頁．

燐酸石灰，石灰窒素などを製造し，朝鮮のみならず日本に多量に出荷した．戦時末期にはカザレー式アンモニア合成塔24基（各20トン/日）を備え，従業員7,918人（うち日本人2,402人）を雇用した．アンモニア，硫酸，硫安の年間製造能力は，それぞれ19万トン，60万トン，50万トンに達した．この硫安製造能力は1943年の日本帝国全体の同能力（189万トン）の26％を占め，全硫安工場中で最大であった．

朝鮮窒素の親会社，日本窒素は1941年に財務上の理由から朝鮮窒素を合併した．

同・本宮工場[5]　本宮工場は，興南肥料工場から約4 kmの場所に立地した．同工場は当初は，大豆加工を目的として1936年1月に操業を開始した．同年7月に石灰窒素工場が完成し，以後，苛性ソーダ，塩安，カーバイド，石灰窒素などを大量に製造した．苛性ソーダの製造方式は食塩の水銀法電気分解で，これは延岡工場で完成した技術であった．その生産量は1942-43年には，日本の電解ソーダ生産量の約10％を占めた．製品は他社の化学工場に販売した．塩安の製造は，食塩の電気分解で得られる塩素を有効に利用する目的で始まった．そのためにカザレー式アンモニア合成塔7基を設置した．塩安は肥料用に朝鮮で販売し，あるいは純度を高めて乾電池用に工業会社に販売した．塩素からは塩酸，晒粉，液体塩素なども製造した．食塩をこのように合理的に利用し多数の化学製品を同時に生産する工場は，日本でも稀であった．

カーバイドは大型石灰窯12基，電気炉7基で製造した．石灰石は，会社が所有する本宮北方40 kmの石灰石山から貨車で搬入した．不足分は小野田セメント川内工場から購入した．石炭は当初，仏印炭，ホンゲイ炭を使用したが，戦時期にはその入荷が困難になったので，朝鮮の無煙炭を煉炭化して使った．1943年ごろには，帝国における本宮工場のカーバイド生産シェアは約30％に上った．石灰窒素の生産には，日窒が開発し特許を得た日窒式連続製造炉を16基配備した．

本宮工場では当初，カーバイド製造過程で発生する多量の粉カーバイドを廃棄していた．これは大きな損失であったので，粉カーバイドの利用技術を開発した．アセチレン工場，アセチレンブラック工場，グリコール工

5）　前掲，鮮交会，918頁，広橋憲亮「本宮工場」前掲『化学工業』65-67頁．

場にはこの技術を導入した．アセチレン工場では1日に9.2万m³のアセチレンを製造した．アセチレンブラックは主に印刷インキやゴム充塡用に販売した．グリコール工場では，アセチレンに水素を添加して合成したエチレンから，グリコールを製造した．グリコールは不凍ダイナマイトの原料として朝鮮窒素火薬に供給された．アセチレンからはこのほかに，ブタノールやアセトンを製造した．ブタノール製造技術は，後述の龍興工場に移転された．アセトンは有機硝子の原料として，三菱化成に販売した．戦時末期には，アセチレンがガソリンの代用燃料として使われ，本宮工場のアセチレン生産の重要性が一層高まった．

三菱化成順川工場[6]　山下太郎は1938年に，朝鮮で化学肥料を製造・販売する目的で朝鮮化学工業を設立した[7]．同社は，石灰石の産地であった平安南道順川に，カーバイドから尿素石膏を製造する工場（年産3万トン）を建設した．しかし原料となる高品質の石灰窒素の製造に失敗し，経営難に陥った．これは，カーバイド炉，石灰窒素炉は優秀であったが，原料炭の品質が不良であったからである．日本化成は，従来カーバイド工業への参入を望んでいたことから，この機会に朝鮮化学工業の買収を決定した．こうして1942年4月に順川工場は，日本化成所属となった．同工場は尿素石膏の製造を中止し，カーバイドと石灰窒素の製造に集中した．その結果，運営が軌道に乗った．1944年に日本化成は旭硝子と合併し，新たに三菱化成が発足した．これにともない順川工場は三菱化成の所属となった．戦時末期には，工場近辺の北倉の自社鉱山から石灰石を運び，カーバイド（月産2,500トン），石灰窒素（同2,400トン），窒素，尿素を製造した．尿素は，合板船製造に使う尿素樹脂接着剤の原料用に日本の工場に送った．

朝鮮日産化学鎮南浦工場[8]　1937年に大日本人造肥料と日本化学工業が合併して，日産化学が誕生した．同社はこの年に，日本鉱業鎮南浦製錬所

---

　6)　前掲，三菱化成，102頁．
　7)　山下太郎は，戦前は満洲の実業界で活躍し，満洲太郎と呼ばれた．戦後は中東で油田を開発し，アラビア太郎のあだ名で知られた．杉森久英『アラビア太郎』集英社，1983年．
　8)　前掲，東洋経済新報社編，108-09頁，内務省，39，鎮南浦編，165-66頁，日本鉱業，120-24頁，社史編纂委員会『日本油脂三十年史』日本油脂株式会社，1967年，357頁．親会社の日産化学は1943年に日本鉱業に吸収されたのちに，1945年に復活した（本章の注22参照）．

のすぐ隣に肥料工場を設置した．1940年に同社は子会社の朝鮮日産化学を設立し，鎮南浦工場の経営をこの会社に委ねた．鎮南浦工場では鎮南浦製錬所から硫化鉄の供給を受けて，硫酸（年産5万トン）や過燐酸肥料（同6万トン）を製造した．生産規模は朝鮮では日窒に次いだ．燐鉱石は当初は南方から輸入したが，戦局悪化にともない咸南・端川の燐灰石に切換えた．しかし技術上の問題のために，稼動率が低下した．

日窒燃料工業龍興工場[9]　日窒燃料工業は日窒が100％出資して1941年に設立した．龍興工場は興南に位置し，1938年に建設が始まった．その目的は，海軍の求めに応じて高オクタン価液体燃料であるイソオクタンを製造することにあった．これは完全な秘密工場としてコードネームを付され，NZ工場と呼ばれた．工場建設には興南の技術・資材・設備の可能なすべてを投入した．第1期工事は1941年にほぼ完成し，カーバイドからアセチレン，アセトアルデヒド，ブタノールの工程を経てイソオクタンの合成に成功した．その過程では，徳山海軍燃料廠や日窒水俣工場の技術者の支援を受けながら，試行錯誤により独自の技術開発を行なった．中間原料は興南肥料工場と本宮工場から調達する一方，各工程で要する種々の触媒はほぼすべて自家生産した．蒸気燃料は平壌の無煙炭を使用し，それに適するボイラーを自主開発した．工場は1942年6月から稼動したが，機器の故障が続き，50％程度の稼動率にとどまった．

第2期工事は1940年から進行したが，1944年夏，完成直前に至って呂号乙薬製造設備の建設に転換した．これは海軍上層部の直々の命令によるものであった．呂号乙薬は，ドイツ軍がロケット戦闘機メッサーシュミット163，262やV2ロケットに使った燃料で（呂はロケットのロの意），日本海軍の技術中佐がその基本情報を持ち帰った．海軍は敗勢挽回の切り札として，B29迎撃用に噴射ロケット戦闘機「秋水」を開発し，その燃料に呂号乙薬を使用する計画であった．そのために，三菱化成，日産化学など20社余りの化学会社に同薬の製造を命令した．日窒もそのひとつであった．同薬には甲から丙まで4種あり，龍興工場では甲液（過酸化水素80％水溶液）と乙液（水加ヒドラジン80％水溶液）の製造を計画した．その

---

9) 前掲，三菱化成，90頁，燃料懇話会編，401-13頁，岡本達明・松崎次夫編，107-16頁，大島幹義「龍興工場」前掲『化学工業』69-76頁，鈴木音吉「九年間の興南生活断片（その一）」前掲「日本窒素史への証言」編集委員会編，第二十八集，1986年，62頁．

量は，上記各社のなかで最大であった．ヒドラジン工場の建設は異常な突貫工事ですすめられ，わずか1か月で完成した．設計は一部分ドイツから直接送付された書類を参考にした以外，独自に行なった．1944年末，ヒドラジンの生産が軌道に乗ったころ，海軍は突如その中止を命じた．ヒドラジン以外の物資の調達ができずに，燃料製造計画が頓挫したためであった．過酸化水素の製造は，日窒ではまったく未経験であったために困難をきわめたが，終戦までに少なくとも50㎥の製品を海軍に引渡した[10]．

終戦の2-3か月前には近隣の山中にトンネルを掘り，龍興工場をそこに移す計画が立てられた．しかしこれはけっきょく実現しなかった．

同・青水工場[11] 興南におけるイソオクタン用カーバイドの需要急増は，カーバイドの不足を引き起こした．そこで日窒は1940年に，水豊ダムの下流8kmの鴨緑江左岸，青水にカーバイド工場を建設した．この付近は石灰石と電力の供給が豊富なうえ，平壌の無煙炭鉱に近いという利点があった．工場にはカーバイド炉を3基配備し，自動操作可能な最新設備で操業した．無煙炭からは，毎時20トン能力の設備で煉炭を製造した．煉炭は，カーバイド原料としてコークスやホンゲイ炭に比し難点があった．石灰石の品質も低かったが，努力を重ねてカーバイドの生産を拡大した（月産3,000トン）．カーバイドは，朝鮮，日本，満洲に供給するほか，アセチレン原料として自家消費した．アセチレンからはアセチレンブラックを製造した．

日窒ゴム工業南山工場[12] 日窒は1930年代から合成ゴムの製造に関心をもち，研究をすすめていた．1942年に海軍の要請で，その本格的生産に着手した．そのために100％子会社，日窒ゴム工業を設立し，青水のカーバイド工場の隣に工場を建設した．ここには，アセチレンからゴムの合成を行なうための各種設備を備えた．工場では技術的な問題を克服し合成ゴムの製品化に成功したものの，まもなく終戦を迎えた．

---

10) 過酸化水素は非常に不安定な化合物であるため，扱いがむずかしかった．呉海軍工廠では特攻魚雷用にその製造開発をすすめたが，大きな爆発事故も起こり，終戦までには実用化に至らなかった（千藤三千造編『機密兵器の全貌』原書房，1976年，333-34頁）．

11) 田代三郎「青水，南山工場」前掲『化学工業』96-97頁．

12) 同上，97-98頁．

2 火薬・油脂

 朝鮮では1934年まで,「銃砲火薬類取締令」によって火薬製造が認められなかった. しかし同令改正後, 鉱工業開発の進展による火薬需要の増大を受けて, 北朝鮮で火薬製造が活発となった. その基盤は, 食塩電解工業, アンモニア工業, 油脂工業の発展であった. 総督府は1939年に火薬委員会, 1940年に発破研究所を設立し, 朝鮮における火薬の研究と生産増強を図った[13]. こうして1941年には朝鮮の火薬自給体制が整った.

 油脂工業では, 鰯油や大豆油を加工して得た硬化油から, 石鹸や火薬原料用のグリセリンを製造した. 鰯油脂工業の中心地は「鰯の清津」で, 同地には100を超える鰯油脂工場が密集した[14]. その大部分は朝鮮人経営の零細工場であったが, 職工100人を超える規模の日本企業の工場も出現した. 1939年をピークに鰯漁が減退したことから, 戦時期には鰯油脂工業は衰えた.

 朝鮮窒素火薬興南工場[15]　野口は1931年に日本窒素火薬を創設し, 延岡に火薬工場を建設した. さらに彼は, 保存と運搬上の危険を減らすために朝鮮内での火薬自給を図った. この目的で1935年に資本金2,000万円で朝鮮窒素火薬を設立し, 興南肥料工場の南4kmの地点に火薬工場を設置した. 同工場はその後, 2,500人の従業員を雇用する大工場となった. 硝安工場では, 基本原料のアンモニアと酸素を肥料工場からパイプで送り, 15基の濃縮塔で硝酸を製造した. 酸化装置は日窒の技術者, 村山力蔵が開発した. 硝酸製造能力は日本帝国で最大規模であった. 黒色火薬工場では,

---

　13)　山家信次「火薬関係学界及研究進歩」『火薬協会誌』第3号, 1941年, 261頁, 須藤秀治「朝鮮に於ける火薬関係工業界動静」同, 272-76頁, 日本産業火薬史編集委員会編『日本産業火薬史』日本産業火薬会, 1967年, 52-63頁, 南坊平造『火薬ひとすじ』未公刊, 1985年, 76-77頁.
　14)　吉田敬市『朝鮮水産開発史』朝水会, 下関, 1954年, 395頁.
　15)　前掲, 日本産業火薬史編集委員会編, 58, 721頁, 刈谷亨「火薬工場」前掲『化学工業』80-81頁, 同「日本窒素の火薬事業」前掲「日本窒素史への証言」編纂委員会編, 第八集, 1979年, 5-21頁,「朝鮮窒素火薬株式会社興南工場史」旭化成火薬30年史編集委員会編『旭化成火薬30年史』旭化成火薬工業株式会社, 1964年, 14頁. 千藤三千造『日本海軍火薬史』日本海軍火薬史刊行会, 1967年, 124, 126頁.

電熱を用いて優良な原料木炭を製造し，導火線用粉火薬，鉱山薬，猟用・陸軍用製品を生産した．陸軍用黒色火薬の産出量は 1938-44 年間に 200 トンから 600 トンに増大した．綿火薬工場では南朝鮮から綿リンターを調達し，帝国内で唯一の一貫設備を導入した．カーリット工場では，自製した過塩素酸アンモンに本宮工場製のフェロシリコンを配合し，鉱山や土木工事用の爆薬を製造した．大規模に機械化した雷管工場，導火線工場，ダイナマイト工場も建設した．雷管工場は 1939 年 5 月に完成した．そこでは，原料の水銀を節約するために，窒化鉛を用いて雷管を製造した．窒化鉛の原料となるヒドラジン，亜硝酸アルコール，苛性ソーダなどは，すべて興南の各工場から調達した．この製造技術はもともと米国で開発されたが，工業化は日本初であった．1944 年 6 月には，ダイナマイト第 4 工場を転用し軍用無煙火薬を製造することが決まった．その設備は終戦までにほぼ完成したが，製品出荷には至らなかった．同年 8 月海軍は，カーリット工場の拡張と年産 1,500 トンの K 2，K 3 爆薬製造を示達した．これは爆雷用で，過塩素酸アンモンに硫安などを鈍化剤として配合した．軍用の「SU 火薬」製造工場では，永安工場製のウロトロピンから強力爆薬ヘキソーゲンを合成した．1945 年には原材料不足や従業員の応召の結果，全体の生産は大きく落ち込んだ．

朝鮮火薬海州工場[16]　日本の爆薬専門メーカー，日本火薬は 1935 年に資本金 500 万円で朝鮮火薬を設立した．日本火薬の狙いは，朝鮮窒素火薬に対抗して朝鮮の火薬市場を確保する点にあった．同社は総督府の協力を得て海州に 75 万坪の土地を購入し，工場建設に着手した．大林組が工事を請負い 1937 年 8 月に起工，突貫工事によって翌年 12 月に竣工した．1943 年 4 月には，ダイナマイト，雷管，黒色火薬，綿火薬を製造する綜合火薬工場となった．同年 8 月には窒化鉛の製造を始めた．当初，グリセリンは朝鮮内で調達し，他の主要原料は日本から仕入れた．戦時末期には原料確保のために，ライバルである朝鮮窒素火薬との間で，硝安，酸類の供給を受け，逆に綿火薬を供給するという補完関係を結んだ．原料自給計画を立て，原料工場の建設準備中に終戦となった．

---

16)　同上，日本産業火薬史編集委員会編，59 頁，野田経済研究所編『戦時下の我が化学工業』同所出版部，1940 年，262-63 頁，日本化薬株式会社編『火薬から化薬まで——原安三郎と日本化薬の 50 年』同社，1967 年，74-79 頁．

朝鮮浅野カーリット鳳山工場[17]　浅野総一郎は1918年に，土木用のカーリット爆薬の製造部を浅野同族会社内に設けた．製造技術は，この爆薬を発明したスウェーデンのカールソン（Carlson）の会社から導入した[18]．カーリット爆薬すなわち過塩素酸アンモン爆薬は，製造容易，品質安定，強力という長所をもっていた．それは，食塩を電解して得た塩素酸ナトリウムから過塩素酸ナトリウムを作り，これに硫安を加えて製造した．カーリット爆薬は1920年代後半から陸海軍も使うようになった．とくに海軍は，機雷や爆雷の炸薬として使用する目的で1930年にこれを制式爆薬に採用し，八八式爆薬と命名した．カーリット爆薬は爆発のさいのガス圧が非常につよいので，土発破のほか機雷・爆雷のような水中発破用に適していた．浅野の爆薬製造部は1920年に日本カーリットとして独立した後，1923年に浅野セメントに吸収された．1934年，同部は資本金150万円の浅野カーリットとして再独立した．朝鮮浅野カーリットの設立は1938年で，社長に浅野セメント社長浅野八郎が就き，本社を京城においた．資本金は30万円であった．同社は黄海道鳳山に中規模の工場を設置し，1938年12月にカーリット日産能力3.5トンの設備で操業を開始した．製品は兼二浦や茂山の鉄山，勝湖里・馬洞の石灰石山，華北の鉱山に納入した．1939年からは導火線も製造した．終戦時の資本金は150万円で，鳳山工場のカーリット日産能力は7.5トン，従業員は250人であった[19]．

日本窒素興南油脂工場[20]　野口は1931年に，火薬の原料であるグリセリン自給を目的に興南に油脂工場を設置した．グリセリンは石鹸の原料でもあることから，同時に石鹸を製造した．原料油には近辺で摂れる鰯油のほか，満洲大豆油，南方のやし油や鯨油を使った．工場には1万m³槽1基を含む4基の貯油槽のほか，各種の機械設備を配置した．これらの設備と日窒の技術，関連工場からの化学品の安定供給は，各製品の大量生産を可能にした．製造したグリセリンは，朝鮮窒素火薬のみならず延岡の火薬工場

---

17)　前掲，中村編，173頁，和田壽次郎編『浅野セメント沿革史』浅野セメント株式会社，1940年，461-44頁，日本カーリット50年史社史編集室編『日本カーリット50年史』日本カーリット株式会社，1984年，13，23-29，36-37，61-63頁．
18)　「カーリット（Carlit）」は，カールソンにちなんだ名称である．
19)　朝鮮浅野カーリットは鳳山工場のほか，耐火煉瓦と人工研削砥石の製造工場を仁川に設けた．
20)　岩間茂智「油脂工場」前掲『化学工業』77-79頁．

にも卸した．石鹸の販売先は朝鮮，日本，満洲，中国など広範囲に及んだ．

朝鮮油脂清津工場[21]　朝鮮油脂は1933年に，日本油脂の前身である合同油脂の元社員，長久伊勢吉が資本金150万円で設立した．同社は清津に，鰯油を原料とする硬化油製造工場を建設した．合同油脂はこれに対抗して資本金30万円で，同じく清津に能美漁業を設立した．同社は鰯の漁獲から硬化油製造まで一貫経営を行なった．1936年に日産（日本産業）は，傘下の油脂部門を統合して日本油脂を発足させた．同時に朝鮮油脂を買収し，これを日本油脂の経営下においた．1937年には日本油脂と合同油脂が統合し，新たな日本油脂が誕生した．同社は1938年に朝鮮油脂の資本金を1,000万円に増額し，清津所在の能美漁業と他の漁業会社・魚糧工場多数を朝鮮油脂に吸収した[22]．朝鮮油脂は石鹸原料として硬化油を日本に出荷するほか，朝鮮の傍系会社9社に卸した．これら朝鮮の会社の石鹸生産量は1939-40年には年間30万梱（1梱6貫目）に上った．1940年には南朝鮮の仁川に火薬工場を設置し，そこでダイナマイトと工業雷管を製造した．その後，鰯不漁によって清津工場の硬化油製造は大きな打撃を受け，1942年には大幅な経営縮小に追いこまれた．1945年1月に朝鮮油脂は，「企業整備令」により清津工場の設備を朝鮮電工鎮南浦工場に譲渡した．

三井油脂清津工場[23]　1937年に朝鮮鰯油肥製造業水産組合聯合会が中心となり，朝鮮協同油脂株式会社が発足した．資本金は500万円で，同会の要請に応じて三井物産が150万円を出資した．この会社は清津に貯油・滓抜工場，南朝鮮の三陟に油脂・ソーダ工場を設置した．1939年に社名を協同油脂と改め，1943年にはさらに三井油脂と改称した．

北鮮産業清津工場[24]　1934年に北鮮製油が資本金10万円で発足した．同社は清津工場で大豆粕，大豆油その他加工品を製造した．1939年には，同工場は職工数100-200人規模となった．1940年に三井物産が同社の増資に応じ，名称を北鮮産業と改めた．三井はこの会社と上記の三井油脂

---

21)　前掲，日本油脂，147，175，181，190，365-69頁，昭電鎮南浦会編『思い出の鎮南浦』同会，横浜，1983年，104頁．

22)　日本油脂は1938年に帝国火薬を合併し，日本火薬，日本窒素火薬に次ぐ規模の火薬メーカーとなった．1945年には日本鉱業の化学肥料部門を統合し，日産化学と改称した．

23)　前掲，中村編，164頁，東洋経済新報社編，109頁，三井文庫編，537-38頁，日本油脂工業会『油脂工業史』同会，1972年，92頁．

24)　同上，中村編，142-43頁，三井文庫編，前掲，渋谷編，111頁．

(協同油脂)を拠点に,朝鮮で硬化油,グリセリンの軍需生産体制の構築をすすめた.

日陞公司新義州工場[25] 新義州の代表的な大豆油脂製造工場で,1926年に設立された.詳細は不明である.

3 タール・人造石油・石油精製,電極

(1) タール・人造石油・石油精製

石炭を乾溜——空気を断って加熱——すると,石炭が分解して水性ガス,ガス液,コールタールができる(前図参照).これらはいずれも燃料,化学原料として有用である.コールタールから抽出する化学品はとくに,タール製品と呼ばれ,油,染料,医薬,農薬,塗料,火薬,合成繊維などの原料となる.タール製品はコークスの製造にともなって副生するので,一般に,専門の化学工場以外に製鉄所でも造られる.石炭から油を抽出するには,石炭を砕きペースト状にして,高温高圧で行なう方法(ベルギウス法)もある[26].これを石炭(直接)液化と呼ぶ.

石炭を原料とする燃料開発の研究は戦前に,独,英,米などで行なわれていた.日本では早くから海軍がこれに関心を示した.1936年に政府は「人造石油振興計画要綱」を策定し,翌年から「国家液体燃料政策」を実施した.これを受けて,とくに徳山の海軍燃料廠の技術者が石炭液化法を熱心に研究した.野口遵は北朝鮮でこの事業化に積極的に取組んだ[27].

朝鮮人造石油永安工場,阿吾地工場[28] 野口は1932年に咸北・永安に石炭乾溜工場を建設した.そこでは付近の褐炭を利用し,タールから揮発油

---

25) 同上,渋谷編,「朝鮮の化学工業」化学工業時報社編『化学工業年鑑 昭和十八年版』同社,1942年,578頁.
26) F. K. R. Bergius (1884-1949).ドイツの化学技術者.1931年に,C. Boschとともにノーベル化学賞受賞.
27) 前掲,燃料懇話会編,第7章,16章,脇他,157-71頁.
28) 横地静夫「朝鮮窒素肥料株式会社永安工場事業概要に就て」『燃料協会誌』第148号,1935年,100-02頁,佐々木保「永安工場および阿吾地工場」前掲『化学工業』90-95頁,柴田健三「北鮮における石炭化学工業」『燃料協会誌』第267号,1952年,267-84頁,吉岡喜一『野口遵』フジ・インターナショナル・コンサルタント出版部,1962年,272-77頁,宗像英二『未知を拓く――私の技術開発史』にっかん書房,1991年,第4章,永島敬三編『南満陸軍造兵廠史』同廠同窓会,相模原,1993年,125頁.

などを製造した．また水性ガスからメタノール（メチルアルコール）合成とホルマリン製造を行なった．ホルマリンは火薬や石炭酸樹脂（ベークライト）の原料となった．戦時末期には航空機用合板も製造した．永安工場にはルルギ式乾溜炉，タール処理工場，工作工場のほか自家火力発電所を設置した．発電所は半成コークスを燃料とし，工場所要電力を賄う一方で電力会社（朝鮮水力電気）に売電し周辺都市に電力を供給した．1944年に日窒は，永安工場の主力設備――乾溜・メタノール設備――を阿吾地に移した．これは，永安で優良な褐炭が得にくかったからであった[29]．終戦時，永安には樹脂製造の設備が残った．

野口は永安での技術開発を基礎に1935年，石炭液化事業を行なう新会社，朝鮮石炭工業を設立した．資本金は1,000万円であった．同社は永安工場を経営する一方，1936年に咸鏡北道北部の灰岩に工場を建設した．これは当初，灰岩工場と呼ばれ，1940年に阿吾地工場と改称された．同工場には，大型（2m×15m）耐圧反応筒，高能率ガス発生炉，日本初の200気圧・5,000馬力のガス圧縮機等，当時の最新設備を設置した．主要機器はすべて，神戸製鋼所，日立製作所，呉海軍工廠など日本の企業が製作した．液化油製造能力は年間5万トンであった．原料炭は，会社所有の近隣炭鉱の褐炭を使用した．技術開発には，徳山の海軍燃料廠の技術者と燃料学の権威であった東京帝大教授大島義清が積極的に関与した．

阿吾地工場での石炭液化は多くの技術的困難に直面し，順調にはすすまなかった．反応筒と合成筒は各4基を配備したが，稼動できたのは1基のみであった．経済的にも収益を上げ得なかった．とはいえ，工場技術者が新たな触媒の開発など独自の工夫を重ねた結果，ドイツの代表的化学品メーカーIG社の実績を大きく上回る連続運転記録を達成し，先進的石炭液化の事業化に大きく前進した．1943年には海軍の命令で液化油製造を中止し，海軍の航空燃料用メタノール製造に転換した．メタノールの生産量は年間1.6万トンに達した．製品の一部は奉天の南満造兵廠に供給した．

朝鮮石炭工業は1941年に朝鮮人造石油と改称した．

日本製鉄兼二浦製鉄所，清津製鉄所（化学部門）[30] 日本製鉄の兼二浦と

---

29) 宗像英二氏談（2001年7月14日）．
30) 日本タール工業会編『タール工業五十年史』同会，1951年，204-07頁，前掲，日本

清津の製鉄所には一般の製鉄所と同じく，副産物として化学製品を製造する工場があった．それぞれ，ベンゾール，クレオソート，ナフタリン，ピッチ，軽油，硫安などを産出した．清津製鉄所ではタール工場が1943年に操業を開始した．その生産能力は年間2.7万トンであった．1945年7月には，年産能力1.1万トンの硫酸工場が完成した．

朝鮮石油元山製油所[31]　朝鮮石油は日本石油の子会社であった．1930年代に朝鮮で揮発油と灯油の需要が伸びたことから，日本石油が朝鮮窒素，東拓，三井物産などの資本参加を得て，1935年に資本金1,000万円（払込金250万円）で設立した．同年，元山に製油所を建設し，1936年に操業を開始した．製油所では航空揮発油，自動車揮発油，航空潤滑油，重油などを生産した．設備能力は日本の最大級の製油所には及ばなかったが，中以上の規模であった．そののち会社は順調に成長し，終戦までに資本金は5,000万円（払込金3,500万円）に増加した．終戦時の元山製油所の年間製油能力は40万m^3であった．

(2) 電　極

電極は，特殊鋼・軽金属製錬・カーバイド・爆薬・化学兵器原料の製造用，探照燈用，発電機用などに必要である．電極のうち陽極は，ピッチコークスまたは石油コークスをタールまたはソフトピッチで混捏して成型後，焼成して製造する．ピッチコークス，石油コークスはそれぞれ，コールタール，原油の揮発分を乾溜した残留物であり，製鉄所，製油所で副産物として得られる．陰極はピッチコークスまたは石油コークス，良質無煙炭，黒鉛をタールまたはソフトピッチで混捏して製造する．アルミニウム工業ではとりわけ陽極を大量に消費する．

日本では1910年代に，人造黒鉛電極の製造試験が始まった．これはコークスを黒鉛化して製造するものであった．日本カーボンはこの試みの先駆的企業で，京都帝大工学部教授中沢良夫の助力で，1927年にその工業化試験に成功した[32]．

製鉄，287頁．
　31)　前掲，内務省，26，日本石油史編集室編『日本石油史』日本石油株式会社，1958年，329-31頁，井口東輔『現代日本産業発達史II　石油』現代日本産業発達史研究会，1963年，277-78頁．

朝鮮では戦時期，とくに 1944 年以降製鋼，軽金属，電気化学工業で電極需要が激増した．従来その多くは日本から購入していたが，朝鮮内自給体制の確立を目指して，軍，政府が朝鮮での増産を指示した．日窒，朝鮮理研金属（朝鮮軽金属）では，電極の自家生産を行なった．終戦前には，陰極原料の鱗状黒鉛が大幅に不足したため，その代用品として人造黒鉛の生産が図られた[33]．

日本炭素工業城津工場[34]　1940 年に日本カーボンと日本高周波が折半出資して，日本炭素工業を設立した．資本金は 250 万円（払込金同）であった．同社は，日本高周波城津工場で使用する電極を製造する目的で，城津に工場を建設した．日本カーボンが技術者を派遣し，1942 年に一部の操業を開始した．1943 年には全設備が完成し，天然黒鉛電極と人造黒鉛電極の製造を始めた．

朝鮮東海電極鎮南浦工場[35]　1918 年に大同製鋼（当時，電気製鋼所）は同社の電極製造部門を分離し，資本金 2,000 万円（払込金 1,750 万円）で東海電極製造を設立した．同社は 1934 年に世界最大級の 18 インチ大型電極の試作に成功し，日本の人造黒鉛電極製造の代表的会社に成長した．とくに製鋼用の電極製造では独占的地位を占めた．1940 年，同社は朝鮮の鳳泉無煙炭鉱株式会社と共同で，朝鮮東海電極を設立した．資本金は 500 万円であった．朝鮮東海電極は 1940 年 8 月に政府の後押しで鎮南浦に 7 万坪の敷地を買収し，工場建設に着手した．1942 年 1 月に第 1 期工事の大半が終了し，1943 年 7 月に全工場が操業を開始した．電極年産能力は 4,800 トンであった．製品の主たる納入先は，三菱製鋼平壌製鋼所，朝鮮製鉄平壌製鉄所，東洋（三井）軽金属楊市工場であった．原料は朝鮮産の鱗状・土状黒鉛と無煙炭，日本産・華北産のピッチコークスを用いた．

1944 年，同社は資本金を 500 万円を増額し，設備の増強を決定した．東洋軽金属から 1,000 トンプレス，本社の東海電極から 2,000 トンプレス，

---

32)　社史編集委員会『日本カーボン 50 年史』日本カーボン株式会社，1967 年，27 頁．
33)　前掲，朝鮮銀行調査部，13-15，84-85 頁．
34)　前掲，日本カーボン，39 頁．
35)　前掲，朝鮮銀行調査部，86-87 頁，内務省，35，東海電極製造株式会社編『東海電極製造株式会社三十五年史』同社，1952 年，42，109 頁．

高圧電動機7台等，朝鮮電工鎮南浦工場から捏合機2台などを借用して工事を行なったが，設備の半分が完成直前に終戦を迎えた．

日本窒素興南カーボン工場[36]　日窒はカーバイド，石灰窒素，苛性ソーダ製造用の炭素電極と電極板の自家製造を目的に，興南にカーボン工場を建設した．同工場は軽金属工場の新設にともなって拡大され，興南，本宮で使う炭素電極のすべてを生産した．アークカーボンの製造設備も導入した．戦時期の人造黒鉛，天然黒鉛，黒鉛炭素の月間生産能力はそれぞれ，200トン，340トン，60トンであった．品質はいずれも高かった．アークカーボン工場では，映画，青写真，医療，製版用の炭素棒と炭素電刷子を製造した．アークカーボンに使用する弗化セリウムは，工場内で自家生産した．当初日本産の褐簾石を原鉱石に使用したが，のちには平北・仙岩鉱業所のモナザイトを使用し，良好な成績をあげた．

昭和電工平壌工場[37]　昭和電工は軍需省の指示で，1944年4月に人造黒鉛年産2万トン能力の平壌工場の建設に着手した．第1期工事では，年産1万トンの設備導入を予定した．原料は大同郡近傍の土状黒鉛と無煙炭を使い，製品を日本に送る計画であった．終戦時には建物がほぼ完成し，日立製作所製の機械が到着するのを待つ段階にあった．

4　製紙・パルプ・人絹

朝鮮における製紙・パルプ部門の中心的な企業は王子製紙であった．鴨緑江沿岸には針葉樹林が豊富に存在したので，王子製紙はいち早く朝鮮進出を決めた．同社はさらに咸鏡道の原生林の利用を図り，そのために別会社の北鮮製紙化学工業を設立した[38]．

王子製紙新義州工場[39]　王子製紙は1917年に，資本金500万円で朝鮮製

---

36)　前掲，廣橋憲亮「本宮工場」前掲『化学工業』67-68頁．
37)　前掲，内務省，35，昭和鎮南浦会編，169頁，社史編集室編『昭和電工五十年史』昭和電工株式会社，1977年，95頁．
38)　王子製紙は，王子造林の設立，朝鮮林業開発への出資をつうじて北朝鮮で植林をすすめた．成田潔英『王子製紙社史』第4巻，王子製紙社史編纂所，1959年，93-96頁，王子製紙山林事業史編集委員会編『王子製紙山林事業史』同会，1976年，481-88頁，薬袋進編『美林連天——小林準一郎翁回想録』小林林業所，1981年，134-38頁．

紙を設立した。朝鮮で亜硫酸パルプとグラウンド・パルプを製造し、これを王子製紙に供給する計画であった。工場は新義州に建設した。完成は1919年で、敷地面積は21万坪、パルプ年産能力は1万トンであった。当時、この工場は朝鮮でも有数の規模であった。原木は総督府から国有林の払下げを受けた。1917-20年間に朝鮮製紙が購入した原木は、総督府が鴨緑江流域で立木処分した材積の30％に上った。

　第1次大戦後、製紙原料価格が暴落し、朝鮮製紙の経営は悪化した。そこで王子製紙は1921年に同社を吸収合併し、新義州工場を直営工場とした。1922年には不況にくわえ、総督府殖産局長の交代にともなって既得の森林伐採権が失われたために、同工場の運営は休止状態に陥った。このとき王子製紙社長の藤原銀次郎は同工場の樺太移転を計画したが、斎藤実総督の裁定によって森林伐採権が復活し、工場の存続が決まった。1925年に操業を再開した後、新義州工場は規模を拡張し、ロール紙製造に進出した。燃料は1935年にはもっぱら撫順炭を使用していたが、1943年には沙里院、安州、阜新（満洲）の石炭を多く使った。戦時末期には、総督府の新聞紙自給方針にしたがい苫小牧工場から抄紙機を移転したが、工事の途中で終戦となった。終戦時の洋紙生産能力は年間1.5万トンであった。

　北鮮製紙化学工業吉州工場[40]　咸鏡道では古来焼畑が盛んで、立枯れの焼存木（焼け残った木）が多かった。総督府は、腐る前にそれを有効利用する方策を模索していた。一方1932年ごろ同府殖産局山林課員が、同地方の奥地に広大な落葉松（カラマツ）の原始林を発見した。これら焼存木と原始林からパルプを生産する目的で、王子製紙が1935年に資本金2,000万円で北鮮製紙化学工業を設立した。同社は用水、集材、製品積出しの便を考慮し、城津港北方の吉州に工場を建設した。これはカラマツを原料とする世界初の人絹パルプ工場で、1936年に操業を開始した。朝鮮落

---

39)　同上、王子製紙（社史）、155頁、同、第3巻、1958年、16, 263頁、王子製紙（山林事業史）、223-38頁、下田将美『藤原銀次郎回顧八十年』大日本雄弁会講談社、1950年、127-30頁、西済『製紙つれづれ草』（続編）、未公刊、1961年、340-41頁、山口不二夫「王子製紙朝鮮工場の操業管理と原価計算の展開　1935年-1943年」（上）『青山国際政経論集』第60号、2003年。

40)　同上、王子製紙（社史）、第4巻、96-107, 150-54頁、王子製紙（山林事業史）、410-20頁、西済『製紙つれづれ草』未公刊、1958年、134, 178-80頁、上野直明『朝鮮・満州の想い出——旧王子製紙時代の記録』審美社、出版地不明、1975年、4頁。

葉松は樹脂が多い点に難があり，同工場では王子製紙の樺太豊原工場で開発した方法で樹脂を処理した．しかし製品の質は輸入品より低劣で，商品価値は高くなかった．当初，吉州工場の人絹パルプ年産能力は 2.5 万トンであった．この能力は日本帝国の同種工場の中で最大で，1937 年の帝国内生産シェアは 36％に達した．当時人絹織物は，生糸や絹織物に次ぐ日本の重要な輸出産物であり，吉州工場はその原料工場として貴重な役割を果たした．吉州工場の人絹パルプ生産能力は終戦までに 3.3 万トンに増大した．

　パルプ廃液からはアルコールや粘結剤も製造した．アルコール製造技術は 1930 年代に王子製紙が独自に開発し，豊原工場で事業化した．軍がアルコール不足緩和のためにその製造をつよく奨励したので，1943 年に吉州に直営工場を設置した．原料には満洲産のトウモロコシも利用した．粘結剤の製造技術はもともとドイツで開発された．吉州工場ではこれを導入し，オンドル（鋳物）・煉炭製造用の粘結剤として製造・販売し，利益を上げた．その年産能力は 2 万トンであった．

西鮮製紙海州工場[41]　1943 年に京城の萩原商店が中心になって，海州で製紙工場の建設を計画した．会社資本金は 40 万円で，資源回収組合から原料を調達して黄海道内の紙自給をめざした．

　以上のほかに，会寧に北鮮合同木材株式会社の小規模な製紙工場が存在した．その製紙年産能力は 660 トンであった[42]．

　人絹工業では，鐘紡と大日本紡績が北朝鮮に進出した．鐘紡は，葦を原料とする独自の人絹生産技術を開発した．

鐘淵工業新義州葦人絹パルプ工場[43]　鐘紡は繊維にかんする化学研究のために，1930 年に鐘紡武藤理化学研究所を創設した．これは短期間で急成長し，1940 年には，大河内正敏率いる理研に匹敵する民間最大規模（研究員 300 名）の研究所となった．この研究所は人絹パルプの研究を積極的に進め，葦から人絹パルプを製造する技術を確立した．鐘紡本社はこ

---

41) 『殖銀調査月報』第 58 号，1943 年，99 頁，同，第 74 号，1944 年，52 頁．
42) 前掲，内務省，30．
43) 同上．前掲，鐘紡，280-82，290-92 頁．

の技術の事業化を図る目的で1939年に，新義州（および満洲の営口）に葦人絹パルプ工場を建設した．新義州近くの鴨緑江河口には大量の葦が繁茂しており，鐘紡は戦時期にここに葦農場も設けた．新義州工場では，製紙・人絹用の葦パルプを年間6,000トン製造した[44]．

同・平壌人絹・スフ工場[45]　鐘紡は新義州工場の建設と並行して，平壌で人絹・スフ工場の建設を計画した．工場は1939年に完成した．この工場には同社の日本工場にない特色があった．その1つは，能率の高い帝国人造絹糸株式会社（帝国人絹）のポット式人絹紡出法を採用したことである．日本の工場では，これよりはるかに劣るイタリア式方法を採っていた．他の特色は，副原料の硫酸，硫化ソーダ，二硫化炭素を自製したことであった．これは総督府の配給割当を得られなかったためであった．工場には，北朝鮮産の大麻の皮を精練して麻糸を作り，スフと混紡する設備も設置した．付設研究室（平壌技術研究所）では，多方面にわたる研究開発を行なった．この研究室は設備と人員の点で，日本の同社工場の付属技術研究室より大規模であった．そこでは帝国人絹出身の技術者（福島某）が，葦パルプのビスコースから粘結剤を作り，これを使ったベニヤ板，煉炭凝固剤の製造技術を開発した．水につよい新たな酢酸繊維（「カネラリヤ」）の開発とその製品化も，同研究所の功績であった．これには東京帝大応用化学科出身の朝鮮人技術者（金東一）が大きく貢献した．

硫酸工場の設備と人員は従来，鐘淵の子会社，神島化学平壌工場に属していた．1945年3月に鐘淵が同工場を買収し，これを自家工場とした．原料の硫化鉄鉱は自営の黄海・東馬鉱業所から調達した．硫酸，人絹・スフ日産能力はそれぞれ，10トン，30トンであった．平壌工場には大型の煉炭製造機も設置した（第1章参照）．1945年6月，第五海軍燃料廠の指示により，この工場の二硫化炭素精製設備8基中，4基を松根油製造設備に改造した．

44）　葦パルプ製造技術の開発は1910年代に釜山近郊で，鈴木商店の金子直吉が推進した．しかし採算に乗らず失敗した．王子製紙も関心を示したが，成功しなかった．鐘紡が開発した技術は，ムッソリーニ政権下のイタリアに輸出され，トリエステで事業化された．ナチスドイツも鐘紡の技術による工場の建設を計画した．前掲，石黒，153-55頁，王子製紙（社史），第3巻，325-29頁．

45）　前掲，鐘紡，299-302頁，鄭安基「戦時植民地経済と朝鮮紡績業」（上）『東アジア研究』（大阪経済法科大学アジア研究所）第32号，2001年，10頁．

大日本紡績清津化学工場[46]　大日本紡績は1937年に朝鮮への進出を決定し，清津で人絹工場建設に着手した．当時，政府の規制により日本本国では繊維産業の拡張が困難であった反面，朝鮮では総督府が人絹工場の誘致に積極的であった．清津ではとくに，安価な土地，労働力，原料（石炭，硫化鉄等）の入手が期待できた．総督府は，大日本紡績清津工場で人絹（長繊維レーヨン），鐘淵工業平壌工場でスフ（短繊維レーヨン）を生産するように分担を決めた．清津工場の建設は日中戦争の影響で遅延したが，1939年に一部の操業が始まった．第1期工事は1941年2月に完成し，30万坪の敷地に硫酸・人絹工場，硫化ソーダ工場（セルデン式接触硫酸製造装置），薬品工場，自家発電所，マセック煉炭用粘結剤工場を建設した．硫酸工場の設備は住友機械製作所に発注した．人絹の年産能力は8,700トンであった．この規模は日本の中堅工場に相当し，朝鮮の人絹需要を十分に満たした．硫酸の製造には，白頭山近くの鉱山（子会社の恵山鉱業所属）から硫化鉄鉱を運んだ（資料1参照）．ビスコース溶剤に使う二硫化炭素は，自製する以外に子会社の北鮮硫炭株式会社（咸北・鏡城郡龍城面，1938年設立，資本金20万円，日産能力6トン）から調達した．大日本紡績本社は，清津工場の人絹を自社で製織するために，1941年に京城に織布工場を新設した．

　1944年8月，清津人絹工場は清津化学工場と改名され，翌年4月には軍需会社に指定された．同時に，弗化アルミ製造装置の建設がすすんだ．弗化アルミは，アルミニウム製造に必要な電解用助剤であった．海軍の命令により，ロケット燃料の呂甲液の製造準備も行なわれた．全設備の半分をこれに充てることになり，1945年5月から突貫工事をすすめた．しかし生産開始に至る前に終戦となった．

　そのほか，1940年に太陽レーヨン咸興工場の建設が始まったが，詳細は不明である[47]．

　46）　前掲，中村編，172-73頁，ニチボー，220-23頁，井上幸次郎編『大日本紡績株式会社五十年記要』大日本紡績株式会社，1941年，59-60頁，小寺源吾翁伝記刊行会編『小寺源吾翁伝』同会，大阪，1960年，366-70頁．
　47）　前掲，全経聯編，254頁．太陽レーヨンは1941年に帝国製麻と合併し，帝国繊維株式会社となった．

5 セメント，耐火煉瓦・陶器

(1) セメント

併合以降朝鮮では，ダム，鉄道，港などの建設に必要なセメント需要が大きく増大した．これに応じて，日本のセメント会社が，石灰石の豊富な北朝鮮に相次いで工場を設けた．先鞭をつけたのは小野田セメントであった[48]．

小野田セメント平壌工場[49] 小野田セメントは1917年に平壌支社を設置し，平壌近郊の勝湖里で工場建設に着手した．予算は当初160万円であったが，用地買収，専用鉄道線の工事，設備入手に多くの費用がかかり，決算額はその2倍に達した．工場は1919年にようやく完成し，年産能力4.3万トンの最新式設備（第1号回転窯）を配備した．同工場は1924年に第1号窯と同型同寸の第2号回転窯を，1928年には第3号回転窯を増設した．1934年に小野田社は，資本金50万円で別会社の朝鮮小野田社を興し，平壌工場の経営を朝鮮小野田社に移した．同社は翌年に資本金を150万円に増額し，日本でも見られない新技術や設備を導入して平壌工場を経営した．大爆破法や竪坑による石灰石の採掘，2トン積みの電気ショベルや7トン積み車両による石灰石運搬がその例であった．

戦時中には平壌工場で，無煙炭のみを使用して耐火煉瓦を製造する技術が開発され，終戦直前に60トン炉1基の火入れが行なわれた．

1943年，同工場は本社に復帰し，再び小野田社の工場となった．

同・川内工場[50] 小野田社は1928年に，新たに元山近郊に工場を設置した（川内工場，予算310万円）．当初，焼成窯は1基であったが，1935

[48) 朝鮮における小野田にかんする研究に，Park, Soon-won, *Colonial Industrialization and Labor in Korea——The Onoda Cement Factory*, Harvard University Asia Center, Harvard University Press, Cambridge, Mass., 1999 がある．これは同社の内部資料を使い，労働問題を分析した著作である．

49) 小野田セメント株式会社創立七十年史編纂委員会編『回顧七十年』同会，1952年，38-39, 104-05, 243-46頁，財団法人日本経営史研究所編『小野田セメント百年史』小野田セメント株式会社，1981年，207-11, 222-23, 386, 770, 801頁．

50) 同上（七十年史），42-43, 79-82, 248-50頁，（百年史），386, 770頁．

第3章 化学工業

年に第2号窯,1936年に第3号窯――当時最新式のドイツのポリジウス(Polysius)社製レポール(半乾燥式改良型)キルン――が導入された.その年産能力は40万トンで,これは日本,朝鮮における小野田の全工場中最大であった.同工場ではさらに,セメント原料の調合機として,他工場に先駆けてドイツのカステンベシッカー機が採用された.石灰石はすぐ近くの山で採掘した.石炭は満洲炭,北海道炭,咸北炭のほか,近辺で採れる無煙炭も使ったが,終戦直前は咸北炭のみとなった[51].

この工場では副業として消石灰,生石灰の製造・販売を行なった.販売先は朝鮮窒素の本宮,興南工場(カーバイド,製鉄用)や建築業者で,1940年には日産70トンの大型窯7基を設置した.朝鮮窒素との間では,年12万トンの生石灰供給契約を結んだ.川内工場は平壌工場と同様に,1934年に朝鮮小野田社に移管されたのち1943年に小野田本社に復帰した.

朝鮮小野田セメント古茂山工場[52]　小野田社は1935年に,古茂山工場(咸鏡北道)の新設を決定した.古茂山近辺は,石灰石が豊富であった.総督府の支援を受けて建設工事は順調にすすみ,工場は1936年に完成した.主設備は,回転窯1基(年産能力15万トン)であった.古茂山工場ではその後1937年に拡張工事にとりかかったが,回転窯が未着のまま終戦を迎えた.同工場は1941年に朝鮮小野田社の所有に移った.同社の資本金は,1939年に300万円,1941年に750万円,1944年に1,050万円に増額された.古茂山工場の終戦時セメント年産能力は23万トンであった.

鴨緑江水力発電勝湖里クリンカー工場,水豊洞セメント工場[53]　1937年,鴨緑江の電源開発を目的として,鴨緑江水力発電が設立された.同社は1940年に,クリンカー(セメントの中間原料)製造工場を小野田社の平壌工場の隣に建設した.そこには,日本帝国で最大規模の全長145mの長大窯が設置された.これはデンマークのスミス社の設計により,鶴見製作所,三井造船などの国内メーカーが製作した.クリンカー生産能力は年間17万トンで,製造したクリンカーは,ダム建設現場の水豊の破砕工場で破砕

---

51) 森田芳夫・長田かな子編『朝鮮終戦の記録　資料編』第3巻,巌南堂書店,1980年,540頁.
52) 前掲,小野田セメント(七十年史),80,105-05,252-53頁,同(百年史),361,386,770頁.
53) 同上(七十年史),256-68頁,(百年史),391-92頁.

した．破砕工場では1939-40年に，第1号，第2号ミルが稼動を開始した．セメント年産能力は20万トンであった．

朝鮮セメント海州工場[54]　1935年頃，日本のセメント業界は激烈な価格競争を展開していた．その中で宇部セメントは，すでに朝鮮に生産基盤をもっていた小野田セメントに対抗するべく，自らも朝鮮への進出を計画した．当初は秩父セメント，大阪窯業セメントとの3社連合を構想したが，けっきょく単独で，1936年に100％出資の子会社，朝鮮セメントを設立した（資本金600万円）．工場は黄海道海州に建設した．この付近には長谷川石灰会社所有の石灰石山があり，これを買収した．また公有水面34万坪を埋立て，臨海部と合わせて7.8万坪の工場用地を確保した．港湾は航路を浚渫して5,000トン級船舶の入港を可能とした．工場には乾式キルン3基を導入し，年産37万トン能力を配備した．設備の発注先は，大阪鉄工所（キルン），ドイツのクルップ社（原料用ミル），同じくドイツのロッシュ社（石炭ミル）であり，出力1万kwの発電機2基もドイツから輸入した．操業は1937年に始まった．燃料は当時，満洲の撫順炭（有煙炭）を使うのが常識であった．無煙炭は揮発分が少なく熱効率が落ちたからである．しかしこの工場では，近傍の無煙炭利用の研究をすすめ，効率的な混焼（有煙炭40％，無煙炭60％）の開発に成功した．

朝鮮浅野セメント鳳山工場[55]　朝鮮浅野セメントは浅野セメントが1936年に設立した（資本金300万円，払込金75万円）．同社は翌1937年に，黄海道鳳山郡の京義本線馬洞駅近くに工場を建設し，回転窯（ユナックスキルン，年産能力18万トン）1基を設置した．1940年には，回転窯2基を九州の佐伯工場から移設した．増設後の年間総生産量は30万トンに達した．

日本窒素興南製鉄所（セメント部門）[56]　日窒興南の製鉄所では，硫化鉱焼滓処理のために銑鉄と共にセメントを生産した．設備は通常のセメント工場と同じで，硫化鉱焼滓，無煙炭，石灰石を原料に回転窯でクリンカー

---

54) 前掲，俵田翁伝記編纂委員会編，279-83頁，中安閑一伝編纂委員会編，138-44頁，宇部興産，94-98頁．この工場の中央を北緯38度線が走っていた．帝国崩壊後，工場は北朝鮮側，港は南朝鮮側に入れられた（前掲，森田，手書きノート，no.16，1948年12月）．

55) 前掲，浅野セメント，444-46頁，社史編纂委員会編『七十年史　本編』日本セメント株式会社，1955年，156頁．

56) 前掲，丸井，64頁．

を製造した．熔鉄とクリンカーの分離が困難で生産は順調ではなかったが，得られたセメントの品質は良好であった．セメント日産能力は400トン（年換算14万トン）で，製品は日窒興南工場の各部門に供給した．

(2) 耐火煉瓦・陶器

北朝鮮には，熔鉱炉に不可欠な耐火煉瓦の製造工場も建設された．これらの工場では，地元産のマグネシアやシャモット（耐火粘土）を原料として利用した．戦時中はとくに，北朝鮮における鉄鋼増産のために，耐火煉瓦生産能力の増強が図られた．

日本マグネサイト化学工業城津工場[57]　日本マグネサイト化学工業は日本高周波重工業の子会社で，マグネサイトの採掘，耐火材料の製造を目的に1935年に資本金100万円で設立された．工場は翌年城津に建設され，以後，設備の拡張が進んだ．1939年には，同社は資本金を400万円に増額した．終戦時のマグネシア・クリンカー年産能力は3万トンに達した．

日本耐火材料本宮工場[58]　日本耐火材料は京城に本社をもつ会社で，日窒が出資して1937年に資本金50万円で成立した．慶尚南道密陽鉱山を買収し，耐火原料鉱石の採掘と販売を行なった．1938年には密陽に煉瓦工場を設置した．1942年には朝鮮内の耐火煉瓦需要に応じるために，資本金を200万円に増額し本宮にシャモット煉瓦工場を建設した．増資額150万円のうち100万円は日窒の出資であった．1944年には資本金を600万円（払込金450万円）とし，両工場の設備増強工事を行なった．終戦時には本宮工場では工事続行中で，マグネシア・クリンカー年産能力は28,080トンであった．

朝鮮品川白煉瓦端川工場[59]　品川白煉瓦は1875年創業の耐火煉瓦製造会社であった（白煉瓦は耐火煉瓦の通称）．ドイツやイギリスから技術を導入し，20世紀に入るまでにこの分野における日本の代表的企業に成長した．同社は日中戦争勃発以降，軍部のつよい要請によって朝鮮，中国，東南ア

---

57) 前掲，中村編，361-62頁．
58) 前掲，内務省，33.
59) 品川白煉瓦株式会社社史編纂室編『創業100年史』同社，1976年，54，66，133-35，838-40頁．

ジアに事業を拡大した．朝鮮では1942年に朝鮮品川白煉瓦を設立（資本金450万円，払込金112万円を品川白煉瓦が全額出資）して，咸鏡南道端川に工場を設置した．朝鮮マグネサイト開発の龍陽鉱山から原料マグネサイトを専用鉄道（65km）で工場まで搬送し，1944年6月から硬焼マグネシア・クリンカーの製造を行なった．1945年5月には軽焼マグネシア・クリンカーの製造も始めた．製品は端川港（1万トン級船舶の接岸・荷役が可能）から搬出したが，本格的な生産実績をあげる前に終戦となった．

三菱化成清津煉瓦工場[60]　この工場は1941年に，旭硝子が建設に着手した．目的は，コルハート煉瓦（アルミナ質の強度煉瓦）を製造し，これをロータリーキルンの内張り用に三菱鉱業清津製錬所に供給することであった．工場建設費は旭硝子が6割，三菱鉱業が4割を負担し，三菱鉱業清津製錬所内に用地を借りた．突貫工事で建設がすすみ，1943年8月にシャモット煉瓦工場の一部が操業を開始した．同年11月にはコルハート工場の操業も始まった．その後，朝鮮のみならず満洲での需要増大を見越して，シャモット煉瓦工場の拡張工事をすすめ，終戦直前に完了した．コルハート原料の高礬土質粘土は華北から調達し，シャモット製造には付近の生気嶺粘土を使った．

この工場は1944年に，会社の合併にともない，三菱化成の清津工場となった．

帝国マグネサイト吉州工場[61]　帝国マグネサイト株式会社は1939年に京城で発足し，吉州にクリンカー製造工場を設置した．年産能力は1.5万トン，1944年度実績は9,700トンであった．原料マグネサイトは咸南・端川郡の自社鉱山から調達した．終戦時の会社資本金は300万円（払込金同）であった．

浅野セメント清津スレート工場[62]　日中戦争以降，朝鮮の石綿スレート需要が激増したことから，浅野セメントが清津に工場を建設した．操業開始は1941年であった．主要設備として，抄造機2基（石綿スレート年産能力，波板換算37万枚）を設置した．

---

60) 前掲，内務省，33，臨時社史編纂室編『社史　旭硝子株式会社』旭硝子株式会社，1967年，251頁．
61) 同上，内務省，10．
62) 前掲，日本セメント，166頁．

第3章 化学工業

鐘淵工業平壌製鉄所（耐火煉瓦部門）[63]　鐘淵工業平壌製鉄所では1944年3月に，陸軍の命令で耐火煉瓦の完全自給計画を立てた．敷地内の工場建設工事は1945年6月に完成した．100トン容量のシャモット・珪石煉瓦焼成炉を導入した．

極東石綿鉱業海州スレート工場[64]　極東石綿鉱業は資本金100万円の会社で，1942年に海州でスレート工場の建設に着手した．敷地面積は1万坪で，日産500トンのスレート製造機を日本から移転した．

東亜窯業朱乙陶器工場[65]　東亜窯業は1943年に資本金300万円（払込金同）で成立した．朝鮮の家庭では伝統的に，真鍮製の食器を使うことが多かった．東亜窯業は当局の金属節約方針の下で，従来品の代替品として年間1,000万個の陶器製食器を製造する計画を立てた．瀬戸や九谷から遊休設備を移転し，1943年10月に咸鏡北道朱乙で操業を開始した．原料は近辺の生気嶺の陶土と長石を使った．工業用耐火煉瓦，電気機器用碍子も生産した．

他に，日本製鉄兼二浦製鉄所・清津製鉄所付設および朝鮮耐火煉瓦株式会社の耐火煉瓦工場（平南・江西郡）があった[66]．

6　その他

その他の注目すべき化学工業には，酸素工業と薬品工業があった．酸素工業は，金属工業に付随する工業として重要であった．北朝鮮には，小規模（1939年時点で使用労働者50人未満）ながら，いくつかの酸素工場が設けられた[67]．

---

63)　前掲，鐘紡，386頁．
64)　『殖銀調査月報』第53号，1942年，76頁．
65)　同上，第67号，1943年，45-46，88頁，牛島正達「今にして思えば」十九寿会編『あれから50年冠帽峰の残り雪——羅南中学校十九期思い出の記』政経北陸社，金沢，1995年，213頁．
66)　『大陸東洋経済』1944年10月1日号，冒頭広告，前掲，日本製鉄，105，579-82，825-27頁．
67)　前掲，渋谷編，109頁．

帝国圧縮瓦斯平壌工場[68]　帝国圧縮瓦斯の起源は，20世紀初めにフランスのレール・リキード社が日本に設置した工場であった．同社は1927年に京城に工場を建設した．1930年にはレール・リキード社と住友との合弁企業，帝国酸素が発足した．同社は1935年に平壌工場を設け，京城の工場から移転した設備により同工場で溶解アセチレンの製造を始めた．帝国酸素は1943年に帝国圧縮瓦斯と商号を改めた．この年，フランス人経営幹部がスパイ容疑で国外追放となり，代わって海軍主計中将が社長に就任した．翌44年，同社は軍需会社の指定を受けた[69]．

北鮮酸素工業清津工場[70]　北鮮酸素工業は1938年に資本金18万円（払込金9万円）で成立し，清津に工場を設置した．同社の詳細は不明であるが，片倉兼太郎が社長を務めていた．酢酸アセトンや苛性ソーダも製造した．

朝鮮には19世紀後半から，日本製の薬剤の販路が拓けつつあった．併合後は多くの日本の製薬会社が進出し，販売網を築いた．現地生産の本格化は日中戦争開始以後であった．当初は原料粉末を日本から運んでいたが，戦争激化にともなって現地自給体制への移行がすすんだ．衛生材料の現地生産も進展し，終戦までにその自給が達成された．日本の製薬会社の工場は京城，釜山など南朝鮮に多かったが，北朝鮮にも存在した．

日窒塩野義製薬本宮工場[71]　1942年に塩野義製薬が日本窒素と提携して，日窒塩野義製薬を設立した．資本金は100万円で，両社が折半出資した．1944年には200万円に増資した．この会社は製薬工場を日窒本宮工場の敷地内に建設し，日窒化学工場の副産物からセプトン液（クロールキシン消毒液）と石鹸を製造した．同時に製瓶部を設け，セプトン液用瓶のほか，日窒の資材用品を製造した．確かな資料はないが，セプトン液の納入先はおそらく軍であった．というのは，消毒液は軍にとって不可欠であったし，

---

68)　設立50周年記念社史編纂室編『帝国酸素の歩み』帝国酸素株式会社，1981年，42，49，229-33頁．
69)　この会社は1937年に平安南道の順川にも工場を設置したが，詳細は不明である．
70)　前掲，中村編，178-79頁，川合，299頁．
71)　塩野義製薬株式会社『シオノギ百年』同社，1978年，196，217頁，久保賢編『在鮮日本人薬業回顧史』在鮮日本人薬業回顧史編纂会，出版地不明，1961年，513頁．

第3章 化学工業   77

塩野義本社は当時，消毒薬のほか軍用の「熟眠剤」を突貫生産する軍需会社であったからである．

朝鮮藤沢薬品金化工場[72] 朝鮮藤沢薬品は藤沢薬品の子会社で，1944年に資本金80万円で設立された．同社は江原道金化郡で1.2万坪の用地を買収し，工場を建設した．工場では，付近に植生する松と清流水から活性炭を製造した．2基の焼成窯を備え，技術者8名を滋賀県信楽町から呼んだ．活性炭は一般には脱色剤，毒ガス吸収剤などに用いる[73]．この工場の製品の用途は不明であるが，朝鮮軍の品質検査を受けていたことから，軍用であったことは確実である．

北朝鮮では1910年代に，ケシから医薬用阿片を製造する1民間工場が出現した．しかしこれはのちに廃業となり，終戦時に国営あるいは民営の阿片工場が存在したかどうかは不詳である[74]．ケシ以外のアルカロイド

---

72) 同上，久保編，625頁．
73) 西澤勇志智『新稿　毒ガスと煙』内田老鶴圃，1941年，432-34頁．
74) 北朝鮮では併合以前から阿片吸飲の習慣がみられ，ケシの栽培と阿片の製造も行なわれていた．1918年には，稲垣多四郎（1884年生，愛知県出身，東京薬学校卒）が咸北・羅南で北鮮製薬を設立し，付近に栽培したケシから医薬用阿片を製造した．稲垣は，日露戦争に従軍ののち朝鮮各地で薬品貿易商を営み，朝鮮薬業界の先駆者といわれた．羅南を選んだのはおそらく，同地が日本陸軍の師団所在地であったことと関係がある．稲垣は製品を，当時京城で塩酸モルヒネを製造していた大正製薬に販売した（この会社は現存の大正製薬とは無関係である）．1919年に朝鮮総督府は，「阿片取締令」を発布し阿片の専売制を敷いた．同令は民間人のケシ栽培と阿片製造を許可制にしたにすぎなかったが，稲垣の阿片製造はこれを機に終焉した．のち1940年に，稲垣は清津で北鮮薬品株式会社を設立したが，この会社が阿片製造にかかわっていたかどうかは不明である．他方，総督府専売局は1930年に京城に阿片・モルヒネの製造場を設けた．その設備は簡単なものであったが，技術水準は高かったという．専売局は少なくとも1941年以前には，北朝鮮では阿片製造を行なっていなかった．その後の経過は分からないが，1930年以降阿片の軍需が増大し，北朝鮮でケシの栽培地が拡大したことから，産地付近に官営または民営の阿片・モルヒネ製造場が設置された可能性はある．当時，満洲国は麻薬天国と呼ばれたほど阿片の密造・販売が盛んで，日本軍もこれに関与していた．朝鮮総督府の阿片取締りは厳しかったといわれるが，満洲に隣接する北朝鮮では徹底せずに密造工場もまた存在したかもしれない．以上，次の文献を参照した．前掲，阿部編，第2部，214頁，中村編，548頁，久保編，36-39頁，朝鮮総督府『朝鮮総督府施政年報　昭和十六年度』1943年，303頁，満鉄経済調査会第5部『朝鮮阿片麻薬制度調査報告』未公刊，1932年，15頁，満鉄経済調査会第5部『朝鮮阿片麻薬制度調査報告』未公刊，1932年，15頁，朝鮮総督府専売局『朝鮮総督府専売局第拾八年報　昭和十三年度』同局，京城，1939年，342頁，『極東国際軍事裁判記録　検察側証拠書類　第82巻』9551-9558，未公刊，京城，在朝鮮米軍軍政部本部財政局長室提出資料，朴橿（許東粲訳）『日本の中国侵略とアヘン』第一書房，1994年，58頁，山内三郎「麻薬と戦争――日中戦争の秘

（鎮痛・麻酔作用をもつ物質）を原料に使う薬品工場は存在した．

植村製薬白川工場[75]　植村雄吉はスイスの大手製薬会社ロッシュに勤務したのち，1932年に京城で植村製薬を設立した．資本金は80万円で，各種の注射薬を製造する工場を京城に設けた．また黄海道平山郡白川で，不毛地20万坪を買収しチョウセンアサガオの栽培を行なった．チョウセンアサガオは，アルカロイドの一種，スコポラミンを葉と種子に含むナス科の植物であった．植村は白川でその種子からロートエキス（鎮痙薬）の代用薬品を製造し，陸海軍に納入した．

このほか，製糖工場から転換した工場，食品加工の性格をもつ工場など，化学分野では雑多な工場があった．

朝鮮特殊化学平壌工場[76]　1917年，大日本製糖は朝鮮での甜菜糖事業の将来性を見込んで，資本金500万円で朝鮮製糖を設立した．しかし第1次大戦の影響で甜菜の種子や米国製機械の輸入が困難となったために，事業は進展しなかった．1918年，大日本製糖は朝鮮製糖を合併し，250万円を増資した．1921年，同社は平壌の大同江左岸に近代的工場を建設し，日産600トンの甜菜糖製造装置と日産120トンの精糖装置を導入した．1931年の従業員数は113人であった．その後，病害によって朝鮮の甜菜の栽培が大きな打撃を受けたことから，同工場は1936年以降，甜菜糖の製造を中止し，精製糖製造のみ行なった．原糖は台湾とジャワから移輸入した．市場はもっぱら朝鮮と満洲で，とくに朝鮮では，域内唯一の製糖工場として総需要の80％を賄った．

戦時期には軍需産業への転換のために，他産業の工場と同様，日本の多くの精製糖工場が操業短縮や閉鎖に追いこまれた．大日本製糖平壌工場も

密兵器」『人物往来』1965年9月号，164-87頁．
　75)　前掲，久保編，461，648頁．
　76)　朝鮮総督府学務局社会課『工場及鉱山に於ける労働状況調査』同府，京城，1933年，251頁，『殖銀調査月報』第62号，1943年，107頁，同，第66号，1943年，95頁，塩谷誠編『日糖六十五年史』大日本製糖株式会社，1960年，38-39，65-66，506頁，前掲，鮮交会，973頁，臨時五十周年事業部社史編纂部『日立製作所史2』日立製作所，1980年，18，25頁．

第3章 化学工業

その例にもれなかった．1943年7月に日立製作所がこれを買収し，軍需工場に改造した．同社は資本金100万円（払込金25万円）で朝鮮特殊化学株式会社を設立し，この工場で硼砂を製造した．硼砂は薬品，火薬，陶磁器，ガラス製造などに広く使われる原料で，とくに光学兵器製造には不可欠であったが，日本のメーカーは従来，輸入に依存していた．戦時期に，大同江上流の黄海・寶而鉱山で小藤石が発見され，日立製作所がこの鉱石から硼砂を製造する技術を開発した．同社はこの技術によって，傘下の仁川工場で硼砂を生産した（後述）．のちに原料採掘地に近い平壌工場で量産を図ったが，設備の一部操業を始めた段階で終戦を迎えた．

日本農産化工義州工場[77]　日本農産化工は日本穀産工業（後述）の子会社で，設立は1942年，当初資本金は19万円であった．籾殻などの農業副産物や廃品から活性炭，燃料，フルフラールを製造した．フルフラール（furufural）はアルデヒドの一種で，石油精製に不可欠な添加剤であった．原料はトウモロコシの芯で，日窒が製造技術を開発した[78]．朝鮮のトウモロコシ主産地である一方平壌から無煙炭を輸送しやすい義州に，工場を設置した．1943年8月には海軍航空本部からフルフラール増産の指示を受けた．このため，資本金を100万円（払込金同）に増額し，富山県の会社（伏木板紙）から設備を譲り受けて工場拡張を図った．

朝鮮活性白土工業元山工場[79]　朝鮮活性白土工業は，小林鉱業と朝鮮石油の合弁企業であった．慶尚北道の迎日郡・慶州郡産の白土から石油・油脂精製用の触媒を製造し，主に朝鮮石油に販売することを目的とした．設立は1944年，資本金は180万円（払込金同）で，小林采男が社長に就いた．元山で工場建設に着手し，終戦時までに90％が完成した．

朝鮮研磨材料鎮南浦工場[80]　朝鮮総督府は戦時中に，研磨材の朝鮮内自給を図った．同府の1業1社の方針のもとで，1944年に朝鮮研磨材料株式会社が成立した．資本金は50万円（払込金同）であった．同社は鎮南

---

77)　『殖銀調査月報』第55号，1942年，85頁，前掲，内務省，25．
78)　日窒はこの技術を元山の朝鮮石油工場にも提供した．田代三郎「興南研究部のこと」前掲「日本窒素史への証言」編集委員会編，第三集，1978年，21頁．フルフラールは殺虫剤や樹脂の原料にもなる．フルフラール樹脂は近年，自然に分解する環境負荷の小さい樹脂として注目を集め，大量生産の動きがある．
79)　前掲，内務省，22．
80)　同上．

浦に工場を設置した．原料を相当量確保し，操業を開始した時点で終戦となった．

朝鮮バリウム工業清津工場[81]　朝鮮バリウム工業は日産化学と朝鮮油脂の共同出資会社で，1944年10月に成立した．資本金は250万円（払込金同）であった．重合触媒材料と硫酸バリウムの製造を目的とした．清津工場で一部の製品の製造を開始したが，設備完工前に終戦となった．

クームヒン新義州工場[82]　クームヒンは，タールから製造する木材防腐・防虫剤で，クームヒン株式会社の専売特許品であった．同社は京城で1926年に，資本金8.5万円で成立した．小規模工場を新義州に設け，木材に防腐剤を注入する作業に従事した．製品は枕木用に総督府鉄道局に卸した．

朝鮮には長い間，本格的なガラス製造工場が存在しなかった．1944年10月に総督府は，軍需省をつうじて日本板硝子株式会社に朝鮮工場の建設を要請した[83]．同社はこれに応じ，朝鮮工場（場所不詳）の設置を決定した．一部の設備を船舶2隻で日本から輸送する途中で終戦となった．終戦の報を受けた船舶中，1隻は日本に引き返したが，他の1隻は消息不明となった．

---

81) 同上，25.
82) 前掲，渋谷編，110頁，中村編，415頁，鮮交会，759頁．工場所在地を，渋谷は新義州，鮮交会は城津と記している．ここでは渋谷の記述が正しいとみた．
83) 日本板硝子株式会社編『日本板硝子株式会社五十年史』同社，大阪，1968年，214-15頁．

第 4 章

繊維・食料品・その他工業

───────

　北朝鮮の工業は，重化学工業に偏重し，繊維工業や食料品工業の発展を欠いたといわれる．たしかにこれらの消費財産業は，前2章で記した工業にくらべて発展が遅れた．しかしそこでも，現在の一般的認識以上に多数の近代的工場が成長した．以下，繊維工業，食料品工業，その他工業の順に述べる．

　1　繊　　維

　(1)　製糸・繰綿・絹綿紡織
　北朝鮮では古くから養蚕が行なわれていた．併合後，総督府がその振興に力を入れたこともあって，養蚕戸数が激増した．この原料や低賃金労働力に惹かれて，片倉製糸，東洋製糸，鐘紡などの企業が北朝鮮に製糸工場を建設した．
　綿紡織の機械化は南朝鮮で顕著であったが，北朝鮮でも黄海道付近の棉作地帯や平壌で工場が興った．

　片倉工業咸興製糸工場[1]　片倉製糸紡績の前身の片倉組は日清戦争後から朝鮮への進出を図り，朝鮮の養蚕・蚕糸業の調査をはじめた．併合後は黄海道や平安南道に林業部を置く一方，数か所に製糸工場を設置した．咸興工場はその1つで，1928年に開設した．設備は，当時最新式の御法川

---

1)　前掲，朝鮮総督府学務局社会課，252頁，片倉製糸紡績株式会社考査課編『片倉製糸紡績株式会社二十年史』同課，1941年（社史で見る日本経済史，第8巻，ゆまに書房，1998年），135, 187, 191-96頁，片倉工業株式会社考査課編『片倉工業株式会社三十年史』同課，1951年，66-67, 72頁，藤井光男『戦間期日本繊維産業海外進出史の研究』ミネルヴァ書房，1987年，666頁．

A型繰糸機（20条）296台，揚返機232窓を導入した．1931年には553人の従業員を雇用していた．1935年の生糸生産量は5万トンであった．片倉は原料繭の確保のために，蚕室での煉炭使用をすすめると同時に，咸南・永興，平北・寧辺に蚕種製造所を設置した．戦時末期，片倉の内地の主要製糸工場は，軍の指示により航空機などを製造する軍需工場に転換した．しかし咸興工場は製糸工場として存続した．

1944年に片倉製糸紡績は片倉工業と改称した．

郡是工業新義州製糸工場[2]　郡是工業は1944年8月に，新義州の小規模製糸工場を買収した．この工場は1929年に建設され，当時は普通繰糸機40釜を配備していた．郡是工業はこれを拡張して終戦まで経営した．

朝鮮富士瓦斯紡績新義州工場[3]　富士瓦斯紡績は1943年に，新義州の2つの小企業，新義州繊維工業株式会社と新義州柞蚕株式会社を160万円で買収した．前者は1940年に三宅熊太郎が設立した人絹糸製造会社で，新義州楽元に敷地3,000坪の工場を所有していた．資本金は当初18万円で，1942年に90万円（払込金同）に増額していた．後者は1942年に資本金50万円（払込金25万円）で成立した会社であった．買収後，富士瓦斯紡績はこの工場を2倍に拡張する一方，日本から数百台の織機を移駐し，本格的な柞蚕絹糸の混紡事業に乗り出す計画を立てた．また平安北道で，柞蚕飼育用に2万町歩の土地の買収を計画した．これらの事業のために，資本金500万円の別会社，朝鮮富士瓦斯紡績が設立されることになった．その後の経過は不明であるが，終戦までにかなりの程度計画が進捗したと考える．

鐘淵工業鉄原製糸工場[4]　これは鐘淵紡績が1933年に，江原道鉄原に設立した工場であった．敷地面積は15,573坪，1935年の設備釜数は216，揚返し窓数は200，生糸製造量は2.3万トンであった．この規模は，日本帝国内における鐘紡の全工場中，もっとも小さかった．

---

2) 社史編纂委員会編『郡是製糸株式会社六十年史』同社，綾部，1960年，161頁，グンゼ株式会社編『グンゼ100年史』同社，大阪，1998年，255頁．

3) 前掲，中村編，206頁，『殖銀調査月報』第46号，1942年，76頁，同，第59号，1943年，79頁，同，第60号，1943年，81頁，富士紡績株式会社社史編集委員会編『富士紡績百年史』上，同社，1997年，305頁．

4) 鐘紡製糸四十年史編纂委員会編『鐘紡製糸四十年史』鐘淵紡績株式会社・鐘淵蚕糸株式会社，大阪，1965年，390-91頁，前掲，藤井，666頁．

朝鮮紡織繰綿工場[5]　朝鮮紡織は1917年に発足した．野田卯太郎（三池紡績，東拓），馬越恭平（三井物産），山本条太郎（同），山本悌二郎（台湾製糖），和田豊治（富士瓦斯紡績）などが設立に関わった．当初の資本金は500万円であった．事業内容は紡績，織布および繰綿で，釜山に紡織工場，棉作地帯に中小規模の繰綿工場を建設した．日中戦争勃発以後は，繰綿設備の拡充にとくに力を注いだ．北朝鮮では，信川，長淵，海州，沙里院（以上，黄海道），定州（平安北道），鎮南浦，平壌，鉄原に繰綿工場を設けた．

東洋製糸沙里院工場，平壌工場[6]　東洋製糸は1929年に三井物産が資本金100万円で設立した．同社は1929年に黄海道沙里院に器械製糸工場を建設した．平壌では，山十製糸が1926年に建設した工場を買収した．1931年，沙里院工場は483人，平壌工場は533人の従業員を雇用していた．1935年，沙里院工場，平壌工場はそれぞれ，釜数300，390，揚返し窓数240，252の設備をもち5.3万トン，5.4万トンの生糸を生産した．東洋製糸はその後，綿紡織にも進出した．1942年の沙里院工場の製糸釜数は300で，そのほかにメリヤス織機76台および絹織機300台の新設を予定していた．1943年には，紡績機15,500錘，織機400台，メリヤス織機53台の導入と毛織物の生産を計画した．沙里院工場の拡張は戦時末期まで進行し，1944年6月には第1期拡張工事が終了した．織機は，閉鎖または縮小された日本の繊維工場から移転した．

冬季の寒さが厳しい北朝鮮では，防寒用メリヤス製品に大きな需要があった．このため1920年以降，平壌に朝鮮人経営の中小メリヤス工場が多数出現した．主製品は靴下であった．戦時期には「企業整備令」によって，これらの工場の間で統廃合が行なわれた．この過程で有力日本企業が進出した[7]．

---

5)　前掲，東洋経済新報社編，123頁，内務省，29．
6)　前掲，朝鮮総督府学務局社会課，251頁，藤井，569，666頁，『殖銀調査月報』第50号，1942年，89頁，同，第62号，1943年，107頁，同，第75号，1944年，56頁．
7)　朝鮮人経営の工場は従来，ほぼすべて消滅したといわれたが，実際には相当数が終戦まで存続した．朱益鍾『日帝下平壌のメリヤス工業にかんする研究』ソウル大学校経済学科，学位論文，1994，228-29頁．

朝鮮メリヤス平壌工場[8)]　この工場は江商が1943年に朝鮮メリヤス合名会社から譲り受けた．戦時中に日本製のメリヤス肌着の供給がほぼ途絶した中，朝鮮内有数のメリヤス工場として成長した．おもに民需用肌着を製造した．

朝鮮編織平壌工場[9)]　1943年9月に平壌の丸編み靴下業者が軍当局の命令で統合し，資本金100万円の新会社，朝鮮メリヤス工業株式会社が誕生した．同年に郡是工業は三菱と共同でこの会社を買収した．さらに百花染色工場（織機70台），三共メリヤス工場（同302台）を傘下に置いた．同年12月に朝鮮メリヤス工業は朝鮮編織と改称し，翌年200万円に増資した．平壌ではいくつかの工場を所有または賃借し，靴下機280台，横機21台他の設備によって軍用靴下，軍手，セーター，ズボン下，生地を製造した．

このほか，宣川郡に朝鮮人経営の衣料製造工場がいくつか存在した．同郡の大東靴下工場（1929年設立），東興靴下工場（1927年同）は1944年に軍の下請け工場に指定され，設備を拡充した．同じく被服製造組合は，年7.5万着の軍服生産を指令され，既存設備の改良を図った[10)]．

(2) 製　麻

麻（亜麻，大麻）繊維の用途は，服地，飛行機覆布，魚網，敷物など多様である．吸水性が高く，かつ時間とともに耐水性が増し漏水もよく防ぐことから，とくに天幕，消火ホースに適した．戦時には軍用として，「戦争と麻」が対句になるほど重要であった．北朝鮮の製麻業は，大規模な工場化を伴わなかったため見過ごされやすいが，1930年以降顕著に発展した．原料麻の栽培も発展し，咸鏡道から平安道，江原道に拡大した[11)]．咸興地方では1941年に原料大麻の増産計画が樹立された．生産目標は従来実績の3倍，1.5万貫で，道と東拓がそれぞれ技術指導と経済的補助を担当す

---

8)　前掲，内務省，29．
9)　『殖銀調査月報』第63号，1943年，94頁，同，第66号，1943年，101頁，同，第74号，24頁，前掲，郡是製糸，163-64頁，グンゼ，254頁．
10)　前掲，渋谷編，28頁，『殖銀調査月報』第74号，1944年，53頁．
11)　「朝鮮の亜麻と製麻業」『殖銀調査月報』第60号，1943年，1-18頁．

第4章 繊維・食料品・その他工業　　　　　85

ることになった[12]。戦時中には，亜麻の短繊維を綿繊維と混紡する技術が導入された。

鐘淵工業朱乙亜麻工場[13]　鐘紡は1934年に麻の研究に着手した。スフと混紡し，強いスフ糸を作ることが目的であった。日中戦争勃発後は軍需製品の開発をすすめた。その一環として1938年に，咸鏡北道鏡城郡朱乙に亜麻製織工場を設置した。1940年には精紡機1万錘（製麻月産5,000トン）が稼動し，1944年には各種ロープ4.3万mを海軍から受注した。

帝国繊維亜麻工場[14]　帝国製麻（帝国繊維の前身）は安田系の会社で，1906年に創立された。朝鮮には1930年代に進出し，北朝鮮各地に亜麻原料工場を設置した。目的は，満洲事変以後の麻・亜麻製品の軍需激増に応じることであった。北朝鮮開拓を目指す総督府は帝国製麻の進出を歓迎し，便宜を与えた。同社は1935年に咸南・豊山に亜麻工場を建設する一方，工場周辺で亜麻耕作の拡張を図った。その後も軍の支援を受けて原料亜麻の増産と工場建設を推進し，いずれも中規模の亜麻工場を終戦までに咸鏡南道に6工場（豊山，甲山，北青，三水，端川，恵山），平安北道に2工場（亀城，球場），平安南道に2工場（成川，北倉）設置した。製繊した亜麻は南朝鮮の同社工場（仁川，釜山，清州）で布やロープに加工した。

東棉繊維工業新義州工場，鎮南浦工場[15]　東棉繊維工業は東洋棉花の子会社で，1941年に京城で設立された。資本金は1,600万円であった。「総督府令大麻需給調整規則」にしたがって京畿道，平安道で大麻買収業務を行なう一方，1942年末に新義州に工場を設置した。同工場は精紡機8,000錘，力織機300台を備え，大麻の精練から紡織まで一貫作業を行なった。東棉繊維工業は1945年3月には鎮南浦（および京城）の織物会社を買収し，同地で人絹織物の製造を始めた。

朝鮮製綱清津工場[16]　朝鮮製綱は1929年に大阪で設立され，1935年に

---

12) 『殖銀調査月報』第45号，1942年，83頁。
13) 前掲，鐘紡（百年史），371-72頁，鄭，8頁。
14) 帝国製麻株式会社編『帝国製麻株式会社五十年史』同社，1959年，17-18頁，前掲，内務省，29。
15) 前掲，東洋経済新報社編，1943年，126頁，内務省，29，株式会社トーメン社史制作委員会編『翔け世界へ　トーメン70年のあゆみ』同社，1991年，67頁。
16) 前掲，中村編，139頁，内務省，29。

本社を釜山に移転した．釜山と清津の工場でマニラロープ，大麻ロープなどを製造した．終戦時の両工場の従業員数は181人で，ロープ月産能力は12万ポンドであった．

2 食料品

食料品加工の分野では多様な工場が興った．まず19世紀末に，朝鮮米の対日輸出が拡大したことから，開港地で精米工業が発展した．その後，日本にはみられない近代的・大規模な精米工場の建設が進行した．他の近代的工場は，製粉，製糖，酒造，煙草製造，水産加工の各部門に及んだ．工場ではないが，製塩設備の近代化も進展した．その背景には，食塩と工業塩の急速な需要増大があった．

(1) 精 米

斎藤精米鎮南浦工場[17]　これは斎藤久太郎が興した個人工場であった．斎藤は1875年に壱岐で生まれ，青年期に朝鮮に渡った．日清戦争後，平壌で雑貨商を営み，鎮南浦開港を機に同地で精米業を創業した．以後朝鮮，満洲で油房業，製粉業，酒造業，倉庫業，農業を幅広く展開した．鎮南浦工場は1905年までに，100馬力の動力をもつ朝鮮最大の精米工場に発展した．1931年の同工場の従業員数は192人であった．1930年代には，150馬力の蒸気機関と30馬力の原動機を使用し，年間約30万石の精米を行なった．工場の敷地面積は2,000坪強で，1938年の会社資本金は49万円であった．

朝鮮精米鎮南浦工場，海州工場[18]　朝鮮精米株式会社は，加藤平太郎の個人会社から出発した．加藤は1881年生，山口県出身で，1897年から斎藤久太郎の鎮南浦精米所で働いた．1917年に独立し，合資会社加藤精米所を興した．同社は1935年に朝鮮精米株式会社に発展した．加藤は，主たる米集散地に近代的精米工場を設け，「朝鮮の精米王」の異名を得た．

---

17) 前掲，朝鮮総督府学務局社会課，250頁，中村編，262頁，鎮南浦会編，166，187頁．

18) 同上，朝鮮総督府学務局社会課，250頁，中村編，265-66頁，鎮南浦会編，166，187-88頁．

北朝鮮では鎮南浦工場と海州工場があった．鎮南浦工場では1931年に432人の労働者を雇用していた．敷地面積は1万坪で，1,000馬力の蒸気機関とエンゲル式精米機を備え，年間110万石の精米能力を誇った．会社資本金は1940年までに500万円に増大した．

このほかに，年産1万トン以上の精米工場が1933年現在で，鎮南浦に4か所，平安北道（宣川，南市，新義州）に5か所，咸鏡南道（元山，咸興）に3か所存在した[19]．

(2) 澱粉製造・製粉

日本穀産工業平壌工場[20]　米国 Corn Product Refining（本社ニューヨーク）は1930年に平壌で日本コーンプロダクツを設立した．資本金は1,000万円で，三菱が5％を出資した．同社は1933年に日本穀産工業と改称した．三菱は1937年に，米本社から同社経営の全面委託を受けた．日米戦争勃発後は，敵産管理法にもとづいて三菱が米本社所有株式一切を取得した．平壌工場は1931年に設置された．トウモロコシの完全利用を図る異色の工場で，東洋一のアグロ・プラントといわれた．主製品は，朝鮮産，満洲産トウモロコシを加工した澱粉（コーンスターチ）と葡萄糖であった．販売先は主に日本であった．澱粉は食用（米・麦との混食用）のほか工業用として重要で，顔料や火薬製造にも用途が開拓された．戦時末期，平壌工場では注射用の葡萄糖の製造を開始した．1942年，同社の加工製品の総生産量は3,025トン（澱粉259トン，糖932トン他）であった．

朝鮮製粉鎮南浦工場，海州工場[21]　朝鮮製粉は日清製粉の子会社で，1936年に資本金200万円で成立した．北朝鮮では1938年に鎮南浦工場，1941年に海州工場を設けた．鎮南浦工場には同社の旧名古屋工場のドイツ製機械を移転した．生産能力は当初日産700バーレル（年産22万石）

---

19)　佐々木勝蔵編『鮮米協会十年史』鮮米協会，1935年，204-05頁．
20)　前掲，東洋経済新報社編，1943年，136頁，内務省，28，『殖銀調査月報』第64号，1943年，82頁，朝鮮総督府殖産局『朝鮮工業の現勢』同局，京城，1936年，20頁．
21)　日清製粉株式会社社史編纂委員会編『日清製粉株式会社史』同会，1955年，188-92頁．

で，のちに1,300バーレル（同42万石）に拡大した．海州工場の生産能力は日産500バーレル（同16万石）であった．製品の小麦粉は，朝鮮内の需要が少なかったので，主に関東州と華北に輸出した．海州工場では，付近で雑穀の生産が多かったことから，雑穀の製粉も行なった．

日本製粉鎮南浦工場，沙里院工場[22]　日本製粉は，朝鮮，満洲，華北の小麦粉市場を開拓するために，1935年に仁川工場を建設した．翌年には満洲製粉の鎮南浦工場と沙里院工場を買収した．満洲製粉は1906年に創立された三井物産系の会社で，満洲と北朝鮮に経営基盤を築いていた．1930年代に入って経営不振に陥ったことから，日本製粉に上記工場を売却した．当時，鎮南浦工場の敷地面積は2,598坪で，日産能力350バーレルのウルフ社製の機械を備えていた．買収後は機械を増設し，日産能力を500バーレルに増強した．沙里院工場は買収当時，敷地面積8,240坪，日産能力350バーレルであった．

そのほか，戦時期にはトウモロコシ加工工場の増設の動きがみられた．その目的は，一般住民が抵抗なく食べられるようにトウモロコシを加工し，これを配給用に増産することであった．1942年に資本金19.5万円で発足した某企業は，同年中にこの加工事業を開始する予定で，賃借した新義州製材合同第6工場の改造工事をすすめた[23]．

(3) 酒造・アルコール製造・植物油加工

斎藤酒造平壌工場[24]　斎藤酒造は，前記の斎藤久太郎が1918年に資本金5万円で設立した．その後増資を重ね，1939年には資本金100万円となった．同社は平壌に醸造工場を設け，平壌地方の良質な米と水を生かし，最高品質の清酒を製造した．製品は「金千代」の商標で知られ，朝鮮・満洲在住の日本人や兵士の間に広く普及した．のみならず，日本にも販路を開拓した．1934年の清酒生産高は1.2万石であった．工場は2か所あり，

---

22) 日本製粉社史委員会編『日本製粉株式会社七十年史』同社，1968年，329-32，434頁．
23) 『殖銀調査月報』第55号，1942年，84頁．
24) 前掲，阿部編，第4部，113-14頁，中村編，208頁．

地下1階，地上2階の第2工場には最新式機械を導入した．第3，第4工場の建設計画もすすんだ．1940年までに同工場の清酒生産高は年間3万石に増大した．

朝鮮無水酒精新義州工場[25]　朝鮮無水酒精は酒精（アルコール）を製造する目的で，1937年に東拓が新義州で設立した．資本金は500万円で，東拓が93％，味の素が7％出資した．当時，新義州の各製材所では鴨緑江上流の原木を製材した後，おが屑の処理に悩んでいた．東拓はこれに着目し，木材糖化法をドイツから導入した．木材糖化法は，木材を加水分解後に酸で処理し，これを糖化して酒精を得るものであった．この技術はドイツではまだ実験段階であった．新義州工場では，三井造船の技術者とドイツ人技術者が協力し試行錯誤の末に，おが屑を原料とした酒精の製品化に成功した．1943年頃には，製品の大部分を航空燃料添加用に平壌の陸軍航空支廠に納入した．

以上のほかに，前述の朝鮮精米鎮南浦工場など各精米工場で糠油，大豆油，落花生油，胡麻油が製造された[26]．日本窒素は興南油脂工場で大豆粕や大豆油から，マーガリン，食用油，味噌，醬油を製造した[27]．

(4) 煙草製造

朝鮮総督府専売局煙草工場

平壌工場[28]　朝鮮総督府は1921年に「朝鮮煙草専売令」を発布し，民間の主要煙草工場を官有とした．平壌工場はその1つで，従来，東亜煙草会社（1909年創業）が所有していた．総督府専売局はその設備を拡張した．職工数は1931-38年間に355人から766人に増大した．

咸興工場[29]　専売局は朝鮮内の煙草需要増大に応じて，1942年に咸興工場の新設を計画した．この工場は，敷地面積6万坪，従業員1,000名超

---

25) 前掲，大河内，192-94頁，三井造船株式会社編『三十五年史』同社，1953年，123頁．
26) 前掲，東洋経済新報社編，135頁，内務省，28．
27) 前掲，岩間，79頁．
28) 前掲，朝鮮総督府学務局社会課，251頁，同府『朝鮮総督府施政年報　大正十年度』293頁，同府専売局『朝鮮総督府専売局第拾八年報　昭和十三年度』173頁．
29) 『殖銀調査月報』第46号，1942年，76-77頁．

の大規模なものであった．工場完成の時日は未確認であるが，予定では1942年秋であった．

(5) 水産加工

朝鮮には早い時期に，日本の水産会社が漁業および水産加工業に進出した．林兼商店（のちの大洋漁業）や山神組（のち日本水産と統合）がその先駆をなした[30]．個人業者も多数進出した．朝鮮窒素と鐘紡も参入した（朝窒水産工業，1937年設立，本社雄基，資本金100万円，鐘淵朝鮮水産，1941年設立，本社清津，資本金300万円）[31]．これらの企業は各漁港に製氷工場，冷凍庫，水産加工工場を建設した．北朝鮮では東海岸の清津，雄基，元山，新浦が中心地であった．1930年代には鰮油脂製造業（前章参照），トマトサーディン缶詰製造業，蟹缶詰製造業，明太魚卵製造業が大きく発展した[32]．しかし戦時期になると資材統制がつよまり，缶詰製造は次第に困難となった[33]．

(6) 製　塩

朝鮮における化学工業の発展は塩の需要を増大させた[34]．とくに日窒本宮工場では食塩の水銀法電解によって苛性ソーダを製造していたから，大量の原料塩を必要とした．これを紅海や地中海沿岸から輸入する一方，朝鮮内でも調達した．朝鮮の塩田開発には総督府が早い時期から取組んだ．北朝鮮では大同江河口が中心地域で，総督府所有の塩田面積は1936年には総計3,000町歩に及んだ．1937年以降，総督府は塩田開発をさらに推進し，塩の朝鮮内自給自足体制の確立を図った．民間でもいくつかの日本企

---

30) 中谷熊楠『朝鮮の林兼事業要覧』林兼社内資料，1959年，田中宏『新編日本主要産業大系　水産篇　大洋漁業』展望社，1959年，239-61頁，日本水産株式会社『日本水産50年史』同社，1961年，275-77頁．
31) 前掲，大塩，272-74頁，鐘紡（百年史），408頁，内務省，3．
32) トマトサーディンは1903年に米国のF. A. ブースが創始して以後，東洋で市場を広げた．1924年に長崎の内外食品がその製造技術を導入した．のち，朝鮮の鰮漁の発展をもとに日本製品が独自の商圏を確立した．前掲，吉田，400-01頁．
33) 前掲，川合，304頁．
34) 以下の叙述は，宮塚利雄・安部桂司「北朝鮮の塩事情に関する考察」『社会科学研究』山梨学院大学社会科学研究所，第24号，1999年，101-10頁，朝鮮総督府専売局『朝鮮の塩業』同局，京城，1937年，1-7頁による．

第4章　繊維・食料品・その他工業　　　　　　　　　　　91

業が，塩田開発や精製塩の製造に従事した．推計によれば，北朝鮮における終戦時の塩生産量は約25万トンに達した．

　大日本塩業清川塩田[35]　大日本塩業は，帝国最大の製塩会社（1902年創業）であった．満洲で塩田を開発し，戦時期にはそのシェアは塩田の80％，製塩高の90％に上った．朝鮮では，平安南・北道境界の清川江河口近くに広大な塩田を開発した．そこでは，電気揚水機（西鮮合同電気から受電）で海水を汲み上げ，天日塩と生苦汁を生産した．

　鐘淵海水利用工業朝鮮工場[36]　鐘淵工業は1940年に資本金2,000万円（払込金1,000万円）で，鐘淵海水利用工業を設立した．目的は，自社のパルプ工場など朝鮮内の人絹工場に液体塩素，晒粉，苛性ソーダを供給することであった．同社は1943年に，平南・龍岡郡で工場建設に着手した．完成は1945年3月の予定であったが遅延し，終戦時は製塩のみ行なっていた．

　朝鮮塩化工業鎮南浦工場[37]　朝鮮塩化工業株式会社は1939年に，岩村定親が中心となって設立された．岩村は日本で専売局に勤務し，製塩に従事していた．退官後，1919年に朝鮮に渡り，鎮南浦に製塩工場を建設した．彼はこの工場で，粗製塩の品位を短時間に高める方法を考案し，薬局方食塩製造を始めた．戦時期に日本からの医薬品輸入が途絶する中で，この工場の製品は朝鮮，満洲，中国に販路を広げた．

3　その他

その他の重要工場には，製材所・マッチ工場やゴム加工工場があった．

(1)　製材所・マッチ工場
製材業は咸鏡道，平安道で発達した．1940年の同地方の製材所は合計397所（馬力総数20,614）に上った[38]．新義州はとくに，「製材の町」と呼ば

---

35)　『大陸東洋経済』1943年12月15日号，19頁，前掲，内務省，4.
36)　同上，内務省．
37)　前掲，久保編，671-73頁．
38)　萩野敏雄『朝鮮・満州・台湾林業発達史論』林野弘済会，1965年，128頁．

れるほど製材業が盛んで，総督府営林署の製材所や朝鮮燐寸株式会社のマッチ工場が林立した．1937年に水豊ダムの建設工事が始まると流筏による新義州への原木入荷が減り，製材所は山元への移転や縮小を余儀なくされた[39]．戦時期に総督府は，江界に朝鮮で最大規模の製材所を設置した．同時に各地で，民間製材所の統合をすすめた．

朝鮮総督府営林署新義州製材所[40]　これは1907年に統監府が大林組の工場を買収したもので，併合後は総督府営林署管轄下の製材所として発展した．1931年の職工数は513人であった．1937年には，全朝鮮の製材量110万㎥の15％にあたる17万㎥を製材した．1941年の設置動力は800馬力であった．

同・仲岸製材所[41]　総督府は1941年に闊葉樹利用10か年計画を立て，平北江界郡前川面仲岸に大規模製材所の建設に着手した．これは日本にも存在しない「世界有数」の最新式総合製材工場で，1943年に完成した．主にベニヤ板製造，普通製材，加工品製造を行なった．ベニヤ板製造用には大型ロータリー機5台，同小型機4台を設置した．総督府はこの製材所に半製品を供給するために，江界営林署管内の古仁と蒼坪，渭原営林署管内の復興洞，厚昌営林署管内の佳山洞と七坪面に，それぞれ製材工場を設けた．

鴨緑江林産新義州製材所[42]　既存の18製材会社が合同して1938年に，新義州製材合同株式会社が発足した．資本金は150万円であった．新会社の主力工場は，鴨緑江木材株式会社に属していた新義州工場であった．同工場は1928年に操業を開始し，1931年には516人の労働者を雇用していた．新義州製材合同株式会社はのちに鴨緑江林産株式会社となり，終戦時には朝鮮電業社長の久保田豊が社長を兼務していた．資本金は675万円（払込金425万円）で，新義州のほか平北・江界郡満浦，朔州郡青水など各地で製材所を経営した．

---

39) 前掲，新緑会編，46頁．
40) 同上．前掲，朝鮮総督府学務局社会課，251頁，同府『朝鮮総督府統計年報　昭和十五年度』78頁，同府『朝鮮総督府施政年報　昭和十六年度』251頁，同府農林局『朝鮮の林業』同局，京城，1940年，61頁．
41) 『殖銀調査月報』第64号，1943年9月，41-42頁．
42) 前掲，朝鮮総督府学務局社会課，251頁，中村編，173-74頁．

北鮮合同木材会寧製材所[43]　1937年に会寧の製材業者5社が合同し，資本金300万円（払込金150万円）で朝鮮合同木材株式会社が発足した．同社は主に鉄道枕木，電柱用木材の植林・伐採・製材を行なった．会寧製材所はその主力事業所であった．1943年に咸北の製材業者が合同し，資本金1,500万円で北鮮合同木材株式会社を設立した．朝鮮合同木材は同社に吸収された．

咸興合同木材咸興製材所，長津江製材所，本宮製材所[44]　咸興合同木材株式会社は朝鮮窒素の関連会社で，1938年に設立された．当初資本金は150万円であったが，翌年300万円に増額された．咸興，長津，本宮に製材所を設置し，咸鏡道の山岳地帯から運んだ原木を加工した．長津江製材所には戦時中，製材関係だけで100人以上の労働者がいた．そのほか多数の労働者が原木伐採，搬送に従事していた．

鐘淵工業満浦合板工場[45]　1943年に鐘淵工業が満浦に合板工場を設立した．製品は主に航空機用であった．

住友合資順川製材工場，咸興製材工場[46]　住友合資は北朝鮮で広大な山林を所有し，造林と坑木・木炭生産を行なっていた．製材事業には1944年に参入し，順川と咸興に製材所を設けた．後者は，朝鮮住友軽金属元山工場の建設用木材の生産を目的とした．

朝鮮燐寸新義州工場，前川工場，平壌燐寸平壌工場[47]　朝鮮燐寸は，朝鮮総督府の勧奨を受けて，朝鮮在住日本人が1917年に仁川で創立した．当時の資本金は50万円（払込金35万円）であった．同社は創立と同時に新義州に製軸工場を設置した．はじめは黄燐マッチを製造し，1920年以降は安全マッチに転換した．1924年に日本の同業会社と提携関係を結んだが，1932年にはそれを解消した．製品の質は日本製を上回るとの評価を得た．1931年の新義州工場の職工数は114人であった．1936年には2,000坪の敷地に平壌工場を設置した．1939年の平壌工場の職工数は100人

---

43) 同上，中村編，167-68頁，『殖銀調査月報』第63号，1943年，95頁，同，第69号，1944年，83頁．
44) 同上，中村編，508-09頁，前掲，磯谷，225頁．
45) 前掲，鐘紡（百年史），403頁．
46) 住友林業株式会社社史編纂委員会編『住友林業社史』上巻，同社，1999年，238頁．
47) 前掲，朝鮮総督府学務局社会課，252頁，阿部編，第4部，122頁，渋谷編，383頁，中村編，125-26頁．

を超えた．1940年には平安北道江界郡前川に製軸工場を増設した．同年，平壌工場は別会社の平壌燐寸の所属となった．所要木材は，朝鮮内で自ら植林を行なって自給した．薬品，洋紙は日本から輸入した．戦時中は，熟練労働者と日本からの原料の調達が困難となり，生産が減少した．終戦時の朝鮮燐寸の最大株主は日産系の日産農林工業であった．経営陣には，朝鮮とくに新義州の有力実業人（多田栄吉等）が名を連ねていた．

終戦時，北朝鮮にはこれら以外に，清津と平北・義州に中規模の朝鮮人マッチ工場があった．

(2) ゴム加工工場

平壌には多数のゴム加工工場が存在した．これらの大半は朝鮮人が所有・経営し，1920年代から興った．そのいくつかは職工100人以上の規模に発展し，主にゴム靴を製造した．1939年の統計によると，平壌にはゴム加工工場が13工場存在し（1工場は日本人経営），そのうち正昌ゴム工業社，同友物産社の2工場は職工200人超を雇用していた[48]．平壌には革靴を製造する小工場も存在した．1939年現在，その数は11で，うち朝鮮人経営のものは9工場であった[49]．

---

48) 同上，渋谷編，138-39頁．
49) 同上，370頁．

第 5 章

総　括

_____

本章では，前章までの要約と補足的な議論を行なう．第1節は，日米戦争の開始以前と以後に分けて企業活動を整理する．第2節は技術および技術者について総括する．第3節は統計的に，鉱工業の発展の全体像を示す．最後に朝鮮の植民地工業化についてまとめる．

1　企業活動

(1)　1910-40年

併合前後から北朝鮮では石炭，鉄，銅，金銀などの鉱山開発が活発にすすめられた．これは，個人や企業によるほか，政府によっても行なわれた．政府は，統監府の時代に平壌近郊の無煙炭鉱に着目し，その開発をすすめた．この炭鉱は1922年に海軍省に移管されて第五海軍燃料廠となった．そこには煉炭工場と金属加工や発電の設備が設置され，朝鮮内および日本向けに産業用，家庭用の煉炭を供給した．1927年には，平壌周辺の無煙炭鉱を中心に炭鉱会社の統合が図られ，朝鮮無煙炭株式会社が誕生した．以後，同社は北朝鮮の無煙炭採掘を主導した．

　鉱山の近辺には製錬所が建設された．その代表的存在は，日本鉱業鎮南浦製錬所であった．これは1915年に操業を開始し，月間200トン余の銅製錬を行なった．その近隣の兼二浦には三菱の製鉄所も建設された．これは高炉，平炉，圧延設備を備えた銑鋼一貫製鉄所であった．

　1919年には小野田セメントが進出し，平壌近郊の勝湖里に工場を設けた．

　1920年代には，野口遵が北朝鮮開発に乗り出した．かれは赴戦江に大規模なダム，発電所を建設し，この電力を利用して化学肥料の大量生産を始めた．以後，事業を拡大し，規模，設備の点で世界屈指の化学コンビナ

ートを築いた．各工場には工作工場を付設し，特殊設計による機械設備をほぼすべて自製した．

1930年代には，黒鉛，タングステン，マグネサイト等の諸鉱山および電源の開発，鉄道・港湾の建設が進展した．鉱山開発に中心的な役割を果したのは，日本鉱業と三菱鉱業の2社であった．同時に製鉄，金属加工，セメント製造などの重化学工業が発展した．

地域分布の点では，以上の工業は「北鮮工業地帯」と「西鮮工業地帯」に集約される．前者は，興南，清津，城津，吉州などの工業都市を含み，域内には良港——雄基，羅津，清津，興南が存在した．後者は黄海側の工業地帯で，その核は平壌，鎮南浦，新義州であった．この地域には鉄鉱石，石炭，石灰石，タングステンが豊富に存在した．

鉱工業開発を推進した日本企業の多くは，日本から資金，人材を持込み，朝鮮の低廉な労働力を用いて工場を運営した．

そのほかに注目すべきものとして，軍営の平壌兵器製造所があった．これは戦前に公刊された朝鮮関係の文献にほとんど登場しなかったために，朝鮮史の研究者によって看過されてきた．同所は1917年に，東京砲兵工廠の分工場として設立された．1920-30年代には，数百人の職工を雇用し，弾丸などを製造した．

軽工業も発展した．繊維部門では東洋製糸，片倉製糸，鐘紡，大日本紡績などが工場を設置した．平壌では，朝鮮人企業者の中小メリヤス工場が興った．食料品加工では日本穀産工業の平壌工場をはじめ，精米工場，水産工場，煙草工場，製材工場が各地に興った．

(2) 1941-45年

日米戦争が始まると，日本企業による北朝鮮鉱工業の開発が一層すすんだ．鉱業では，軍需に応じて新資源の探索・用途の拡張が広範囲に行なわれた（表5-1）．戦時末期には，以下の鉱物が朝鮮で「極めて緊急」または「特に急要」とされた：鉛，モリブデン，蛍石，（電極用）黒鉛，加里長石，小藤石，電気石，リチウム鉱，コロンブ石，モナズ石[1]．さらに製鉄，冶金，軽金属，化学の分野で大幅に生産能力が高まった．これは三井，三菱，

---

1)「鉱業技術研究委員会報告事項」『朝鮮鉱業会誌』第26巻7号，1943年，34頁．

第5章 総括

表 5-1 鉱物資源とその用途，北朝鮮における分布状況

A. 石炭

炭　　種	1次用途	最終用途	分布状況
無煙炭	燃料	煉炭，豆炭，カーバイド焼成・電極，暖房	平南に富鉱あり
褐炭	燃料，化学材料	鉄道・船舶・発電所・工場ボイラー，暖房，化学製品	咸北・南，平南に富鉱あり
瀝青炭（粘結炭）	コークス	製鉄，鋳物	ほとんど存せず

B. その他（金属・非金属）鉱物

鉱物または化学物質	含有鉱石	1次用途	主たる最終製品・用途	分布状況（産地）
黒鉛	黒鉛鉱	電極，坩堝化学材料	電気炉，原子炉	平北に世界的富鉱あり
燐	燐灰石	化学材料	燐肥料，爆薬	咸南・端川郡．戦時末期に咸北で富鉱発見
カリウム	加里長石	化学材料	カリ肥料	戦時期に探鉱中
シリカ	珪石	化学材料	耐火煉瓦，研磨材，ガラス	豊富
シリコン	珪砂	合金，特殊鋼	変圧器，電線	〃
硼素（硼砂）	小藤石，電気石	化学材料	光学機器，火薬，琺瑯鉄器，熔接	戦時末期に黄海道で小藤石鉱床発見
マグネシウム	マグネサイト，苦汁	合金，化学材料	航空機機体，耐火煉瓦，照明弾，焼夷弾	咸南・端川郡にマグネサイト富鉱あり
アルミニウム	明礬石，礬土頁岩，高嶺土，霞石	合金，化学材料	航空機機体，機器部品，焼夷弾	貧鉱のみ
アンチモン	輝安鉱	合金，化学材料	活字，色素，薬品	僅少
トリウム，セリウム，ランタン，ウラン	モナザイト(重砂)，褐簾石，コロンブ石	合金，化学材料，電極	航空機機体，塗料，探照灯（光源用炭素棒），核燃料	豊富
モリブデン	水鉛	特殊鋼，化学材料	高級工具，爆薬，燃料	僅少
マンガン	マンガン鉱	特殊鋼，化学材料	高級工具，計測器，薬品	〃
クロム	クロム鉱	特殊鋼，化学材料	高級工具，航空機機体，耐火煉瓦，耐食メッキ	〃

バリウム	重晶石	合金，化学材料	爆薬，染料，製紙，写真，インク，ガラス，薬品	江原道に富鉱あり
ストロンチウム	〃	化学材料	発光塗料，火工品，夜間信号弾	〃
ニッケル	ニッケル鉱	特殊鋼，合金	砲身，銃弾被甲	咸南・端川郡，江原・伊川郡
コバルト	コバルト鉱	特殊鋼，化学材料	航空機機体，高級工具	咸南・端川郡
タングステン	重石	特殊鋼	高級工具，軽機関銃，小銃，鉄兜，防盾	黄海道・谷山に東洋一の富鉱あり
カドミウム	亜鉛鉱	合金，化学材料	軸受，メッキ，顔料	豊富
ハロゲン	蛍石，氷晶石	化学材料	製鉄，アルミ製錬	〃
ベリリウム	緑柱石	特殊鋼，化学材料	高級工具，金属反射鏡，爆薬，燃料	平北，江原
ジルコニウム	風信子石，重砂	特殊鋼，化学材料	高級工具，戦車・艦艇装甲，航空機機体，機器部品，爆薬，燃料，耐火材料	戦時期に咸北・双龍鉱山で大鉱床を発見
ニオブ，タンタル	コロンブ石，タンタル石	特殊鋼，電極，化学材料	通信機器（超短波用真空管陽極），航空機機体，高級工具，電気炉，特殊化学機械	平北・朔州に世界的富鉱あり．平北・亀城郡銀谷鉱山
チタニウム	金紅石，チタン鉄鉱，黒砂	特殊鋼，化学材料	高級工具，熔接，発煙剤	平南・順川郡，咸北・吉州郡，江原・平康郡
リチウム	リシャ雲母，輝石	合金，化学材料	航空機機体，蛍光剤，目標用焼夷弾，原子炉	豊富．戦時期に咸南・文川郡で世界的な輝石鉱床を発見
雲母	雲母鉱	断熱材，絶縁体	機器部品	各地方に存す
ラジウム	ピッチブレンド	化学材料	蛍光剤，通信機，光学機器	僅少
石綿	蛇紋石，閃石	補強繊維	保護服，絶縁体，板材充填材	〃
銅	銅鉱	金属，合金	電線，砲弾，薬莢，信管，車輪	各地方に存す
鉛	鉛鉱	金属，合金	缶詰，雷管	〃
亜鉛	亜鉛鉱	合金	砲弾，薬莢，信管，車輪	〃
錫	錫鉱	合金	活字，メッキ，顔料	ほとんど存せず
白金	白金鉱	金属，化学材料	電気機器，信管，触媒	〃
水銀	辰砂	化学材料	砲弾薬，小銃実包，雷汞	〃

注) B. は戦時末期の軍事目的を中心に用途を記した．金，銀，鉄の記述は省いた．ハロゲンはフッ素，塩素，臭素，ヨウ素，アスタチンの総称．ニオブ（ニオビウム）は，別称コロンビウム．賦存状況は戦時期の資料にもとづいて推測した．「豊富」，「僅少」は絶対的・固定的な概念ではなく，需要の大きさ，技術あるいは政策によって変わる相対的・流動的概念である．「大鉱床発見」は，必ずしも厳密な探査にもとづくものではなく，当時の希望的観測にすぎない可能性がある．

出所）吉田豊彦『軍需工業動員ニ関スル常識的説明』偕行社，1927年，306-14頁，前掲「新兵器の強化と稀有元素金属」22-23頁，木野崎吉郎「地質学上より見たる朝鮮の希元素資源」『朝鮮鉱業会誌』第27巻1号，1944年，7-8頁，「稀元素展覧会説明書」同，第27巻2号，1944年，8-13頁，「希元素総覧」同，第27巻3号，1944年，90-139頁，『殖銀調査月報』第79号，1945年，19頁．

住友などの主要財閥が朝鮮への投資を積極化した結果であった．三井は，東洋製糸，朝鮮石油，朝鮮無煙炭，朝鮮燐鉱，協同油脂など重化学・軍事工業および原料部門の企業への投資を拡大した[2]．三菱は軍の勧奨を受けて軍事工場の新設にも取組んだ．三菱製鋼平壌製鋼所は，陸海軍に供給する兵器用鋼材の生産工場として，1943年に操業を開始した．機体製造に不可欠なアルミニウムやマグネシウムの増産を目的に，朝鮮軽金属（昭和電工系），東洋軽金属（三井系，のちの三井軽金属）などの企業も設立された．朝鮮電工（昭和電工系）の鎮南浦アルミニウム工場の敷地面積は360万坪もあり，この点で朝鮮最大の工場になる予定であった．既存の日本高周波重工業は城津工場を拠点に，軍用の軸受鋼，銃用鋼メーカーとしてこの時期に急成長した．製鉄や軽金属生産に不可欠な耐火煉瓦，電極の生産も増大した．このように北朝鮮で，兵器工業の核たる特殊鋼，軽合金の生産が行なわれたことは，特記に値する[3]．

日本窒素の子会社，日窒燃料工業は1943年に，当時世界最大規模のカーバイド工場を青水に建設した．製品のカーバイドは，海軍の燃料その他の製品の基礎原料として，軍事工業に広く利用された．日窒燃料工業は，興南肥料工場の近隣に海軍のロケット燃料を製造する秘密工場も建設した．同じく日窒系の朝鮮人造石油では，火薬等の原料用としてメタノールを大量に製造した．朝鮮窒素火薬は，鰯油や大豆油から摂れるグリセリンを用いてダイナマイトなど軍用火薬を製造した．

機械工業も発展した．とくに鉱山用機械の製造能力が増大した．1941

---

[2] 前掲，三井文庫編，539-40頁．

[3] 品質はまた別問題である．特殊鋼については，日本高周波のみならず日本のメーカーの製品は，ドイツの製品とは比較にならないほどもろかったという（前掲，大河内，194頁）．

年秋からは，満洲の素材とのバーター取引により，削岩機の対満輸出が行なわれた[4]．鉱山用機械製造工場では鉄舟など，工兵部隊用の軍需品も製造した．機械工業は朝鮮内ではむしろ南で成長が著しかった（付論3参照）．しかし北朝鮮だけでも終戦時には，合計で数千台の普通工作機械が存在した．

平壌兵器製造所は一層規模を拡張し，砲用弾丸と爆弾の製造に全力をあげた．

工業生産増大とともに主要燃料としての無煙炭の役割が高まったことから，朝鮮無煙炭会社は出炭量300万トン計画を立てた．

もともと民需工場であったものが軍需工場に転換されたり，民需品が軍需品に転用されるといった現象も広がった．たとえば朝鮮無水酒精は戦時期に，アルコール製品を大部分，平壌の陸軍航空支廠に軍納した．大日本製糖平壌工場，大日本紡績清津紡織工場はそれぞれ，硼砂，ロケット燃料を製造する軍事化学工場に改変された[5]．

以上の鉱工業開発を支えるために，発電所，鉄道，港湾の新設・拡張も一層すすめられた．鴨緑江本流の水豊ダム，鉄道局平元線・満浦線の建設は，その代表例であった．従来，工業用水の不足に悩んでいた鎮南浦では，河川からの給水工事が急進展した[6]．新義州周辺では，多獅島の開発が進行した．多獅島は黄海にやや突き出た半島状の地域で，満洲に隣接する一方で日本との連結が容易な位置にあった．近辺には電力，鉱物資源が豊富なうえ，多獅島港が冬季に氷結しないという一大利点もあった[7]．こうした事情から新義州，多獅島には，三成鉱業製錬所，三井軽金属・朝鮮神鋼金属の工場が建設された．

咸鏡道や平安北道の山間部には製材所の建設が相次ぎ，原木の現地加工，消費地への陸送が進展した．これは，坑木や枕木用，軍用の木材需要が増大した反面，ダム建設のために原木の筏流し可能量が減少したためであっ

---

4) 『殖銀調査月報』第46号，1942年，28-29頁．
5) 陸軍は1937年に「昭和十二年度軍需品製造工業五年計画」を作成した．そこには，民需工場の軍需工場への転換形態を示す「軍需工業平戦生産転換標準表」が添付されている．防衛庁防衛研修所戦史室『戦史叢書24　陸軍軍需動員(1)　計画編』朝雲新聞社，1967年，572-74頁．
6) 『殖銀調査月報』第74号，1944年，52頁．
7) 前掲，王子製紙（社史），第4巻，223-26頁．

た．

　1944-45年には各企業は，設備拡張のために突貫工事を強行した．米軍の空襲を予想し，軍の指示で工場を地下に移す作業にも着手した．朝日軽金属岐陽工場，平壌兵器製造所がその例であった．山腹をくり抜く発電所建設工事も進めた（付論1参照）．こうした工事は，資材や運送能力，労働力の不足のために急速に困難となった．その結果多くの増設・移設工事が未完成なまま終戦となった．

　表5-2に，前章までに示した主要工場の終戦時の状況を要約する．同表の事業投資額は，基本的に帳簿価格によっているので全体に過小評価となっている．従業員は，正社員に限られる．多くの場合，臨時工や社外工が正社員とともに職場で働いていたので，実働人数は表の数値よりはるかに多かった．たとえば，興南，本宮，龍興の日本窒素および関連会社の諸工場では，動員された学徒，産業報国隊，捕虜，人夫などをふくめると，終戦時には全体で約4.5万名が働いていた[8]．投資額では，日窒興南工場の規模が最大で，日本高周波重工業城津工場，日窒阿吾地工場がこれに次いだ．表の投資額の総計は約20億円であった．1941年以降に操業を開始した工場への投資総額は約7億円で，全体の35％を占めた．データの制約から，日本製鉄清津製鉄所，三菱製鋼平壌製鋼所などへの投資額はこれには含まれていない．この分と各工場の1941年以降増設分を含めれば，上記の比率はおそらく60-70％に達する．この数値は，戦時期にいかに大幅に北朝鮮への投資が増大したかを改めて示す．

2　技　　術

上述の産業発展は，当時の先進技術と大型設備の導入をともなった．たとえば野口遵は，世界に先駆けてカザレーのアンモニア合成技術を興南で大規模に事業化した．燐肥料，マグネシウムの製造技術はそれぞれ，ドイツ，オーストリアから導入した．セメント製造では小野田セメントが元山近郊に大規模工場を建設し，ドイツ製の最新機械を配備した．このように朝鮮に導入された技術や設備は，水準や規模の点で日本のそれを凌駕する場合

---

[8]　鎌田正二『北鮮の日本人苦難記－日窒興南工場の最後』時事通信社，1980年，19頁．

表 5-2 終戦時の北朝鮮の大規模工場：事業投資額，従業員数，主要製品

A. 製鉄業

企業名	工場所在地	操業開始年	事業投資額	従業員数	主要製品
日本製鉄	兼二浦	1918	} 124,478	5,770[a]	銑鉄，鋼塊，圧延材
〃	清津	1942		2,869[a]	銑鉄
日本高周波重工業	城津	1937	178,396	6,680 (1,072)	各種特殊鋼
三菱製鋼	降仙	1943		3,850	合金鉄，鋼塊・鋳鋼，圧延材
朝鮮製鉄	大安	1943	57,110	1,312 (225)	銑鉄，鋼塊
三菱鉱業	清津	1939	66,872	1,402 (320)	粒鉄
鐘淵工業	平壌	1944	87,473[b]	2,100[b] (180)[b]	銑鉄，耐火煉瓦
日本原鉄	清津	1943	20,500	1,258 (168)	原鉄
朝鮮住友製鋼	海州	1944	6,558	605 (50)	鋼塊，鋼製品
日本鋼管	元山	1944			銑鉄
朝鮮電気冶金	富寧	1942	22,000	750 (50)	フェロマンガン，フェロシリコン，カーバイド
利原鉄山	利原	1942	27,300	2,705 (165)	銑鉄，鋳鉄鋼
理研特殊製鉄	羅興	1944	17,360	728 (42)	原鉄

B. 製錬・軽金属工業

企業名	工場所在地	操業開始年	事業投資額	従業員数	主要製品
日本鉱業	鎮南浦	1915	83,084	5,000	銅，亜鉛
日窒鉱業開発	興南	1933	34,825		ニッケル，モナザイト，鉛，銅
住友鉱業	文坪	1937	10,636	578 (88)	銅，鉛
日窒マグネシウム	興南	1935	16,444	453 (148)	マグネシウム，クリンカー
朝鮮軽金属	鎮南浦	1940	48,436	3,468 (354)	アルミナ，アルミニウム，マグネシウム
朝鮮神鋼金属	楽元	1941	25,400	1,058 (205)	マグネシウム
三菱マグネシウム工業	鎮南浦	1942	40,695	1,275 (198)	マグネシウム，電極

第5章 総括

朝日軽金属	岐陽	1944	75,000	1,729 (199)	マグネシウム，苛性ソーダ
三井軽金属	楊市	1943	45,000	1,082	アルミニウム，マグネシウム，原鉄
朝鮮電工	鎮南浦	未操業	25,000c)	1,299 (334)	アルミナ，アルミニウム，電極
朝鮮住友軽金属	文坪	〃	121,021	1,140 (340)	アルミニウム

C. 機械・兵器・造船工業

企業名	工場所在地	操業開始年	事業投資額	従業員数	主要製品
日本窒素	興南	1928		2,490	罐，鋳物，機械
鉄道局	平壌	1911		793	機関車，客車，貨車（修繕）
〃	清津	1930		978	〃
〃	元山	1942		360	〃
北鮮製鋼所	文川	1940	6,800	1,259	鋳鋼品，一般機械
朝鮮商工	鎮南浦	1910	2,000c)	769	鉱山用機械
平壌兵器製造所	平壌	1918		6,000 (1,000)	爆弾，弾丸
三井鉱山	平壌	1941	47,295	2,496	飛行機（組立て）
鐘淵西鮮重工業	海州	1938	8,000	664 (47)	焼玉機関，木造船
朝鮮造船工業	元山	1943	13,000	830 (290)	〃

D. 化学工業－日本窒素および同系列の企業

企業名	工場所在地	操業開始年	事業投資額	従業員数	主要製品
日本窒素	興南	1930	280,691	9,164 (3,111)	アンモニア，硫酸，硫安，過燐酸石灰，硬化油
〃	本宮	1936	116,927	6,805 (1,946)	アンモニア，塩酸，苛性ソーダ，カーバイド，石灰窒素
日窒燃料工業	龍興	1942	154,932	1,399 (567)	アセトアルデヒド，イソオクタン
〃	青水	1943	67,558	2,059 (506)	カーバイド
朝鮮窒素火薬	興南	1936	25,000	2,666 (923)	ダイナマイト，導火線，雷管，爆薬
朝鮮人造石油	永安	1932	23,086	1,974 (577)	石炭酸樹脂，合板
〃	阿吾地	1936	170,249	3,000 (1,780)	半成コークス，タール，メタノール，液化油

E. 化学工業—その他の企業

企業名	工場所在地	操業開始年	事業投資額	従業員数	主要製品
三菱化成	順川	1938	23,050	1,163	カーバイド，石灰，石灰窒素
〃	清津	1943	6,626	394 (45)	各種耐火煉瓦
朝鮮火薬	海州	1938	10,000[c]	981 (89)	ダイナマイト，導火線，雷管
朝鮮浅野カーリット	鳳山	1938	1,642	250 (20〜30)	爆薬カーリット，導火線
朝鮮石油	元山	1936	40,000	1,638 (532)	ガソリン・灯油・軽油・パラフィン
日本炭素工業	城津	1942	10,500	495 (47)	電極
朝鮮東海電極	鎮南浦	1942	14,262	500 (60)	〃
王子製紙	新義州	1919	20,000	415 (60)	洋紙，パルプ
北鮮製紙化学工業	吉州	1936	37,000[d]	653	パルプ
鐘淵工業	新義州	1939	15,000	450 (66)	葦パルプ
〃	平壌	1939	35,000	1,130 (410)	硫酸，スフ
大日本紡績	清津	1939	38,358	1,997[e] (219)[e]	人絹
小野田セメント	平壌 川内里	1919 1928	} 19,000	} 4,780 (270)	セメント
朝鮮小野田セメント	古茂山	1936	9,101[f]	1,286[f] (99)[f]	〃
鴨緑江水力発電	水豊 勝湖里	1939 1940			〃 〃
朝鮮セメント	海州	1937	22,377	1,452 (109)	〃
朝鮮浅野セメント	鳳山	1937	16,237	1,045 (127)	〃
日本マグネサイト化学工業	城津	1936	13,500	1,576 (115)	マグネシア・クリンカー，軽焼マグネシア，マグネシア煉瓦

F．繊維・食料品工業

企業名	工場所在地	操業開始年	事業投資額	従業員数	主要製品
東洋製糸	沙里院	1929	1,480	340 (42)	生糸，綿糸・布，毛織物
〃	平壌	1926	3,540		生糸
鐘淵工業	鉄原	1933	2,908		生糸
〃	朱乙	1938	2,000	335	亜麻製品
帝国繊維	豊山ほか	1935-	4,900	2,500[g]	亜麻繊維
東棉繊維工業	新義州	1943	29,510[e]	668 (68)	大麻布
〃	鎮南浦	1945[h]		113 (2)	大麻布，絹・人絹
日本穀産工業	平壌	1931	20,000	1,142 (102)	澱粉，葡萄糖
大日本塩業	清川江河口		93,500	1,358 (23)	塩，生苦汁
鐘淵海水利用工業	龍岡	1945	15,000	205 (19)	塩

注）事業投資額の単位は千円．従業員数欄のかっこ内は日本人（内数）．a) 1941年度末現在．b) 南の仁川工場分を含む可能性がある．c) 払込資本金．d) 王子製紙による投資額（南の群山工場分を含む）．e) 京城工場分を含む．f) 南の三陟工場分を含む．g) 南の3工場分を含む．h) 買収年．
出所）本文および資料1の文献．

が少なくなかった．これにはいくつかの理由があった．第1に，電力など特定の資源が豊富に存在したために，それを集約的に使用し大量生産を行なうことが有利であった．第2に，現地に先行企業が乏しく，大きな創業者利潤がみこめた．第3にこれと関連し，企業がしばしば，日本国内に導入するまえに植民地で新規技術を試そうとした．第4に茂山鉱山の場合のように，大陸的な自然条件が大規模な設備の導入を必要とした．

　先進技術の導入には，日本人技術者が大きな役割を果した．植民地朝鮮には多くの日本人技術者が居住した．かれらの多くは中央官庁や日本の企業から派遣され，数年から10数年間，総督府や朝鮮各地の工場に勤務した．その数は次第に増大し，1930年代後半には相当規模の「技術者集団」を形成した．1939年には，理工系の高等教育を受けた在朝鮮日本人は総計5,600人に達した（以下，付論2参照）．そのうちで北朝鮮在住者は約30％であった．一般企業勤務者にかぎると総数は1,900人余で，その半

数が北朝鮮在住者であった．これらの技術者は質的に，内地の技術者に劣らないのみならず，優秀な帝国大学教授に匹敵する者を含んでいた．かれらは日本の本社工場や大学，研究所と情報を交換しながら，赴任した朝鮮の工場で技術の応用，開発に従事した．同時に，直接の人的交流あるいは文献をつうじて，外国の技術を積極的に学んだ．

日窒では，外国人技術者を招くばかりでなく，日本人自らが知識の吸収に努力した．会社はその支援のために多額の予算を割き，興南工場に図書室を設けた．そこには多くの書籍とともに，重要な外国雑誌を備えた[9]．蔵書の充実ぶりは東京の理化学研究所に次ぐといわれた．丸善は，書籍販売のために工場の向かいに支店を置き，そこで同社京城支店をはるかに上回る売上高を上げた[10]．

米国との戦争は，日本帝国の技術開発の性格を変えた．第1に技術開発の大半が軍事関連に向けられた．第2に，代用資源を利用する技術の開発が重視された．とくに南方からの資源輸入が途絶したことは，大陸の資源を用いる技術の開発を本格化させた．ボーキサイトの代わりに，品位の低い礬土頁岩からアルミニウムを製造する，石油の代わりに石炭からガソリンを採取するといった技術がその例であった．そのほか，無煙炭を利用する製鉄法，パルプ廃液や木材からアルコールを抽出する方法，澱粉からグリセリンを製造する方法などが開発された[11]．

代用資源の開発が果してどの程度成功したのかは，必ずしもあきらかではない．礬土頁岩からのアルミニウム製造や石炭液化は戦後，成功したと説く者がいれば，失敗したと説く者もいる．こうした相違は判断基準の相違によるところが大きい．実用化の成功，不成功は，製品の用途によって異なりうる．ある用途は精密さや耐久性を要求するが，別の用途はそうではない．すなわち用途Aには不適格でも，用途Bには適格であるかもしれ

---

9) *Chemical and Metallurgical Engineering, Industrial and Engineering Chemistry* など．

10) 三ツ谷孝司「興南の風土と燐酸工場の建設運転」前掲「日本窒素史への証言」編集委員会編，第七集，1979年，122-23，128頁．

11) 澱粉を使うグリセリン製法は，日窒の野口研究所が開発した．(『化学工業協会誌』第14号，1943年，21頁)．燃料技術にかんしては，「昭和16年度に於ける重要なる燃料関係事項」『燃料協会誌』第21巻232号，1942年，1-41頁，前掲，燃料懇話会編，各頁を参照．

ない.民間企業の場合には,採算性が大きな問題となる.技術的に実用化可能でも,コスト面から事業化は困難かもしれない.事業化の可能性は経済および政治の状況によって変わりうる.このような理由から,技術開発の成否を単純に判断することはできない.しかし戦時下北朝鮮で,代用資源の開発が短期間で大きく進展したことは確かである.それは,ある場合には十分に成功を収め,他の場合には成功の見通しをつけることができた.製品の量や質の点であくまで間に合わせの技術にすぎなかったとはいえ,当時の厳しい制約条件を考えれば成果は大きかった.これを生んだ基本的要因として,日本人技術者が高い専門能力のみならず,情熱と忍耐力を有していた——「技術者精神」を発揮した——点を看過しえない[12].

3 巨視的観察

溝口敏行が作成した推計によると,北朝鮮の実質工業生産総額は1930-1940年間に約4倍に増大した(表5-3).南朝鮮でも伸びは高かったが,これには及ばなかった.鉱業生産額を含めると,北の成長率が一層高まることは確実である.北の人口は南の6割弱であったから,この結果1940年には,北の1人当り鉱工業生産額は南のそれの2倍程度になった.

　溝口の推計にはいくつかの欠陥がある.そのひとつは,工場の自家生産額,および専売局,鉄道局,刑務所以外の官営工場の生産額を含まないことである[13].すなわち,興南工作工場の機械生産額や平壌兵器製造所,第五海軍燃料廠の生産額を把握していない.この点から,溝口推計にはかなり大幅な過小評価の可能性がある.他の欠陥は,推計が1940年で終わっていることである.帝国支配下の北朝鮮工業の発展は,戦時期を除外しては正しく評価しえない.戦時期朝鮮の鉱工業生産の伸びは,表5-4,5-5からあきらかである.基礎資材の生産は,製油や肥料部門では減少したが,鉄鋼,金属を中心に大きく増加した.モリブデンやタングステンを例外として,その大部分は北朝鮮で生じたものであった(タングステンの生産は

---

12) 情熱の背景に,会社や国家にたいする忠誠心のほか,昇進願望があったことも付言すべきかもしれない.
13) 朝鮮総督府『朝鮮総督府統計年報　昭和十五年度』同府,京城,1942年,126,160頁.

表 5-3 南北別工業生産額, 1915-40年(5年毎)

(単位:百万円, 1934-36年価格)

年	北	南
1915	54	123
1920	77	115
1925	101	155
1930	119	181
1935	287	325
1940	450	536

出所) 木村前著, 205頁 (原数値は, 溝口敏行『台湾, 朝鮮の経済成長』岩波書店, 1975年, 90頁, 同・梅村又次編『旧日本植民地経済統計－推計と分析』東洋経済新報社, 1988年, 276頁).

南北双方で増加した).

　総督府の資料によれば, 1944年12月には, 朝鮮の基礎資材生産能力は日本帝国全体の中で高いシェアを占めるに至った (表5-6)[14]. これは, 北朝鮮がアジアで有数の重化学工業地帯に成長したことを示す.

4 むすび

朝鮮では豊富な鉱物・電力資源を基盤に重化学工業が発展した. 産業開発に必要な資材や機械設備ははじめ, すべて日本・欧米から持ち込まねばならなかったが, 次第に自給度が高まった. 繊維工業, 食料品工業などの軽工業の発展は, 朝鮮の工業製品自給度を一層高めた[15] (鉄鋼・軽金属の生産は当初から日本向けが主で, 1930年代に設備増強がすすんだ). こうして朝鮮工業は戦時期に, 対日輸入への依存から脱却する方向に大きく動いた. 北朝鮮はその中心であった. 他方, 朝鮮経済と満洲経済の結びつきは強ま

---

14) 戦時期の生産能力の数値には資料により違いが少なくない. 他の資料では, 1944年の鉄の生産能力は以下のとおりであった (単位, 万トン): 銑鉄－日本620, 朝鮮100, 満洲250, 鋼塊－日本1,360, 朝鮮30, 満洲130, 鋼材－日本970, 満洲75, 朝鮮15 (コーヘン (Cohen, J. B.) (大内兵衛訳)『戦前戦後の日本経済』上, 岩波書店, 1951年, 186頁).

15) この点の統計数字は, 前掲, 金仁鎬, 211-15頁, 紡績工業にかんする詳細は, 前掲『東アジア研究』所載の鄭の論文 (上, 第32号, 下, 第33号, 2001年) を参照.

第5章 総 括

表 5-4 基礎資材生産量，全朝鮮，1941-44 年度

品　目	単位	1941 年度	1942 年度	1943 年度	1944 年度 上半期
普通鋼鋼材	千トン	91.3	110.7	101.9	44.6
普通銑	〃	278.4	365.4	517.9	310.1
普通鋼鋼塊	〃	116.5	127.8	107.5	57.2
製鋼原鉄	〃	52.8	38.5	53.0	29.7
鍛鋼	〃	4.3	3.1	2.8	1.4
鋳鋼	〃	10.8	12.4	14.6	7.6
特殊鋼鋼材	〃	14.1	17.3	20.1	10.6
フェロアロイ	〃	2.3	2.6	6.2	5.4
アルミナ	〃	5.9	6.3	7.6	5.5
アルミニウム	〃	3.1	4.4	12.5	8.7
マグネシウム	〃	0.2	0.3	0.8	0.8
有煙炭	〃	2,854	2,730	2,432	1,276
無煙炭	〃	3,948	3,931	4,159	2,265
銅	〃	9.8	3.9	5.4	2.9
鉛	〃	14.3	9.5	21.7	13.3
亜鉛	〃	6.7	8.6	18.6	12.6
蛍石	〃	32.5	39.3	69.4	47.3
石綿	〃	2.2	3.2	5.3	3.5
雲母	〃	0.9	0.1	0.1	0.2
鱗状黒鉛	〃	19.9	19.4	18.3	17.5
土状黒鉛	〃	48.7	71.9	78.2	43.6
鉄鉱石	〃	1,692.9	2,276.6	2,364.3	1,887.3
タングステン鉱	〃	4.7	6.1	6.9	4.9
コバルト鉱	〃	-	6.1		
ニッケル鉱	〃	0.3	3.6	26.3	19.3
マンガン鉱	〃	0.8	12.8	24.3	17.3
モリブデン鉱	〃	0.3	0.4	0.7	0.5
航空揮発油	千kℓ	5.2	1.5	7.6	-
普通揮発油	〃	42.2	13.3	6.3	-
灯油	〃	20.5	14.3	10.2	-
軽油	〃	8.7	5.1	2.0	1.3
重油	〃	21.4	18.3	14.4	1.5
機械油	〃	30.9	28.4	13.6	5.3
半固体機械油	千トン	2.5	1.8	0.8	-
人造揮発油	千kℓ	0.6	0.9	0.9	0.2
軽油及び重油	〃	11.8	9.9	9.4	2.8
無水アルコール	〃	1.3	0.6	0.8	0.9
含水アルコール	〃	-	-	0.7	0.7
硫安	千トン	450.4	435.5	399.4	200.8

表 5-4（続）

品目	単位	1941年度	1942年度	1943年度	1944年度上半期
石灰窒素	千トン	-	-	13.7	8.9
メタノール	〃	-	-	7.7	5.2
苛性ソーダ	〃	13.7	10.8	10.7	7.1
ソーダ灰	〃	6.7	4.8	4.8	2.8
98％硝酸	〃	-	-	10.7	4.4
40％硝酸	〃	-	-	26.9	12.8
硝安	〃	-	-	7.6	4.2
セメント	〃	1,176.1	1,181.4	1,190.0	613.9

出所）朝鮮総督府財務局「第86回帝国議会説明資料・三冊ノ内三」近藤剱一編『朝鮮近代史料　朝鮮総督府関係重要文書選集　太平洋戦下の朝鮮（5）終政期－生産・貯蓄・金融・輸送力・労働事情』友邦協会，朝鮮史料編纂会，巌南堂書店，1964年，11-13頁．

表 5-5　鉱産物生産量，全朝鮮，1937，1941，1944年度

品目	単位	1937年度	1941年度	1944年度
金	トン	24.7	24.6	0.6
銅	千トン	4.9	3.1	4.3
亜鉛	〃	6.9	6.7	15.7
鉄	〃	204.8	1,692.9	3,331.8
マンガン	〃	-	0.7	34.7
タングステン	〃	1.6	4.7	8.4
モリブデン	〃	0.09	0.3	0.8
ニッケル	〃	-	-	34.1
コバルト	〃	-	-	0.07
蛍石	〃	8.1	35.6	75.2
雲母	〃	0.09	0.09	0.04
石綿	〃	0.00	2.1	4.8
鱗状黒鉛	〃	5.7	19.9	28.4
土状黒鉛	〃	35.4	48.7	74.9
硫化鉄	〃	98.5	210.0	246.0
マグネサイト	〃	36.7	76.4	157.7
コロンブ石	〃	-	-	1.9
燐鉱	〃	-	4.0	37.7
モナズ石	〃	-	-	0.7
緑柱石	〃	-	-	0.06
リシャ雲母	〃	-	-	0.8

注）原表のタングステン（重石），モリブデン（水鉛），ニッケル，コバルトの欄にはそれぞれ，65％換算，85％同，1x％同，1％スパイスという注記がある．
出所）前掲，内務省，41．

第 5 章 総 括

表 5-6 1944 年末の基礎資材生産能力，日本帝国全体と朝鮮

品 目	単 位	A．帝国の生産能力	B．朝鮮の生産能力	B/A (%)
普通鋼鋼材	千トン	4,550.0	119.0	2.6
普通銑	〃	5,751.0	822.0	14.3
普通鋼鍛鋼	〃	234.0	4.0	1.7
普通鋼鋳鋼	〃	339.0	15.0	4.4
低燐銑	〃	345.0	25.0	7.2
製鋼原鉄	〃	315.3	81.0	25.7
アルミニウム	〃	196.9	32.3	16.4
マグネシウム	〃	11.0	3.9	35.5
電気銅	〃	121.7	1.2	1.0
鉛	〃	55.4	6.0	10.8
亜鉛	〃	82.0	11.0	13.4
蛍石	〃	120.2	61.0	50.7
石綿	〃	15.5	5.5	35.5
雲母	〃	0.46	0.16	34.8
鱗状黒鉛	〃	57.4	30.6	53.3
土状黒鉛	〃	136.2	73.0	53.6
鉄鉱石	百万トン	11.0	4.1	37.3
タングステン鉱	千トン	7.0	6.0	85.7
コバルト鉱	〃	0.1	0.1	100.0
ニッケル鉱	〃	20.0	20.0	100.0
アルコール	千kℓ	133.1	2.0	1.5
硫安	千トン	1,403.0	468.0	33.4
石灰窒素	〃	174.0	24.5	14.1
カーバイド	〃	444.4	110.0	24.8
メタノール	〃	36.7	11.5	31.3
アセチレンブラック	〃	6.0	3.7	61.7
苛性ソーダ	〃	255.0	19.0	7.5
ソーダ灰	〃	336.6	7.2	2.1
稀硝酸	〃	86.4	20.0	23.1
濃硝酸	〃	137.0	12.0	8.8
セメント	百万トン	5.2	1.2	22.9
研削材	千トン	14.3	1.7	12.0
酸素	百万m³	4.0	2.7	68.7
石灰石	百万トン	17.7	3.0	17.0
工業塩	千トン	179.3	25.0	13.9
食料塩	〃	561.4	320.0	57.0
石炭	百万トン	56.4	7.1	12.6

注) A 欄は，原資料では「全日本生産力」．A，B 欄とも 1944 年 12 月 5 日現在の数値．ただし A 欄の工業塩，食料塩，石炭の値は日本内地の 1944 年生産実績と朝鮮の上記時点現在の生産能力の合計．雲母以外は小数点 2 桁以下四捨五入．比率 (B/A) は原数値にもとづき計算し，原資料の誤りを修正して記載．

出所) 前掲，朝鮮総督府財務局「第 86 回帝国議会説明資料・三冊ノ内三」3-5, 9 頁．

った．北朝鮮の工場群は満洲から燃料（とくにコークス炭）と工業原料を大量に購入する一方，半製品・完製品（化学製品や機械類）を販売した．華北との経済関係も同時に強まった．その一例は華北からの礬土頁岩の輸入であった．それは戦時末期の北朝鮮におけるアルミニウム生産を支えた．

　こうした変化は，当初は市場原理が誘導したが，戦争の激化とともに国家の強制による面がつよまった．すなわち日本帝国は，朝鮮における「戦争経済」の構築のために，本国から「自立」した軍事工業の建設を追求した．じっさい政府は，日本からの設備や技術工の移転を推進した[16]．自立した軍事工業建設の試みは完全には達成されなかったが，帝国崩壊時までに大きく進展した．

　上述の議論は，従来の植民地経済論と鋭く対立する．なぜなら通説は，「植民地経済は発展しえない，発展したとしてもそれは『跛行的』なものにすぎない」あるいは「植民地では工業化は進展しない，そのため植民地経済の本国経済への従属は時を経て強化される」と主張し，この命題が朝鮮にも妥当することを当然視しているからである．これは，戦時期北朝鮮の軍事工業化の程度と性格を正しく把握しない謬説である．この批判にたいして，「植民地工業化は支配国の資本によるものであり，本国への一層の従属を意味するものにほかならない」といった反論がでるかもしれない．しかしこれは，経済発展や工業化自体を否定する上記の通説とは次元を異にする議論である．

16）　工員の移転計画については，『殖銀調査月報』第70号，1944年，43頁参照．

付論 1

電力，鉄道，港湾

───────

1　電　　力

　併合後，総督府は水力電源の調査を積極的にすすめた[1]．1911-14 年に第 1 次調査，1922-29 年に第 2 次，1936-42 年に第 3 次と調査のたびに開発可能な電源量が増大した．第 3 次調査は，半島の全包蔵水力を 643 万 kw と算定した．その 80％は北朝鮮に存在した．朝鮮と中国を分ける鴨緑江（ヤールー川），豆満江（図們江）はそれぞれ全長 791 km，521 km で，日本最長の信濃川の 367 km をはるかにしのいだ．日本の基準に照らすとその包蔵水力は非常に大きく，いくつもの地点で大発電が可能であった．1926 年に野口遵が資本金 2,000 万円で朝鮮水電株式会社を設立し，赴戦江の開発に着手した．赴戦江は鴨緑江の支流で，蓋馬高原を北上し本流に合した．野口は，その流れを変える流域変更方式によって大規模電力を得ようとした．工事の概要は，途中の渓谷を高さ 80 m，長さ 400 m のダムで仕切り人工湖を造る，山中に 3 km の導水トンネルを掘る，山腹にほぼ同距離の水圧鉄管を敷設する，貯溜湖水をそこに通して日本海側に落とす，その落差を利用する発電所を 4 か所設けるというものであった．これは帝国内で未曾有の大工事で，資材運搬用の鉄道建設から始める必要があった．担当は西松組で，第 1 発電所は 1929 年にようやく完成した[2]．電力はすべて興南肥料工場に送られた．

　同様の方式によって，他の鴨緑江支流，長津江，虚川江でも電源開発が行なわれた．起工はそれぞれ 1933 年，1937 年で，工事規模はともに赴戦

───────

1) 本節は，注記のないかぎり，前掲，日本窒素肥料，190-91 頁，朝鮮電気事業史編纂委員会編，第 2 編第 2-3 章，第 3 編第 3 章，第 4 編第 4-5，11-12 章，第 7 編第 1，4-5 章による．
2) 創業百年史編纂委員会編『西松建設創業百年史』同社，1978 年，53-58 頁．工事の実態にかんする証言は，前掲，岡本・松崎編，38-59 頁参照．

江のそれを上回った[3]。虚川江には4か所にダムを築いた。その中で最大の蓮頭坪ダムは，高さ100m，長さ422mの大きさであった。

　1937年には鴨緑江本流の開発が始まった。発電はダム式で，同江下流の水豊に巨大ダムを築き，流水のせき上げ・落下と貯水流量の調節で行なうものであった。工事を担当したのは間組，西松組，松本組であった[4]。間組，西松組の技術者は米国のフーバー（Hoover）ダムやグランドクーリー（Grand Coulee）ダムを視察し，その建設技術，機器を導入した[5]。ダム工事には延べ2,500万人の労働者を動員した。その多くは南朝鮮の農村から半強制的に集めた。完成したダムは当時世界最大級で，高さ106m，長さ900mに達した。人工湖は琵琶湖の約半分の広さとなり，居住朝鮮人・中国人7万人の立ち退きを要した。彼らは鴨緑江・大同江の河口付近と満洲・華北に移住し，前者では塩業（塩田作業），後者では農業に従事した。これにともなう補償金額は2,000万円超であった。発電所は7か所で，東京芝浦電気製の出力10万kw第1号発電機は1941年8月に組立てが完了した[6]。終戦までに第5発電所を除く各発電所が完成し，東京芝浦電気製発電機が計5基，ジーメンス製1基（各10万kw）が稼動した。第5発電所は，ジーメンス製発電機1基未着のために稼動に至らなかった。

　水豊ダム建設以後，鴨緑江および豆満江でさらに電源開発がすすんだ（表(付)1-1参照）。この中で，江界・長津江の工事は清水組や飛島組が担当した[7]。4か所の発電所は，空爆に耐えられるように山腹の岩盤中に築いた[8]。その完工目前に終戦となり，膨大な機械設備はすべて現地に残された。

　火力発電所は，併合前から主要都市で小規模なものが設置され，一般の

3）間組百年史編纂委員会編『間組百年史　1889-1945』同社，1989年，548-55，627-34頁。
4）前掲，西松建設，86-88頁。
5）前掲，間組，634-49頁，同上，西松建設。
6）芝浦製作所（1939年5月に東京芝浦電気と改称し，同年7月に東京電気と合併）にとってこの発電機製造は未経験の一大事業で，鶴見工場が総力を挙げて取組んだ。東京芝浦電気株式会社総合企画部社史編纂室偏『東京芝浦電気株式会社八十五年史』同社，1963年，157頁。
7）清水建設百年史編纂委員会編『清水建設百五十年』同社，1953年，156頁，飛島建設株式会社編『飛島建設株式会社社史』上，同社，1972年，424-32頁。
8）同上，清水建設。

付論1　電力，鉄道，港湾

表(付)1-1　北朝鮮の水力発電所，終戦時

地点	水系	工期	工費，1943年9月まで(百万円)	最大出力，完成時(千kw)	ダム有効貯水量(百万m³)	方式	工事完成度(%)
赴戦江	鴨緑江	1926-32	51	201	484	流域変更	100
長津江	〃	1933-38	65	334	840	〃	〃
虚川江	〃	1937-44	178	339	457	〃	〃
富寧	豆満江	1936-40	11	28	51	〃	〃
水豊	鴨緑江	1937-	241	700	7,600	ダム	発電所86
江界・禿魯江	〃	1940-	305	86	433	〃	ダム70，水路100，発電所90
江界・長津江	〃	1940-		219	678	流域変更	ダム30，第1-第3発電所・水路30-90
義州	〃	1942-	125	200	56	ダム	20-30
雲峰	〃	1942-	238	500	3,000	〃	ダム30
西頭水	豆満江	1942-	202	219	340	流域変更	ダム25，第1-3発電所・水路0-30

注）　雲峰発電所は満洲側にあり，終戦までに掘削のみ終了した．水豊の発電所は7か所中，6か所完成した．
出所）　前掲，朝鮮電気事業史編纂委員会編，131，133，527-39頁，間組，700頁．

電力需要に応じた．北朝鮮ではそののち水力発電所の建設が相次いだため，工場の自家用以外には火力発電は発展しなかった．

　総督府は1920年代に潮汐調査を行ない，半島の西海岸全域に大きな包蔵潮力があると認めた．しかし潮汐発電の開発はその後進行しなかった．

　送電網の建設は，電源開発と並行してすすんだ．虚川江系送電線路には超高圧の220kvが採用された．これは当時の日本の最高送電圧154kvを上回った．主要変電所は北朝鮮では，多獅島，平壌（第1，第2），鎮南浦，清津，興南，龍興，本宮，雲山，城津，阿吾地に設置され，京城以南にも大量に送電された．水豊の電力の約半分は満洲に送られた．1940年からは国庫補助により重要鉱山への送電網が強化された．大同江岸には大型の川越鉄塔（帝国で最高の119m）が建設され，平壌変電所から鎮南浦製錬所への送電強化が図られた．この鉄塔を製作したのは，京仁地域の安治川亜鉛株式会社工場であった．

　終戦時の北朝鮮の発電能力を南朝鮮のそれと比較すると，総計では6倍，

表(付)1-2　発電能力の比較，北・南朝鮮，日本，1945年

	A.発電総出力（千kw）	B.人口（千人）	C.(A/B)・1,000
北朝鮮	1,515	9,379	162
南朝鮮	237	15,975	15
日本	10,385	72,200	144

注）　朝鮮の発電総出力（工事完成分）は自家発電分を含まない．日本のそれは含む．日本の人口は北海道，本州，四国，九州の在住人口の合計．漢江水系の華川発電所（出力90千kw）は38度線のわずかに北に位置するが，送電は京城・仁川向けであったので，南朝鮮に含めた．

出所）　日本銀行統計局『明治以降本邦主要経済統計』同局，1966年，13，124頁，石南国『韓国人口増加の分析』勁草書房，1972年，99頁，前掲，朝鮮電気事業史編纂委員会編，527-44頁，木村前著，201頁．

1人当りでは10倍を超えた（表(付)1-2）．1人当りでは日本よりも大きかった．このことから，経済規模（GDP）の割に北朝鮮の発電能力が日本のそれより大きかったといえる[9]．

2　鉄　　道

北朝鮮の鉄道建設は，京城（龍山）－新義州間の京義線に始まる[10]．京義線は1904年2月に，日露戦争の遂行のために日本の臨時軍用鉄道監部が建設を計画した．その速成工事は1906年3月に完成した．半島を横断する京元線（京城－元山）の工事も同時に計画されたが，日露戦争が終結したことから中止となった．再開は1910年であった．平壌と鎮南浦港を結ぶ鉄道工事は1907年に始まった．冬季厳寒で河川が結氷する，山脈が険しい，人跡未踏の地が広がるといった状況から，北朝鮮の鉄道工事は容易ではなかった．その中で総督府は日本政府から多額の予算を獲得し，軍

---

9)　発電能力をE，人口をP，GDPをYとすると，$E/Y = (E/P)/(Y/P)$である．1人当りGDP（Y/P）は日本の方が北朝鮮より高かったと想定できるので，この関係から本文の結論となる．

10)　朝鮮鉄道史については，高橋泰隆『日本植民地鉄道史論　台湾，朝鮮，満州，華北，華中鉄道の経営史的研究』関東学園大学，大田，1995年，第2章，鄭在貞『日帝侵略と韓国鉄道　1892-1945』ソウル大学校出版部，ソウル，1999年を参照．

付論1 電力，鉄道，港湾　　　　　　　　　　　　117

表(付)1-3　北朝鮮の鉄道，終戦時既設分

A. 国有鉄道（総督府鉄道局）

線　名	本線区間	総延長(km)	全通（営業開始）年月
京義線	京城－安東	708.1	1911.11
京元線	龍山－元山	225.9	1914.8
咸鏡線	元山－上三峰	791.8	1928.9（元山－会寧間624.2km）
東海北部線	安辺－襄陽	192.6	1937.12
黄海線	沙里院－下聖	323.4	1944.10
平元線	西浦－高原	212.6	1941.4
満浦線	順川－満浦	343.9	1939.2
恵山線	吉州－恵山鎮	141.7	1937.11
白茂線	白岩－茂山	191.6	1944.12

B. 私設鉄道

西鮮中央鉄道会社線	新成川－北鞍	40.5	1942.9
朝鮮平安鉄道会社線	鎮南浦－龍岡温泉	34.7	1938.7
平北鉄道会社線	定州－鴨緑江中心	128.2	1939.10
多獅島鉄道会社線	楊市－多獅島港	24.1	1939.11
京城電気会社金剛山電鉄線	鉄原－内金剛	116.6	1931.7
元山北港会社線	文川－元山北港	10.3	1943.12
新興鉄道会社線	咸興－泗水，五老－赴戦湖畔	173.1	1933.9（咸興－赴戦湖畔間）
端豊鉄道会社線	端川－洪君	80.3	1939.9
朝鮮マグネサイト開発会社線	汝海津－龍陽	59.7	1943.12
南満洲鉄道会社北鮮線	上三峰－羅津	198.5	1935.11（南陽－羅津間159.3km）
朝鮮人造石油会社線	阿吾地－梧鳳	10.4	1942.9
東満洲鉄道会社線	訓戎－豆満江中心	1.2	1935.11

注）　総延長は1945年8月15日現在の本線と支線の合計．休止線を含む．黄海線と満浦線の一部（東海州－土城間84km，新安州－价川間30km）と白岩線全線は狭軌，それ以外は国際標準軌．

出所）　前掲，鮮交会，4-7，378-79頁，（資料編）5-41頁．

事・政治・経済上重要な路線を次々と建設した（表(付)1-3，巻頭の略図参照）．民間の鉄道会社は主として，鉱山や森林開発に必要な短距離路線を建設した．

工事は，錢高組，間組，西松組，鹿島組，大倉土木，北陸土木といった日本の大手土木会社のほか，荒井組（第1章脚注5），京城土木，三木合資，阿川組，柴田組など在朝鮮の日本人企業が請負った．これらの中には，

日本で未経験の難工区を担当した企業も少なくなかった．たとえば間組は咸鏡線の大橋梁工事を請負った[11]．同社はこれを，新工法の応用によって完成させた．北朝鮮での工事は同社にとって新技術の実験場となった．

　朝鮮の鉄道は満洲のそれと同ゲージ（国際標準軌，1,435 mm）で連結した．鴨緑江には，新義州，青水，満浦の 3 地点で大橋梁が建設された．その長さはそれぞれ，943 m，667 m，587 m で，前者は 1911 年，後二者は 1939 年に竣工した[12]．豆満江には三峰橋，南陽図們橋，琿春図們橋が架けられた．図們と新京（長春）を結ぶ京図線は，1932 年に完成した．この結果，満洲中央部と日本海岸の清津，雄基が鉄道で結ばれた[13]．その直通列車運転は 1934 年 3 月に始まった．雄基－羅津間は，当時満洲・朝鮮で最長（3,850 m）のトンネル工事を含む難工事の末，1935 年につながった[14]．

　戦時期には満洲・朝鮮間の輸送力増強の必要が高まり，京義線の複線化工事がすすんだ[15]．京城－平壌間は 1942 年 5 月，新義州－安東間（鴨緑江橋梁）は 1943 年 5 月，平壌－新義州間は 1945 年 3 月に複線化が完成した．京城－釜山間の複線化も同時に進展し，1945 年 3 月に釜山－安東間が複線でつながった．複線化は他の路線ではほとんど進展しなかった．電化計画は 1930 年代に立てられたが，終戦までに実現したのは京元線の一部（福渓－高山間 53.9 km）にすぎなかった[16]．

　以上のほかに，一般企業が鉱山や工場の敷地内外に専用鉄道を敷設した．1944 年，その総延長は 536 km であった[17]．

　鉄道建設に必要な軌条と橋桁の大部分は，八幡製鉄所，日本橋梁，石川島造船など日本のメーカーから調達した．戦時期に推進した京釜・京義線複線工事には，軌条不足を補うため，連京線（満鉄）の複線軌条を一部撤

---

11) 前掲，間組，369-71 頁．
12) 前掲，鮮交会，260-61，280-81，320-21 頁．
13) 満洲との経済関係については，佐藤晴雄『京図線及背後地経済事情』鉄道総局，奉天，1935 年，412-42 頁参照．
14) 『港湾』第 14 巻 1 号，1936 年，61 頁，上野廸夫編『回想の羅津』満鉄羅津駅駅友会，1986 年，25 頁．
15) 戦時期の朝鮮鉄道の輸送力増強については，林采成「戦時期朝鮮国鉄における輸送力増強とその『脱植民地化』的意義」『社会経済史学』第 68 巻 1 号，2002 年を参照．
16) 前掲，鮮交会，317-21，482-84 頁．
17) 同上，953 頁．

表(付)1-4　鉄道網の比較，北・南朝鮮，日本，1945年

	A.鉄道総延長 (km)	B.人口 (千人)	C.A/B	D.国土面積 (千km²)	E.A/D
北朝鮮	4,009	9,379	0.43	121	33.1
南朝鮮	2,488	15,975	0.16	99	25.1
日本	25,380	72,200	0.35	370	68.6

注) A.日本－営業キロ，朝鮮－開業線・休止線計．D.日本－北海道・本州・四国・九州，朝鮮－1953年以降の軍事境界線以北，以南．
　　Aで，38度線から京城までの区間が北朝鮮の鉄道延長に含まれている．このため北朝鮮の鉄道総延長が過大，南のそれが過小評価になっている．Dでは便宜的に，38度線ではなく，軍事境界線で区切った国土面積を採用している．しかしこれらの誤差は，いずれも大きなものではない．
出所) 前掲，鮮交会，4-7頁，前掲，日本銀行統計局，18，115，117頁，二宮書店編『詳細現代地図』同社，1999年，124頁，前表(付)1-2，3．

去・転用した．枕木は1928年までは朝鮮産と日本産を併用した．朝鮮産はほぼすべて白頭山麓の落葉松であった．1929-36年は朝鮮産のみを使用したが，以後需要が急増したため再び日本産を併用した．運行には，北海道，九州，満洲（撫順），華北の瀝青炭が欠かせなかった．朝鮮の褐炭はカロリーが低いために，単独では使用できなかった．燃焼の研究がすすんでからは輸移入炭との混炭が可能となったが，急行列車では一般に，良質な撫順炭のみを使った．平壌無煙炭は高カロリーであったが，煉炭に加工せねばならなかった．戦時期には凝固用のピッチ不足が深刻化し，水練り無煙粉炭の生焚きを強いられた[18]．

　表(付)1-4は，終戦時の北・南朝鮮，日本の鉄道網の発達指標である．人口および面積当り鉄道総延長（C，E欄）は，北朝鮮が南朝鮮を上回った．すなわち，北朝鮮の鉄道網は南朝鮮より密であった．日本と比すると，面積当りの密度（E欄）は半分以下にすぎなかったが，人口当りの密度（C欄）は高く，人口希薄なわりに鉄道網が発達した．

3　港　湾

北朝鮮の港湾中，早くに整備がすすんだのは西海岸では鎮南浦，東海岸では元山であった．鎮南浦港は後背地の工業発展を受けて着実な発展を続け

---

18)　同上，647，756-60頁，前掲，上野直明，56-57頁．

表(付)1-5 北朝鮮の主要港湾

港名	工事予算, 1911-1943年度累計 (千円)	埠頭・岸壁・物揚場総延長, 1944年 (m)	年間呑吐能力 (千トン) 現有	年間呑吐能力 (千トン) 1936年度以降の拡充計画	冬季結氷障害
元山	5,410	757	400 (1940年)	875	無
元山北	15,000[a] (1940-43年度)	800	n.a.	10,000 (1943年度以降)	無
城津	4,852[b]	1,264[b]	250 (1940年)	1,362	無
多獅島	12,359	200	n.a.	1,000 (1938年度以降)	無
端川	2,834	2,082	n.a.	—	無
鎮南浦	3,480	2,082	n.a.	1,006	有
平壌	129	n.a.	n.a.	—	有
清津	16,412[c]	2,888[c]	1,500 (1939年)	—	無
雄基	2,102	1,190	600 (1938年)	1,815	無
羅津	30,500 (1932-38年度)	3,298	3,000 (同上)	9,000 (1938年度以降)	無
興南	5,000 (1927-36年度)	n.a.	2,000 (1936年)	4,000	無

注) a) 文川-元山北港間の鉄道工事分を含む。b) 城津貯木場分を含む。c) 清津西港・漁港分を含む。
出所) 『港湾』第14巻12号, 1936年, 60頁, 第15巻12号, 1937年, 107頁, 第16巻1号, 1938年, 79頁, 第18巻4号, 1940年, 33頁, 同10号, 1940年, 37頁, 西東慶治『北鮮の産業と港湾其の将来性に就いて』(1)-(3), 同, 第17巻2-4号, 1939年, 前掲, 日本窒素肥料, 218-19頁, 前掲, 鮮交会『朝鮮交通史』1074-86頁。

た。一方, 元山港はそうした条件が乏しく, 1920年代には清津港や雄基港に凌駕された。清津, 雄基の両港は, 漁業, 林業, 鉱業開発や満洲の経済発展の結果, 重要性が高まった。元山よりやや北に位置する興南港は朝鮮窒素の専用港で, 築港開始は1927年であった。

1930年代には, 羅津港が脚光を浴びた。これは, 1932年に日本政府が京図線の終着駅を羅津とし, 羅津港の修築を決定したことによる。羅津港は水深が深く, 朝鮮随一の天然の良港といわれた。築港は満鉄が担当した。満鉄は3,000万円の巨費を投じ, 独自の技術を応用して工事をすすめた[19]。

---

19) 『港湾』第13巻12号, 1935年, 43頁, 第14巻1号, 1936年, 61-63頁。

1938年には,清津で本港とは別に,西港の建設が始まった.これは日本製鉄清津製鉄所の専用港となる予定であった[20].

西海岸では,多獅島港に注目が集まった.1936年から,総督府が4か年計画でその築港をすすめた.満鉄がこれに協力し,大拡張計画も立てられた[21].

1940年代に入ると,各港の設備拡充が一層図られた.総督府は,興南港を一般港とし年間呑吐能力を400万トンに拡張する計画を立てた[22].元山では1941年に,従来の港からやや離れた一角に朝無社が元山北港を建設した.これは石炭専用港であった[23].

各港の拡張工事は戦局の悪化により遅延し,多くは未完成に終わった[24].表(付)1-5に主要港の概要を整理する.対応するデータが欠けているので同表には記していないが,新義州港の規模も相当大きく,数千トンの船舶が入港可能であった.同港は鴨緑江河口に位置したため,冬季に氷結した.

---

20) 同上,第18巻6号,1940年,146頁.
21) 同上,第15巻6号,1937年,87頁,第16巻1号,1938年,79頁.
22) 『港湾』第18巻6号,1940年,145頁.
23) 前掲,朝無社社友会編,前編,22,118頁.
24) 鮮交会『朝鮮交通回顧録 工務・港湾編』同会,1973年,237-41頁.

付論 2

技　術　者

本付論では朝鮮在住の技術者——とくに日本人技術者——のデータを分析する．用いる資料は，朝鮮工業協会が 1939 年に刊行した『朝鮮技術家名簿』である．これは専門学校以上の教育を受けた在朝鮮技術者の名簿で，記載内容は以下のとおりである：氏名，出身学校，専攻学科，卒業年度，本籍，勤務先・住所．これらを整理・集計した結果を表(付)2-1 に示す．それによると，日本人技術者は総計 5,675 人を数えた．中でも多数を占めたのは官公庁勤務者とくに総督府の官吏であった．この傾向は南朝鮮で一層目立った．北朝鮮の日本人技術者は南朝鮮のそれの約半数であったが，一般企業勤務者にかぎれば，ほぼ同数であった．すなわち北朝鮮では，一般企業に勤務する技術者が相対的に多かった．北朝鮮の日本人技術者は，専攻別では鉱山科，化学科の出身者が多く，機械科がこれに次いだ．

　北朝鮮の主要企業——朝鮮窒素，日本高周波重工業，日本製鉄兼二浦製鉄所——の日本人技術者数を出身学校・学科別に示すと，以下のとおりであった（朝鮮窒素，日本高周波重工業は関連会社を含む）．

朝鮮窒素・日本マグネシウム金属・朝鮮窒素火薬・朝鮮鉱業開発
北海道帝大　化学 2，東北帝大　化学 4，電気 1，東京帝大　農芸化学 5，化学 5，応用化学 16，電気 5，火薬学 1，鉱山 1，機械 1，冶金 1，不明 2，東京工大　応用化学 5，電気 1，電化 2，紡織 1，東京農大　専農 1，専化 1，日本大　電気 1，機械 1，京都帝大　化学 2，電気 1，農林化学 1，大阪帝大　機械 3，応用化学 8，採冶 1，農林化学 1，九州帝大　土木 2，応用化学 3，採鉱 2，冶金 1，旅順工大　採冶 1，秋田鉱山　冶金 1，選科 1，秋田鉱専　選科 1，採鉱 1，米沢高工　応用化学 6，機械 3，電気 1，仙台高工　採冶 1，建築 1，機械工学 1，土木 1，応用化学 1，長岡高工　応用化学 6，電気工学 1，電気 1，桐生高工　応用化学 1，明治専門　応用化学 1，機械 2，選科 1，鉱山 2，化学 5，横浜高工　電気化学 8，応用化学 4，山梨高工　電気 2，浜松高工　応用化学 10，電

付論2 技術者

表(付)2-1 技術者:出身学校の専攻別・勤務先分類,1939年

A. 北朝鮮在住者

勤務先	民族	機械	電気	化学	紡績	鉱山	土木	農学	蚕糸	林学	水産	その他	計
一般企業	日	132	120	213	3	243	93	56	4	33	21	36	954
	朝	9	9	13	4	18	5	13	1	2	1	5	80
官公庁	日	6	10	47	11	3	100	156	54	162	23	38	610
	朝	1	3	1	12	1	7	44	22	19	3	9	122
鉄道	日	12	5	1		2	50			1			71
	朝		1				6						7
軍	日	10	3	2		4	9						28
	朝					1							1
学校	日	4	2	15		5	2	48	14	11	4	27	132
	朝	1		10		1		25		5	1	6	49
団体	日	1		2		1	3	15		1	2		25
	朝			1	2			9	5		1	3	21
その他	日	3	3			4	8	11	10	3		6	50
	朝	1		10	1	1	3	47	10	2		19	94
計	日	168	143	282	14	262	265	286	82	211	50	107	1,870
	朝	12	13	35	19	22	21	138	38	28	6	42	374

B. 南朝鮮在住者

勤務先	民族	機械	電気	化学	紡績	鉱山	土木	農学	蚕糸	林学	水産	その他	計
一般企業	日	104	143	78	22	138	179	167	41	34	16	57	979
	朝	5	6	11	17	12	13	30	6	2		6	108
官公庁	日	39	74	164	21	82	340	457	147	342	58	98	1,822
	朝	2	7	24	7	10	33	92	19	33	6	14	247
鉄道	日	81	42	2	1	3	217			1			347
	朝	4	1	1			6						12
軍	日	10	3	2		4	9		4	1			33
	朝						11						11
学校	日	13	6	32	7	13	22	113	30	37	7	60	340
	朝		2	16		3	5	42	2	5		21	96
団体	日		7	11	3		3	31	10	2	7	5	79
	朝		2	2	4			12	5			4	29
その他	日	13	7	17	2	16	22	64	28	14	3	19	205
	朝	4	2	16	2	3	10	101	11	6		27	182
計	日	260	282	306	56	256	792	832	260	431	91	239	3,805
	朝	15	20	70	30	28	78	277	43	46	6	72	685

注）日，朝はそれぞれ，日本人，朝鮮人の略．出身学科の分類は次のとおり．機械：機械，鉱山機械，機械工学，鉄道，鉄道機械，機械電気，舶用機関，工機．／電気：電気，電気化学，電気工学．／化学：化学，染織，染色，応用化学，製薬化学，農芸化学，火薬学，製紙，製蝋．／紡績：紡績，絹紡績，機織．／鉱山：鉱山，鉱物，採鉱，採鉱冶金，鉱床，岩石鉱物，鉄冶，地質鉱物．／土木：土木，建築，土木工学．／農学：農学，農実，農務，耕．／蚕糸：蚕糸，養蚕，蚕実，蚕．／林学：林学，林実，農林工学，木材工学．／水産：水産，漁，漁労，養殖．／その他：生物，理工，生理，醸造，製造，印刷工芸，地質古生，植物，動物，図案工芸，造兵．

　勤務先の分類では，総督府鉄道局員は官公庁職員とは別に扱い，私営鉄道勤務者とともに「鉄道」に含めた．団体は，諸組合，学会，協会，連合会など．「その他」は，不明または無職．勤務地が南か北か不明な 32 名は，どちらの表にも計上していない．

出所）渋谷禮治編『朝鮮技術家名簿』朝鮮工業協会，京城，1939 年．

気 1，名古屋高工　電気 1，金沢高工　応用化学 12，機械 2，福井高工　機械 1，建築 1，神戸高工　機械 1，広島高工　応用化学 7，機械 2，徳島高工　応用化学 3，製薬化学 3，機械 2，熊本高工　機械 10，土木 3，採冶 2，電気 6，京城高工　応用化学 11，建築 1，鉱山 2．
計 217．

日本高周波重工業・日本マグネサイト化学工業・利原鉄山

北海道帝大　採鉱 1，東京帝大　土木 1，早稲田大　応用化学 1，京都帝大　機械 1，電気 1，大阪帝大　採鉱 1，秋田鉱山　燃料 1，仙台高工　機械 1，採冶 1，桐生高工　機械 1，東京高工　窯業 1，金沢高工　機械 1，浜松高工　応用化学 1，広島高工　電気 1，応用化学 1，熊本高工　電気 3，電気化学 1，京城高工　応用化学 2，鉱山 2．
計 23．

日本製鉄兼二浦製鉄所

東京工大　機械 1，日本大　機械 3，電気機械 1，京都帝大　採鉱冶金 1，大阪帝大 2，九州帝大　冶金 1，応用化学 1，旅順工大　採冶 1，仙台高工　土木 1，採冶 1，明治専門　冶金 1，浜松高工　応用化学 1，名古屋高工　電気 1，徳島高工　応用化学 1，土木 1，熊本高工　採冶 1，土木 1．
計 20．

　日窒系の企業には，他の 2 社をはるかに上回る 217 人の技術者がおり，

付論2　技　術　者

帝大とくに東京帝大出身の化学技術者が集中していた．興南工場には研究部があり，1942年1月20日時点で総員82名を擁していた[1]．部長（古川周）は東京工大応用化学科出身で，日窒の特許となった工業薬品の新製法を開発した[2]．元社員の回想によれば，当時日窒は新興企業として技術開発の気運が非常に旺盛で，進取の精神にあふれていた[3]．給料も高く，朝鮮勤務者は外地手当がつくのでとくに高額であった[4]．

以下は，北朝鮮の産業開発にかかわった日本人技術者の中で，指導的役割を果した人物の例である（生年順）．参考のために戦後の経歴も記す．

大村卓一[5]　1872年生．1896年，札幌農学校工科卒．北炭（北海道炭砿鉄道）入社．線路修理担当．1901年，北炭主任技術者．1902-03年，欧米鉄道事情視察．1907年，帝国鉄道庁技師．1913年，北海道鉄道管理局技術課長．1918年，シベリア鉄道列国管理委員会に参加．1922年，山東鉄道条約実施委員．1925年，朝鮮総督府鉄道局長．1926年，朝鮮鉄道建設12か年計画立案．1927-32年，北朝鮮の鉄道路線（咸鏡線，満浦線，恵山線等）の拡張・新設，軽量車両の開発，普及に尽力．1932年，関東軍交通監督部長．1935年，満鉄副総裁．1939-43年，満鉄総裁．1945年1-8月，大陸科学院長．1946年11月，八路軍により拘留中に死去．

白石宗城[6]　1889年生．1913年，東京帝大工学部電気科卒．同年，早稲田大学講師．1914年，日本窒素入社．1920年，同退職，岩崎久弥の資金援助でドイツ留学．ベルリン大学ビンゼン研究所研究員．アンモニア合成など化学実験に従事．1921年，野口遵とともにイタリアにカザレーを訪問．1922年，帰国．日本窒素に復職，延岡赴任．カザレー式アンモニア合成工場の建設に参画，水素部門担当（本社研究部長，工場次長）．1924-25年，北朝鮮視察．1926年，興南赴任，工場建設担当．1927-45年，朝

---

1) 日本窒素肥料株式会社『職員名簿　昭和一七年一月二十日現在』社内資料，16-17頁．
2) 同上『社報』第49号，1942年2月1日，16頁，前掲，渋谷編『朝鮮技術家名簿』183頁．
3) 角田吉雄「研究開発余話」前掲「日本窒素史への証言」編集委員会編，第十一集，1980年，24頁．
4) 海老原義男「窒素に入社して五十年（遺稿）」同上，第二十七集，1986年，113頁．
5) 大村卓一追悼録編纂会編『大村卓一』同会，1974年．
6) 白石宗城「白石宗城」手稿，n. d.

鮮窒素，長津江水電，咸興合同木材，朝鮮窒素火薬，日窒燃料工業，華北窒素肥料工業，日窒ゴム工業，朝鮮人造石油などの社長，取締役を歴任．1945年9月，引揚げ．1951-58年，新日本窒素社長[7]．

久保田豊[8]　1890年生．1911年，東京帝大工学部土木工学科卒．卒業研究で鬼怒川支流の発電所設計図作成．同年，内務省入省．渡良瀬川改修事務所に赴任．1919年，江戸川改修事務所に転任．1920年，内務省退官．茂木本店（横浜の絹布貿易商）入社，天竜川電力開発の責任技師に就任．同年，茂木本店倒産．久保田工業事務所設立．1924年，野口遵と出会う．朝鮮視察．久保田工業事務所京城出張所開設．1926-30年，朝鮮水電工務部長代理，赴戦江発電所建設に従事．1931年，朝鮮窒素建設部長に就任．1933-45年，長津江水電，朝鮮送電，朝鮮鴨緑江水力発電，満洲鴨緑江水力発電，日本窒素，朝鮮電業などの社長あるいは取締役として，長津江，虚川江，鴨緑江の電源開発に従事．1945年11月，引揚げ．1947年，日本工営社長に就任．以後，ベトナム，インドネシア，ラオス，ビルマ，韓国などで電源開発を指導．

安藤豊禄[9]　1897年生．1921年，東京帝大工学部応用化学科卒．同年，小野田セメント入社．1922年，平壌支社に赴任．1928年，同・川内工場長に就任．1930-32年，ドイツ留学．ベルリン工科大学で運搬工学，セメント製造の研究に従事．帰途，米，英，仏，スイスで各種工場・港湾を見学．1935-45年，朝鮮在勤．川内工場長，朝鮮小野田セメント・小野田セメント取締役を歴任．ドイツのレポールキルン導入，水豊ダム建設用クリンカー粉砕工場建設を指揮．1947年，引揚げ．1948年，小野田セメント社長に就任．

工藤宏規[10]　1897年生．1920年，東京帝大工学部応用化学科卒．同年，日本窒素入社．鏡工場に赴任．カーバイド，硫安製造に従事．1922年，延岡工場建設に参画，アンモニア合成部門担当．工藤式塔式硫酸装置発明．1925年，伊，独，仏，英，米のアンモニア合成工場，硫酸・硝酸工場，

---

7)　社長在任中に有機水銀による中毒——水俣病——が公式に発見された．有機水銀は，アセトアルデヒド，酢酸から塩化ビニールを製造する工程で排出された．
8)　永塚利一『久保田豊』電気情報社，1966年．
9)　安藤豊禄『韓国わが心の故里』原書房，1984年．
10)　伊藤盛二編「工藤宏規　業績とその人」『野口研究所時報』第7号別冊，1958年．

水力発電所を視察．水俣工場建設主任．1927-30年，朝鮮窒素臨時建設課長．興南工場建設を指揮．明礬石からアルミナを抽出する技術の開発に従事．1928年，独，米，スウェーデンに出張．ベンベルグ絹糸特許権，リリエンロート式湿式燐酸製造特許権の購入に立ち会う．1930年，興南でリリエンロート式湿式燐酸製造，石炭液化実験に着手．1931年，永安工場に転任．石炭液化工場建設を指揮．1932年，ルルギ式石炭乾溜炉，パラフィン工場完成．1936年，阿吾地工場建設を指揮．石炭直接液化技術の実用化に努める．1939年，石炭液化の先駆者として朝日賞受賞．1939-43年，吉林人造石油常務．吉林赴任．1944年，龍興工場建設部長．過酸化水素製造実験に従事．1945年，インドネシアで電源開発に従事．1946-55年，野口研究所理事長．日本，東南アジアの電源開発計画立案に従事．

　刈谷亨[11]　1906年生．1931年，東京帝大工学部火薬学科卒．同年，日本窒素火薬入社．東京帝大および海軍火薬廠（平塚）で綿火薬，ニトログリセリンの実験に従事後，日窒延岡工場で綿火薬，ダイナマイトの研究，製造準備を行なう．1935年，火薬工場建設のために興南に赴任．1939年，窒化鉛を原料とする雷汞の製造に成功し，工業技術院から表彰．炸薬用ヘキソーゲン，機雷用カーリットの製造に従事．1946年に引揚げ後，旭化成勤務．1962-75年，同社副社長．

　遠藤鐵夫[12]　1907年生．1931年，東京帝大工学部冶金科卒．同年，朝鮮総督府殖産局燃料選鉱研究所入所．1940-45年，同局鉱山課，鉱工局鉱政課・鉄鋼課で製鉄所，鉄山関係の業務担当．小型熔鉱炉，蛍石の浮遊選鉱の研究に従事．朝鮮文化功労賞受賞．1946年，尼崎製鋼所入社．1961年，尼崎製鉄所副所長．1965年，神戸製鋼所取締役開発部長．

　宗像英二[13]　1908年生．1931年，東京帝大工学部応用化学科卒．同年，日本ベンベルグ絹糸（旭化成の前身）入社．ベンベルグ製造技術の改良に従事．アンモニア回収法で特許取得．1939年，朝鮮人造石油（阿吾地）に転任．石炭液化の触媒研究に従事．1944年，日本窒素興南工場に転任．京城帝大非常勤講師．平壤付近の長山粘土からアルミニウムを製造する技術（二段電解法）を開発．1947年，引揚げ．1947-62年，旭化成取締役．

---

11)　前掲，刈谷「日本窒素の火薬事業」5-21頁．
12)　前掲，友邦協会，巻末．
13)　前掲，宗像，各頁．

1962-68年,日本原子力研究所理事.1968-78年,同理事長.

　朝鮮の鉱工業開発には日本在住の技術者も貢献した.地理的に近いことと交通の発達が日本からの頻繁な出張を可能にした.中・低級技術者,技能者の貢献も重要であった.現場ではチームでの作業が通常であり,工業学校出身の日本人工員は高級技術者の指示を忠実に実践するのみならず,経験にもとづいて独自に品質や工程の改善を図る点で大きな役割を果した.日窒,日本製鉄,小野田セメントなどの主要企業は,内部に工手養成所を設置した.これは,不十分ながら朝鮮人労働者の技能向上に役立った[14].反面,これらの企業は,朝鮮人高級技術者の採用,育成には消極的であった[15].前表(付)2-1で朝鮮人の間に「その他」が多かった一因は,彼らが学歴に相応しい職場を容易に得られなかったことである.

---

　14)　安秉直「日本窒素における朝鮮人労働者階級の成長に関する研究」『朝鮮史研究会論文集』第25号,1988年.
　15)　日本窒素は,たとえ高学歴を有していても原則として朝鮮人には職員待遇を与えなかった.宗像英二氏談(2001年7月14日).

付論 3

南朝鮮の工業化

───────

南朝鮮では 1920 年代から，紡織工業が発展した．鐘紡，東洋紡といった日本企業が進出したほか，朝鮮人の企業者が京城紡織を興した．その原料基盤は，全羅道一帯で産出する陸地棉であった．京城をはじめ各都市では，食料品加工部門を中心に中小の工場工業も成長した．南朝鮮が北朝鮮と異なる点は，日窒の化学コンビナートや日本製鉄の製鉄所のような大型重化学工業が生成しなかったことである．電力や鉱業資源の乏しさがその大きな要因であった．しかし戦時期に南朝鮮で機械工業が急速に発達したことは，強調に値する．この点は従来の研究では十分に評価されていないが，じっさい機械工業の成長では南は北を凌駕した．以下，機械工業に絞って，南の主要ないくつかの工場の概要を記す．

朝鮮機械製作所仁川工場[1]　朝鮮機械製作所は横山工業（本社東京，大型ボイラーメーカー）の関連会社で，1937 年に設立された．同社仁川工場は朝鮮の機械工業を代表する工場であった．そこでは，棒鋼，海軍船舶用汽罐，製鉄用機械，鉱山機械，各種兵器を製造した．専用ドックを建設し，陸軍の輸送用潜航艇（コードネーム㊉）を大量生産する計画もすすめた．これは，水上，水面下の航行が可能な 45 m 長の小型艇で，40 トンの貨物を搭載できた．終戦までに，ドックはおよそ 80％完成した．工場は，1943 年 7 月に陸海軍管理工場，1944 年 12 月に軍需会社に指定された．終戦時の概要は以下のとおりであった：資本金 800 万円，職員 516 人，工員 4,512 人，エルー式電気炉 8 基，中小型圧延設備，蒸気・空気ハンマー 12 基，工作機械百数十台設置．

朝鮮重工業釜山造船所[2]　朝鮮重工業は東拓，三菱重工，朝鮮殖産銀行，朝鮮郵船などの出資により，1937 年に成立した．釜山に造船所を建設し，

───────

1) 前掲，内務省，6，佐山二郎『工兵入門』光人社，2001 年，125-26 頁．
2) 同上，内務省．

鉄鋼船を製造した．その敷地は6万坪で，うち3万坪は自社で埋め立てた．1944年12月には軍需会社に指定された．終戦時の資本金は1,500万円，従業員数は2,800人であった．

弘中重工京城工場[3]　弘中重工の起源は，1916年に弘中良一（1889年生，山口県出身）が設立した弘中商会であった．同商会の主業務は機械の販売であった．1930年に株式会社となり，京城府龍山で鉱山・土木機械の製造を始めた．1937年には弘中商工と改称した．京城のほか富平（仁川郊外）にも工場を設置したが，経営不振のために1942年にこれを三菱製鋼に売却した．戦時期には京城工場で兵器，軍需品を製造した．終戦時，資本金300万円，投資総額429万円，従業員数504人であった．弘中商工は1944年に弘中重工と改称した．

仁川陸軍造兵廠第1製造所[4]　陸軍兵器行政本部は1940年に仁川陸軍造兵廠を発足させ，仁川に第1製造所と技能者養成所を設置した．製造所では銃剣，小銃，爆弾を製造した．月間生産能力は，30年式銃剣1万振り（1944年3月），小銃9,000挺（1945年3月），30 kg以下小型爆弾2,800個（1943年3月），50-100 kg中型爆弾2,000個（同）であった．終戦時の従業員数は数千人に達したとみられる．

三菱製鋼仁川製作所[5]　三菱製鋼は1942年に前記の弘中商工富平工場を買収し，仁川製作所とした．同社は40万円を投じて同製作所の設備を拡充し，陸軍兵器行政本部の命令により，特殊鋼板を製造した．さらに総督府鉄道局用の車両用ばね生産を計画した．ばね鋼は同社平壌製鋼所から調達する予定であった．その設備は1944年末に完成した．このほか，迫撃砲や兵器用加工品（銃の遊底など）を製造し，兵器廠の役割を果した．終戦時，投資総額は600万円で，電気炉3基，工作機械140基を設置し，1,230人の従業員を雇用していた．

朝鮮重機工業永登浦工場[6]　朝鮮重機工業は前出の小林鉱業系の会社で，1944年に成立した．社長は小林采男，資本金は500万円であった．京城

---

3)　同上．『東洋経済新報』1888号，1939年9月30日，118頁，前掲，横溝編，406頁．
4)　日本兵器工業会『兵器製造設備能力表　昭和16, 17, 19年』n. d., 前掲，木村・安部，48頁．
5)　同上，日本兵器工業会，前掲，三菱製鋼，257-60頁．
6)　前掲，内務省，6．

府永登浦に工場を設置し，製鉄・鉱山用機械を製作した．終戦時，投資総額は1,170万円，従業員数は1,060人であった．

日立製作所仁川工場[7]　日立製作所は1941年に，総督府の勧誘を受けて仁川に工場を設置した．同工場では車両用鋳鋼部品を製造した．戦時末期には，硼砂（光学兵器製造用）や耐火煉瓦を製造した．終戦時の鋳鋼年産能力は2,400トン，従業員は1,330人であった．

朝鮮松下電器永登浦工場[8]　松下電器は1941年に京城府龍山の日本電球を買収し，朝鮮ナショナル電球を設立した．資本金は14万円であった．1942年には資本金50万円で朝鮮松下乾電池を設立し，京城府永登浦で乾電池生産を開始した．同時に資本金100万円で朝鮮松下無線を設立した．1944年12月には上記3社を朝鮮松下電器に統合した．1944年度の生産実績は，乾電池200万個，受信機1.8万台等であった．終戦時の資本金195万円，投資総額300万円，従業員数447人であった．

朝鮮東京芝浦電気仁川工場，東京芝浦電気仁川万石工場，富平工場[9]　芝浦製作所は1938年に，電動機，変圧器，配電盤の生産を目的に，仁川工場の建設に着手した．同工場は1945年1月に独立し，朝鮮東京芝浦電気株式会社と称した．資本金は500万円であった．1944年の生産実績は，電動機1,200台，変圧器2,600台，抵抗器280台，終戦時の従業員は1,270人であった．仁川万石工場はこの工場から200mほど離れた場所にあり，1943年に日清製粉から買収した．軍用の携帯無線機の製造を予定したが，終戦までに製品を出荷するに至らなかった．終戦時の従業員は600人であった．富平工場は仁川工場から18kmの距離にあり，1943年に建設が始まった．敷地面積は6.4万坪で，電球，携帯無線機用真空管を製造する予定であった．変電所やバルブ工場の建設もすすみ，操業開始直前に終戦を迎えた．

沖電気永登浦工場[10]　これは沖電気が永登浦に設置した工場で，投資額は300万円であった．1944年度の生産実績は電話機800台，従業員数は

---

7) 同上．前掲，日立製作所，25頁．
8) 松下電器産業株式会社編『松下電器五十年の略史』同社，大阪，1968年，162頁，年表11-12頁．
9) 前掲，内務省，6，東京芝浦電気，148-49頁．
10) 同上，内務省．

260人であった．

三菱電機仁川工場[11]　1939年設立の朝鮮中央電気製作所を三菱電機が1942年に買収し，電気機器を製造した．終戦時の投資額は330万円，従業員数は181人であった．

昭和精工永登浦工場[12]　昭和精工は日清紡績の子会社で，1942年に京城で成立した．永登浦工場で切削工具を製造し，仁川陸軍造兵廠や日立製作所に納入した．終戦時の資本金は600万円，従業員は420人であった．

湯浅蓄電池製造京城工場[13]　湯浅蓄電池製造株式会社は，朝鮮軍の要望を受けて，1941年に永登浦に蓄電池工場建設を計画した．翌年には屋井乾電池京城工場を買収した．1942年10月に第1期工事を完了し，操業を開始した．1944年9月に海軍監督工場，総督府指定工場，1945年2月に仁川造兵廠監督工場，同年4月に軍需会社となった．敷地面積は2,224坪で，発電機1基，熔鉛炉1基を配備した．原料は，総督府の「鮮満一如」，自給自足の政策に則って，朝鮮産の鉛，硫酸，ゴム製品を使用した．製品は朝鮮軍，官庁などに納入した．終戦時の従業員は78人であった．

光洋精工富平工場[14]　光洋精工の子会社であった光洋鋼機は，1942年に富平に工具類製造工場を建設した．設備完成と同時に同社が光洋精工と合併したため，富平工場はベアリング生産工場に転換した．日本から最新鋭機を移設し，1944年にベアリング生産を開始した．熟練工を日本から配転し，流れ作業方式で高い生産性をあげた．材料はすべて，日本高周波重工業城津工場から調達した．終戦時の概要は，投資総額200万円，工作機械100台，従業員400人弱であった．

龍山工作永登浦工場，龍山工場，仁川工場[15]　龍山工作株式会社の起源は，1919年に田川常次郎（1884年生，島根県出身）が設立した鉄工所であった．資本金20万円で出発し，1925年に同100万円，1931年には同400万円の企業に成長した．1935年に仁川鉄工所を合併した．1937年には朝

---

11)　同上．
12)　同上．
13)　湯浅蓄電池製造株式会社編『湯浅35年のあゆみ』同社，大阪，1953年，202-03頁．
14)　日本経営史研究所編『光洋精工70年史』光洋精工株式会社，大阪，1993年，76，80頁．
15)　『東洋経済新報』1888号，1939年9月30日，119頁，前掲，東洋経済新報社編，101頁．

鮮車両機械工作を合併し，資本金を 1,000 万円に増額した．永登浦，龍山，仁川の工場で，鉄道車両，信号機，転轍機，鉱山機械などを製造した．これらの工場の中では永登浦工場が最大で，その敷地面積は 4 万坪に達した．同工場では 1943 年に，機関車製造設備が完成した．

朝鮮総督府鉄道局京城工場，釜山工場[16]　1905 年に臨時軍用鉄道監部が龍山に小規模な鉄道修理工場を設置した．同工場はその後設備を拡張し，1923 年には鉄道局京城工場と改称した．1927 年に鉄道局設計の蒸気機関車の製作（組立て）を開始し，逐次，各種の機関車，客車，貨車を製作した．1939 年の京城工場の敷地面積は約 8 万坪，設置工作機械は 854 台，技工は 1,700 人（うち日本人 595 人）であった．同年には，エルー式電気炉による鋳鋼製造も始まった．終戦時の従業員数は 2,638 人，機関車・客車・貨車の年間修繕能力は合計 3,700 両であった．

釜山工場は 1906 年に釜山の草梁に設置された．1930 年に草梁から釜山鎮に移転し，これ以後，大幅に設備が拡張された．1939 年の工場の敷地面積は 4.7 万坪，設置機械は 274 台，技工は 400 人（うち日本人 200 人）であった．終戦時の従業員数は 1,527 人，機関車・客車・貨車の年間修理能力は 3,150 両であった．

日本車輛製造仁川工場[17]　日本車輛製造は 1938 年，仁川に機関車・客車・貨車製造工場を設置した．この工場は同社経営の 4 工場（3 工場は在日本）のなかで最優秀工場であったのみならず，日本帝国内でも 5 指に入る有力車輛工場であった．機関車組立ては 1941 年に始まった．生産した各製品は，総督府鉄道局と朝鮮の私鉄のほか，日本窒素，日本製鉄，三菱鉱業などに販売した．

以上のほかに，次のような機械製造工場があった（かっこ内は，設立年，終戦時の資本金，従業員数）[18]．

　朝鮮製鋼所仁川工場（1937 年，200 万円，400 人）
　朝鮮鑿岩機製作所京城工場（1938 年，150 万円，484 人）

---

16)　前掲，鮮交会『朝鮮交通史』398，448-54 頁．
17)　前掲，東洋経済新報社編，103 頁，沢井実『日本鉄道車輛工業史』日本経済評論社，1998 年，236-37，250-52 頁．
18)　同上，東洋経済新報社編，106 頁，前掲，内務省，6．

朝鮮精機工業富川工場（1942年，100万円，378人）
日本精工京城工場（1938年，150万円，238人）
朝鮮化工機龍山工場（1943年，200万円，223人）
大陸重工業釜山工場（1940年，120万円，326人）
朝鮮電気製錬釜山工場（1941年，200万円，188人）
下川製作所龍山工場（1945年，300万円，309人）
朝鮮鋳造京城工場（1939年，200万円，565人）
東洋電線京城工場（1944年，810万円）
朝鮮電線京城工場（1941年，500万円，401人）
朝鮮大同製鋼京城工場（1943年，200万円，670人）
関東機械製作永登浦工場（1938年，100万円）

　これらの工場の多くは鉱山機械を製造した．戦時期には，その設備や技術を応用して兵器，工兵器材など軍需品の製造に従事した．とくに，京城府龍山には鉄道ターミナルと工兵部隊があり，その需要に応じるために工場が集中した．

後　編
1945-1950 年

第6章

帝国の崩壊と物的損害

―――――

1945年8月に入ると米軍機B 29が朝鮮半島に飛来し，北東部の主要港に機雷を投下した．8月8日にはソ連が対日参戦し，同第25軍393師団が朝鮮半島への進撃を開始した．これは朝鮮半島における帝国の崩壊の始まりであった．本章ではまず，この過程で日本企業がどのような状況に陥ったのかを観察する．次いで工場や鉱山設備の損害の程度とソ連軍による原材料・製品の搬出状況を調べる．ここではソ連・米国の文書資料と日本人引揚者の証言を利用する．最後に帝国の物的遺産の扱いをめぐるスターリンの政策を展望し，結びとする．

1 ソ連軍の進攻と企業活動の停止

ソ連軍は8月8-9日に雄基，羅津，清津を爆撃し，10日から13日にかけてこれらの都市を占領した[1]．朝鮮半島北辺の日本軍の兵力はわずかであったから，ソ連軍は一方的に進撃し，20日前後には元山，城津を占領した．平壌には24日から26日にかけて入城した[2]．北西部では，鴨緑江を越えて満洲から日本人や朝鮮人の避難民が続々と流入する中，ソ連軍は8月末に新義州に入城した[3]．

この過程で，日本軍の武装解除とソ連軍による行政権の接収が行なわれた．平壌では8月26日にソ連軍司令部（司令官チスチャコフ Chistiakov 大将）が，武装解除と平安南道人民政治委員会（新たに結成され朝鮮人政治組織，委員長曺晩植）への行政権移譲を命令した[4]．これにもとづき翌

---

1) 前掲，森田・長田編，第3巻，296-97頁．
2) 同上，第1巻，306頁，森田芳夫『朝鮮終戦の記録 米ソ両軍の進駐と日本人の引揚』巌南堂書店，1986年，183頁．
3) 同上，森田・長田編，第3巻，154頁．

27日に，道庁で道知事が合意文書に署名した⁵⁾．その他，戦闘があった咸鏡北道をのぞく各道で，行政権の移譲が行なわれた．こうして日本帝国による朝鮮支配が終わった．その後9月下旬に，ロマネンコ（Romanenko）少将が占領行政の責任者として平壌に到着し，10月初めにソ連軍民政部を開設した⁶⁾．同部は各地域の朝鮮人行政機関（人民委員会）を統括し，事実上の軍政府として機能した．

この間，在住日本人は大きな混乱に陥った．咸鏡北道の日本人は戦闘が起こるや，着の身着のままで避難を開始した．その他の地域でも15日を境に生活が一変し，朝鮮人やソ連軍の命令に服す身となった．全日本人は地位・財産を失い，生命の維持すら困難となった．

咸鏡北道の日本企業は戦闘開始と同時に操業を中止した．日本製鉄清津製鉄所ではソ連軍が上陸した8月13日に，炉を停止した⁷⁾．他地域の日本企業も，多くは終戦と同時に操業を中止した．その後，工場接収，日本人従業員の拘引・解雇・自発的退去，操業再開の試みがめまぐるしく続いた．その経過は個々の企業によってさまざまであった．日窒の興南工場では日本人幹部が，8月16日以後も肥料製造を継続する方針を立て，日本人・朝鮮人従業員が従来通り出勤した⁸⁾．朝鮮人従業員の一部，徴用工，動員学徒は帰郷したためにこれには加わらなかった．この状況は，同月26日にソ連軍が進駐したことで大きく変わった．同軍は工場を接収し，朝鮮人のみで操業を続ける方針を表明した⁹⁾．日本人従業員にたいしては，工場への立ち入りを禁止し，続いて旧幹部を次々と拘引した．住友鉱業の元山製錬所では，15日以後，刑務所を出所した朝鮮人共産党員が工場委員会を結成し，日本人従業員を放逐した¹⁰⁾．その他，日本人の証言にもとづいて主要工場・鉱山の終戦直後の状況を以下に記す．

---

4) 同上，第1巻，307頁．
5) 道知事の古川兼秀は9月に入ってソ連軍に逮捕され，シベリアに送られた（同上，309頁）．
6) 小此木政夫編著『北朝鮮ハンドブック』講談社，1997年，81頁．
7) 太田曾我夫「北鮮国営清津製鉄所として発足」清津脱出記編纂委員会編『清津脱出記』同会，1975年，140頁．
8) 前掲，鎌田，34頁．
9) 同上，49，53頁．
10) 前掲，佐々木祝雄，42頁．

第 6 章　帝国の崩壊と物的損害　　139

朝鮮浅野セメント鳳山工場[11]　8月17日以降運転休止．9月7日　朝鮮
　　人共産党員が工場接収に来る．日本人従業員の出勤停止．
小野田セメント平壌工場[12]　8月16日　朝鮮人職員に事務を引き継ぐ．
　　徴用朝鮮人学徒を帰郷させる．19日　工場休業．20日以降　日本人
　　幹部拘引．
同・川内工場[13]　8月17日　工場保護のために，工場幹部が朝鮮人職員
　　に依頼して警備隊を組織．20-22日　日本兵16名が来て工場を保護．
　　26日　操業を停止．人民委員会が接収．
日本製鉄兼二浦製鉄所[14]　8月18日　朝鮮人が兼二浦製鉄所建国同志会
　　結成．28日　製鉄所長，作業中止の所内放送を行なう．9月2日
　　ソ連軍進駐，製鉄所同志会が幹部以外の日本人出勤停止を要求．4日
　　ソ連軍臨席の下に兼二浦人民政治委員会結成，製鉄所同志会は製鉄所
　　運営委員会となる．5日　他の日本人工場・官庁とともに製鉄所が人
　　民政治委員会に接収さる．11日　製鉄所幹部数名が「治安署」に拘
　　禁さる．
三菱化成順川工場[15]　8月15日　朝鮮人上級職員が委員会を結成し工場
　　の接収を要求したが，工場側はこれを拒否．日本人従業員のみが出勤
　　して残務整理に従事．26日　ソ連軍進駐．9月3日　朝鮮臨時建国
　　委員会順川邑委員が工場を接収し，朝鮮化学順川工場と改称．
朝鮮住友軽金属元山工場[16]　8月16日　操業を停止．朝鮮人従業員が工
　　場委員会を組織．9月初　ソ連軍進駐．
朝鮮軽金属鎮南浦工場[17]　17日　朝鮮人従業員が建国工場委員会を組織．
　　工場の操業継続．19日　電炉休止．30日　平安南道人民政治委員会
　　が正式に工場を接収．日本人は全員解雇．9月2日　ソ連軍進駐．
三菱製鋼平壌製鋼所[18]　8月15日　操業休止．軍から警備隊来る（ほぼ

───────────
11)　前掲，日本セメント，269-70頁．
12)　前掲，安藤，140-43頁．
13)　前掲，森田・長田編，第3巻，540頁．
14)　同上，460-61頁．
15)　同上，480頁．
16)　前掲，佐々木祝雄，28，50頁．
17)　井上由雄『敗戦日記　大同江』流動出版部，1971年，14，19，45，56頁．
18)　前掲，三菱製鋼，285-86頁．

全員朝鮮人)．19日　軍と日本人・朝鮮人従業員で工場警備に当る．27日　人民政治委員会が工場を接収．

日本鉱業鎮南浦製錬所[19]　8月15日午後　工場設備の破壊防止と整備に従事．朝鮮人従業員が製錬所自衛団を組織．16-30日　工場側は同自衛団による工場接収要求を拒否し，工場設備を保全．23日　ソ連軍進駐．28日　工場閉鎖．全員解雇．30日　平安南道人民政治委員会および鎮南浦地区労働者同盟の連名で工場接収．東洋製錬所と改称．9月7日　ソ連軍の直轄管理下におかれる．

朝鮮火薬海州工場[20]　8月15日直後　工場内騒然とする．朝鮮人側が工場引渡しを要求するが，工場幹部が拒否．爆発性の半製品を製品化して火薬庫に収納．9月中旬　人民委員会が工場を接収．

第五海軍燃料廠[21]　8月15日後も採鉱と煉炭製造を平常通り継続する方針を立てたが，朝鮮人従業員が就業せず作業を中止．9月2日　生産兵の一部自由解散．3日　ソ連軍が士官を拘束（ソ連に送る）．

日本鉱業成興鉱山[22]　8月17日　徴用工員下山，操業中止．27-28日　平壌の臨時人民委員会［人民政治委員会］派遣弁護士により鉱山接収．日本人従業員全員の出勤停止．

同・雲山鉱山[23]　8月15日直後，朝鮮人従業員が保安隊を結成．その後ソ連軍が進駐し，これを解散させる．9月10日　平安北道保安部課長の手により鉱山接収．所長宅はソ連軍司令部となる．

同・遂安鉱山[24]　8月16日から朝鮮人従業員の動き活発となる．17日　作業を継続しようとするが能率上がらず．20日　日本軍来る．親日的朝鮮人従業員により鉱山委員会結成．27日　日本軍撤退．9月2日　ソ連軍進駐．15日　平壌から赤衛隊来る．23日　日本人は清掃奉仕に出動．29日　日本人全員脱出，下山．

同・箕州鉱山[25]　8月17-18日　朝鮮人従業員は，祝賀行事に参加．19

---

19) 前掲，森田・長田編，第3巻，501頁，森田，487-90頁．
20) 前掲，日本化薬，80頁．
21) 前掲，燃料懇話会編，720頁．
22) 前掲，森田・長田編，第3巻，504-05頁．
23) 同上，508-10頁．
24) 同上，518頁．
25) 同上．

第6章　帝国の崩壊と物的損害　　　　　　　　　　　　　　　141

日　山神社焼討ち．日本人は集団生活をし，一切を朝鮮人に任す．9月3日　ソ連軍の命令により朝鮮人職員に鉱山を譲渡．13日　日本人は保安隊に金を支払い，全員脱出．

同・発銀鉱山[26]　8月19日　面の自治会保安部長立会いの下で仮接収．20日　日本人は全員退去．

同・遠北鉱山[27]　8月16日　朝鮮人従業員の示威運動起こる．17日　朝鮮人代表が鉱山接収と日本人退去を要求．日本人は全員，京城に向けて出発．

朝鮮無煙炭三神炭鉱[28]　8月17日　現状のまま朝鮮人職員に業務一切を任す．20日頃　ソ連兵来る．9月初　日本人は全員独身寮に収容される．

同・大宝炭鉱[29]　8月16日　山神社焼討ち．20日　日本人の出勤禁止．9月13日　地区共産党の指導の下，人民裁判が行なわれる．

同・嶺台炭鉱[30]　8月17-18日　暴動状況となる．19日　赤衛隊が組織され，事務の引継ぎが行なわれる．

明治鉱業安州炭鉱[31]　8月16日　平穏のうちに朝鮮人従業員による治安会結成．25日以降　賃金支払いなどをめぐって混乱する．30日　接収．

同・沙里院炭鉱[32]　8月15日-31日　平穏．9月3日以降　ソ連軍進駐．7日　朝鮮人従業員幹部・共産党員によって接収．以後，朝鮮人炭鉱長が管理を行なう．

鐘淵工業平壌製鉄所[33]　8月15日以後も炉が稼動．20日ごろ人民委員が来て接収．工場長，経理部長を拘引．9月4‐5日以降，日本人は立入り禁止．

日本耐火材料本宮工場[34]　人民委員会が接収（日付不明）．朝鮮人のみで

---

26)　同上．
27)　同上，517頁．
28)　前掲，朝無社社友会編，前編，138頁．
29)　同上，148頁．
30)　同上，154頁．
31)　前掲，明治鉱業，503頁．
32)　同上，501-2頁．
33)　田口裕通氏談（2002年2月25日）．

同委員会耐火煉瓦分会を組織.

こうした中での例外は青水の日窒燃料工業カーバイド工場で,終戦後も休まずに操業を続けた[35].

2 設備の損害

独立後の北朝鮮政府の発表によると,日本軍・日本人は逃亡のさいに,各地で産業設備を破壊したという.具体的には,およそ250か所の炭坑・鉱山が浸水し,清津製鉄所,水豊発電所ほか数十か所の企業所が破壊されたといわれる[36].これは事実であろうか.ソ連軍の報告書中には,この点にかんする記述がある.それを以下に要約する[37].

清津市の電信電話局・ラジオ放送局,元山市の高周波増圧電話局…日本人
　　が撤退するさいに爆破.
3個所の電話局,約5,000 kmに及ぶ電話線…軍事活動の結果破壊.
いくつかの化学工場,2か所の発電所,1か所の変電所,数か所の兵器庫
　　…設備破壊（手段・原因不詳）.
ほぼ全ての鉱山…排水設備稼動停止による浸水.
全熔鉱炉と平炉…突然の稼動停止による炉の冷却,加熱炉耐火煉瓦破損.

　この報告では,工場の破壊は多くない（産業設備以外では,北部の道における戦闘による住宅破壊が記されている）.また破壊は日本人による意図的な行為というよりは,むしろ事故が多発した結果のようにみえる.
　当時在住した日本人によると,日本人が終戦前後に自ら設備を爆破したケースとして,以下があった.

---

34)　前掲,内務省,33.
35)　北川勤哉「青水工場の記」前掲「日本窒素史への証言」編集委員会編,第三集,1978年,53頁,外城重男氏談（2002年3月22日）.
36)　朝鮮事情研究会編『朝鮮の経済』東洋経済新報社,1956年,58頁.
37)　ロシア外務省公文書館,fond 0102, opis 3, papka 6, delo 23（木村光彦「1945-50年の北朝鮮産業資料 (1)」『青山国際政経論集』第50号,2000年,295-96頁）.

第 6 章　帝国の崩壊と物的損害　　　　　　　　　　　　　143

朝鮮人造石油阿吾地工場…避難のさいに日本人従業員が発電所を爆破[38]．
同・永安工場…従業員が避難したのちに憲兵隊が爆破[39]．
日窒燃料工業龍興工場…海軍の命令で，過酸化水素とヒドラジン製造設備
　　および製品を日本人従業員が解体・破棄，白金電極板を日本に航空輸
　　送（8月17-19日）[40]．
清津市の無電台・変電所… 8月13日，避難にさいして警察署，憲兵隊の
　　建物とともに爆破[41]．
清津機関車庫・鉄道工場… 8月13日に機関車6両と鉄道工場を爆破．機
　　関車爆破は，車庫新設工事を請け負っていた間組の爆破班がダイナマ
　　イトで実行[42]．

　このほかに，大日本紡績清津化学工場では，避難のさいに工場幹部が白
金製のノズルを撤去し，携行した[43]．このノズルは「人絹工場の血管」と
いうほど重要な設備であった．
　日本人引揚者の証言では，むしろソ連軍が破壊に関与した．その一因は
爆撃であった．たとえば，清津－羅南間の鉄道線路が8月13日のソ連軍
の艦砲射撃によって破壊された[44]．朝鮮油脂清津工場の設備は同日の爆撃
で全焼した[45]．他は，同軍による意図的な解体・撤去であった．その顕著
な例は水豊発電所でみられた．1945年10月に約3,000名のソ連軍兵士が，
発電機6基中2基と変圧器2基，配電盤3基を解体・撤去した[46]．後のソ
連軍の報告は，この証言を裏づける[47]．ソ連軍はまた日本高周波重工業城

---

38)　前掲，鎌田，26頁．
39)　同上．永安工場のある従業員は，興南への避難途中で工場，鉄道トンネルの破壊活
　　動を行なったという．鈴木音吉「九年間の興南生活断片（その二）」前掲「日本窒素史への
　　証言」編集委員会編，第二十九集，1986年，47頁．
40)　同上，鎌田，265-66頁．
41)　前掲，森田・長田篇，第1巻，314頁，第3巻，302頁．
42)　前掲，間組，374頁．松木善信編『平和への遺言』北朝鮮地域同胞援護会（清津
　　会），1995年，79-82頁．
43)　ユニチカ社史編集委員会編『ユニチカ百年史』同社，大阪，1991，133頁．ノズル
　　は最終的に，日本に持ち帰った．
44)　前掲，森田・長田編，第3巻，444頁．
45)　前掲，内務省，11．
46)　前掲，森田，207-10頁．
47)　ロシア外務省公文書館，fond 0102, opis 8, papka 41, delo 63, list 82．

津工場から，運搬の容易な工作機械等を搬出した[48]。興南のアルミニウム工場ではアルミ電解用水銀整流器，変電器，工作機械，モーター類など重要設備を撤去し，興南港からソ連に向けて積み出した[49]。日本製鉄清津製鉄所からは，工作機械，ベンゾール設備，製缶機，オイルタンクをソ連へ移送した[50]。朝鮮電工鎮南浦工場では設備の解体が徹底し，作業に動員された日本人旧従業員が「ソ連軍は便器まで持って行った」と述懐するほどであった[51]。

　以上の例はあるが，日本人およびソ連軍が設備破壊を広く行なったとはいえない。民間日本人はむしろ，工場を守ろうとする姿勢を示した。それは，努力して築いた工場を自ら破壊することへの抵抗感や，後に罪に問われることへの恐れがあったからである。たとえば，

日窒興南工場…終戦直前に軍の命令によって爆破の準備をするが，工場の幹部がこれを拒否[52]。

北鮮製紙化学工業吉州工場…ソ連軍進駐前に日本軍・警察により工場爆破を強要されるも，工場側が拒否[53]。

　また以下のようなケースもあった。

三菱鉱業（茂山鉄鉱開発）茂山鉱山…清津へのソ連軍の上陸後，重要施設爆破のために40人の決死隊が残留。しかしソ連軍が茂山に侵入したさいにはすでに「停戦協定」が確認されていたので，爆破は中止[54]。

日本高周波重工業城津工場…終戦後に就任した朝鮮人工場長が，ソ連軍兵士による設備撤去の進行を阻止[55]。

三菱鉱業下聖鉱山…操業を朝鮮人に任せたうえで鉱業側がこれを指導。設備被害なし[56]。

　1946年5‐6月に，米国国連大使ポーレー（Pauley）を団長とする調査

---

48) 前掲，森田・長田編，第2巻，454頁（ただし，前掲，森田，162-63頁には朝鮮人が持ち去ったと記されている）。
49) 前掲，丸井，1980年，104-05頁。
50) 前掲，太田，139-43頁。
51) 前掲，鎮南浦会編，29頁。
52) 前掲，鎌田，26-34頁。
53) 前掲，森田・長田編，第3巻，556頁。
54) 前掲，三菱鉱業セメント，460頁。
55) 前掲，森田，207頁。
56) 同上。

団が,北朝鮮各地を訪問した.その目的は,ソ連軍による設備搬出の有無を確認することであった.調査団は,ソ連軍の許可のもとで以下の工場(および発電所,港湾施設)の視察を行なった(企業または工場を戦前の旧名で示す)[57].
(平壌地区)
日本穀産工業,三菱製鋼,三井鉱山朝鮮飛行機製作所,第五海軍燃料廠,朝鮮製鉄,平壌火力発電所,鐘淵工業,東洋製糸.
(兼二浦地区)
日本製鉄兼二浦製鉄所.
(鎮南浦地区)
朝鮮理研金属,日本鉱業鎮南浦製錬所,朝鮮東海電極,鎮南浦港,朝鮮日産化学,日本無煙炭製鉄.
(新義州地区)
朝鮮神鋼金属,三井軽金属,鐘淵工業,朝鮮無水酒精,王子製紙,三成鉱業(龍岩浦製錬所),東棉繊維工業,平北重工業.
(元山地区)
鉄道局工場,日本鋼管,朝鮮住友軽金属,住友鉱業朝鮮鉱業所.

　調査団は,設備の撤去が大々的に行なわれた証拠を発見するに至らず,ソ連軍による設備搬出は,あったとしても小規模であったとの結論を下した[58].

　けっきょく,終戦後に鉱山や熔鉱炉が使用不可能になったのは,稼動停止により浸水や炉の損害が生じたためと考えられる.鉱山ではおそらく,徴用されていた朝鮮人労働者が終戦を機に職場を放棄したことが,浸水などの損害を大きくした.旧ソ連の他の報告書には日本人による意図的な施設破壊を強調するものもあるが,それは日本人断罪の論調がつよく,客観的な観察とはいいがたい.実際には,製鉄所や発電所の損害にはソ連軍がみずから,かかわったのである.

---

57) Pauley, E. W., *Report on Japanese Assets in Soviet-Occupied Korea to the President of the US*, mimeo., 1946.
58) 平壌火力発電所の発電設備は撤去されていた.ソ連軍の説明では,日本人が1943年に運び出し満洲に送ったという(同上,p.39).その真偽は不明である.

3 原材料・製品の損害

　帝国崩壊の過程で広範に起こったのは，非固定的な物財——身の回り品や貯蔵品——の略奪ないし徴発である．ソ連兵による日本人の私財の略奪，暴行が頻発し，朝鮮人の中にも，日本人の私財や公共施設の備品を奪う者が現れた．工場の貯蔵物資も奪われた．たとえば住友鉱業朝鮮鉱業所・朝鮮住友軽金属元山工場では9月初めに，ソ連兵と朝鮮人が倉庫の燃料，作業衣，食糧，医療資材などをことごとく持ち去った[59]．

　しかしこうした無秩序な事態は短期間で鎮静化した．その後に起ったのが，ソ連軍司令部による鉱工業生産物の組織的な搬出——ソ連への発送であった．この事実は，ソ連軍のいくつかの報告書が明らかにしている．

　そのひとつによると，1946年初から同5月1日までに，次の「戦利品」と新たな生産品が非鉄金属省の手によって，北朝鮮からソ連に向けて発送された[60]．

　(a) 2,050万円（1945年8月15日基準価格）相当の戦利品6,753トン，(b) 1,410万円（同）相当の新たな生産品1,782トン，すなわち金約1.5トンと銀5トンを含有する粗銅と鉛4,261トン，ベリリウム20トン，フェロタングステン178トン，蛍石スパー1,569トン，黒鉛精鉱454トン，電気亜鉛1,388トン，タンタルニオブ精鉱2.5トン．この報告書は，工場・鉱山の倉庫内在庫品をも示し（表6-1），1946年同年第2四半期に，この在庫品と新たな生産品の中から次の物資がソ連に発送される予定であると述べた：粗銅（金725kgと銀3,652kgを含有）725トン，鉛（金170kgと銀850kgを含有）1,310トン，黒鉛精鉱1,250トン，黒鉛塊3,000トン，亜鉛500トン，電気炉用炭素電極630トン，フェロタングステン380トン，高速切削鋼245トン，カーバイド5,000トン，工具鋼300トン，苛性ソーダ500トン，ベリリウム精鉱4.5トン，タンタルニオブ精鉱0.6トン．

　別の報告書は次のように述べた[61]．

---

59) 前掲，佐々木祝雄，32, 51-53頁．
60) ロシア外務省公文書館，fond 0102, opis 3, papka 6, delo 23（前掲，木村，308-11頁）．
61) 同上，fond 0480, opis 2, papka 2, delo 7（木村光彦「1945-50年の北朝鮮産業資料

第6章　帝国の崩壊と物的損害　　　　　　　　　　　147

表 6-1　倉庫内の生産物・半加工品（精鉱）
在庫，1946年5月1日

品　目	トン	千円（終戦時価格）
タンタルニオブ精鉱	1.5	750
ベリリウム精鉱	3.5	245
黒鉛精鉱	700	1,990
〃	4,000	2,200
粗銅	100	6,000
蛍石スパー	602	600
鉛製品	370	3,419
電気亜鉛	800	3,600
フェロタングステン	112	11,200
フェロモリブデン	25	2,100
xxxx	100	4,000
電極製品	140	762
工具鋼	250	3,750
肥料	20,000	20,000
炭素製品	194,000	386
その他化学製品	－	40,201
金・銀を含む銅精鉱	28,538	22,216
金を含む xxxx	1,867	1,523
銀を含む銅精鉱	456	1,560
モリブデン精鉱	18	557
タングステン精鉱	380	14,440
亜鉛精鉱	20,600	5,490
鉛精鉱	950	274
計	－	147,263

注）　千円以下，四捨五入．
出所）　ロシア外務省公文書館，fond 0102, opis 3, papka 6, delo 23（前掲，木村「1945-50年の北朝鮮…（1）」309-10頁）．

「今年［1946年］の初めに USSR への製品——戦利品と新たな生産品——の搬出が始まった．1946年6月1日，次の生産品がソ連に向けて発送され，ウラジオストックに到着した：1,370.1トンの戦利品，総額1,580万円分（戦前価格）．興南港には，企業から搬出された総額8,237.7万円分の生産品が置かれている．その内訳は，1945年8月15日以前の生産品 xxxx トン，新たな生産品1,844トンである．1946年5月20日，上記のうち新たに採掘された鉛（銀を含有する未

---
(4)」『青山国際政経論集』第53号，2001年，247-48頁）．

精製鉛)286トンと黒色銅392トンが,汽船『ステパン・ラージン号』によって,ウラジオストックのxxxxに向けて搬送された.」

要するにソ連軍は,日本企業が終戦までに生産し,貯蔵していた鉱工業品を1946年1-4月に6,753トン,6月1日に1,370トン本国に送った.その後も,鉱物,特殊鋼の在庫品を送る予定であった.ソ連の報告書が「戦利品」(trofej)と記したように,これら在庫品の発送はソ連による強制的な搬出(「略奪」)であった.新たな生産品の発送もこれと異ならなかった[62].

4 スターリンの政策——むすびに代えて

スターリンは戦時中に,京城のソ連領事から朝鮮内の状況報告を得ていた[63].北朝鮮に進攻したソ連軍はこの報告をもとに,機械,原料,製品を計画的に本国に送った.大型発電機やアルミニウム製造機器はおそらく,本国での必要性から優先的に搬出した設備であった.同時にソ連軍は,駐屯用の物資とりわけ食糧を一般住民から徴発した.ソ連軍がこうした行動をとったのは第1に,ドイツとの戦いでソ連が経済的に非常な苦境に陥っていたからである.物資の欠乏は極に達し,一般のソ連国民は北朝鮮住民に劣らず貧しい生活を送っていた[64].そのためスターリンは当初,朝鮮人の対ソ感情悪化をおそれず北朝鮮の産品を徴発・搬出した.第2に,1週間余りであったとはいえソ連は日本と戦い,勝利した.北朝鮮は占領地に等しく,接収した日本人資産は戦利品であった.親日朝鮮人——地主,官僚,経営者——の資産も同じであった.それらを戦争被害の補償としてソ連にもち帰ることは,スターリンの立場からは,何ら不当ではなかった.ドイツなど東ヨーロッパの占領地で行なったのと同様のことを行なったに

---

62) 諸物資は,元山,興南,鎮南浦の各港からソ連に送られた.興南港には満洲からの撤去設備も集まり,ソ連に向けて船積みされた.前掲,鎌田,179-86頁,昭電鎮南浦会編,120-22頁,林田秀彦氏談(2001年12月20日).

63) Weathersby, K., *Stalin's Last War: The Soviet Union and the Making of the Korean Conflict 1945-1953*, forthcoming, chap. 1.

64) 当時ソ連がいかに深刻な物資不足に直面していたかは,日本人のシベリア抑留体験・見聞記から知ることができる(たとえば,前野茂『ソ連獄窓十一年』全4巻,講談社,1984年).

第6章　帝国の崩壊と物的損害

すぎなかったのである[65]．

1945年11月末までに，スターリンは北朝鮮からの産業設備撤去の方針を改め，ソ連軍が倉庫に保管していた設備の返還をチスチャコフに命じた[66]．その結果北朝鮮では，設備撤去は満洲や東ヨーロッパに比べて短期間，小規模に終わった[67]．しかしこれは，北朝鮮からの物資獲得の中止を意味しなかった．スターリンの意図は，継続的な農・鉱工産品の獲得にあった．北朝鮮の産業設備は，現地生産を続けるためにむしろ保全が必要となったのである．

このように北朝鮮では，帝国が残した産業設備に大きな損害が生じなかった．これは，日本の産業が戦時期に深刻な被害を受けたのと異なった．北朝鮮はこの点で，戦後の鉱工業再建を有利な状況からスタートすることができたのである．

---

65) 交易にかんしては，ドイツと朝鮮で基本的な相違があった．ドイツではポツダムでの合意によって，東西の占領地間交易が認められていた（前掲，Weathersby, p. 6）．他方朝鮮では，スターリンが南北の民間交易をきびしく制限した．かれの思考では民間交易は資本主義的搾取の源であったから，政治的な妥協が必要な場合をのぞき制限するのが当然であった．

66) Rhee, E. V., *Socialism in One Zone: Stalin's Policy in Korea*, Berg Publishers, Oxford, 1989, p. 119.

67) 満洲からの設備撤去については多くの文献がある．昭和製鋼所を対象とした詳細な研究は以下である．松本俊郎『「満洲国」から新中国へ　鞍山鉄鋼業からみた中国東北の再編過程　1940-54』名古屋大学出版会，名古屋，2000年．

第7章

工業の再建 (1)

───────

日本企業の鉱山や工場は，帝国の遺産として北朝鮮に残った．ソ連軍および金日成政権は，いかにこの遺産の活用を図ったのであろうか．とくに，帝国崩壊と同時に操業を停止した鉱山・工場をどのように復旧したのであろうか．そこでは，抑留された日本人技術者が重要な役割を果した．本章ではこの点を中心に叙述をすすめる．以下，操業再開の状況を概観したのち，日本人技術者の活動の状態を調べる．次いで，1947年までの生産の復旧状態を検討する．

1 操業再開の試み

帝国崩壊後，旧日本企業の工場や鉱山では朝鮮人が新たに幹部となり，ソ連軍司令部の指示を受けて操業再開に努力した．1945年8月末から同年末の間に操業を再開した事業所には，つぎのものがあった．

日窒興南肥料工場　8月末に朝鮮人従業員が操業を再開[1]．
小野田セメント平壌工場　10月15日　耐火煉瓦製造炉の運転再開[2]．
三菱化成順川工場　8月末から9月初めにかけて操業再開[3]．
日本鉱業鎮南浦製錬所　9月12-14日　炉吹き入れ[4]．
同・成興鉱山　11月17日　採鉱開始[5]．
日本高周波重工業城津工場　ソ連軍による機械設備と製品の搬出後，12

───────

1) 前掲，鎌田，138頁．
2) 前掲，森田・長田編，第3巻，475頁．
3) 同上，482頁．
4) 同上，501頁．
5) 同上，507頁．

第 7 章　工業の再建 (1)

月 18 日に再開の火入れ式を挙行[6]．
朝鮮無煙炭三神炭鉱　9 月初　操業を再開し，日本人男子が全員鉱夫として就業[7]．
同・大宝炭鉱　9 月 15 日　操業を再開し，日本人男子が坑内採炭夫，女子が選炭婦として就業[8]．
第五海軍燃料廠寺洞炭鉱・煉炭工場　9 月から 10 月にかけて操業再開[9]．
住友鉱業朝鮮鉱業所元山製錬所　10 月 13 日に小型熔鉱炉 3 基のうち鉛熔鉱炉 1 基の整備を完了し，火入れ式を挙行[10]．

ソ連資料によれば 1,034 の主要企業（事業所）中，1946 年 9 月までに操業再開できたものは 828（80％）であった（表 7-1）．その割合は，機械工業，化学工業，軽工業，建材工業，発電所，製材工業で高かったが，鉱業，製鉄業，非鉄金属工業では低かった．非鉄金属工業の中では，アルミニウム，マグネシウム工場のほとんどが再開されなかった[11]．

2　日本人技術者

ソ連軍は進攻後，在住日本人を北朝鮮に留め，帰国あるいは南朝鮮への自由な移動を許さなかった．同軍は，農民から徴発した食糧，工場から撤去した設備・原材料の搬送のために日本人を駅や港で使役した[12]．街の清掃，ソ連軍将校宅での雑用にも使った．いくつかの鉱山では，上記のように，鉱夫として動員した．一方，工場では多くの場合，ソ連軍や朝鮮人指導部は旧日本人幹部と技術者の立入りを禁じた．

---

6)　同上，546 頁．
7)　前掲，朝無社社友会編，前編，138 頁．
8)　同上，148 頁．
9)　田口裕通氏談（2002 年 2 月 25 日）．ここでは 1945 年秋ごろに反政府的なストライキが起った（Vanin, J. V., *SSSR i Koreja*, Nauka, Moscow, 1988, p. 156）．
10)　前掲，佐々木祝雄，98 頁．
11)　ロシア外務省公文書館，fond 0102, opis 3, papka 6, delo 23（前掲，木村「1945-50 年の北朝鮮…(1)」302 頁）．
12)　ソ連軍は，荷役作業にはもっぱら旧日本軍兵士や民間日本人を動員した．当初は多くは無給であったが，日本人側の要求にしたがって軍票で賃金を支払うようになった．前掲，昭電鎮南浦会編，145 頁．

表 7-1 操業を再開した主要企業，1946 年 9 月現在

産業部門	企業総数	操業企業数	割合 (%)
鉱業	196	98	21 [20]
製鉄業	19	3	16
石炭業	178	103	58
非鉄金属工業	11	6	55
機械工業	108	102 [108]	100
化学工業	12	10	83
軽工業	346	338	98
建材工業	66	66	100
発電所	21	19	90 [91]
製材工業	77	77	100
合　計	1,034	828	71 [80]

注) これらの企業（総数 1,034）は 1946 年 8 月に国有化された企業である．かぎかっこ内は，原資料中の誤記，誤計算（割合）と推測される数値を修正した値．
出所) ロシア外務省公文書館，fond 0480, opis 4, papka 14, delo 47（前掲，木村「1945-50 年の… (2)」『青山国際政経論集』第 51 号，2000 年，400，403 頁）．

しかしソ連軍司令部はまもなくこの方針を転換し，日本人技術者の旧現場への復帰を積極的に推進した．この措置は，産業の再建に日本人技術者が不可欠であることを認識した結果であった．朝鮮人技術者は未熟で，複雑な設備を運転できなかった．ソ連軍は，司令部直属の産業顧問にコルクレンコ（Korkulenko）陸軍大佐を任命し，操業支援を図った[13]．本国には 138 人の技術者の派遣を要請した[14]．しかしこのような少人数ですべてに対処することは不可能であった．ソ連人技術者には，知識不足と言語障壁という問題もあった．じっさい彼らでは対応できない近代的設備が存在した．興南の硫安製造技術は，ソ連人技術者にとってむしろ学ぶべき対象であった[15]．人絹製造技術も同様であった．

---

13) ロシア外務省公文書館，fond 0480, opis 4, papka 14, delo 47（木村光彦「1945-50 年の北朝鮮産業資料 (2)」『青山国際政経論集』第 51 号，2000 年，402 頁）．
14) 同上，401 頁．
15) ロシア国立経済公文書館，fond 9493, opis 1, ed. khr. 1146（*Dokumenty o Sovetsko-*

表 7-2 平壌で登録された日本人技術者・技能者統計，1946年1月20日

部門	高校・専門学校以上卒業者	中等学校卒業者	熟練工	工手	計
製鉄	1	2	7	2	12
鉱山	14	12	14	7	47
冶金	7	1	1	-	9
電気	31	51	19	20	121
電気通信	12	101	17	23	153
機械	18	89	165	408	680
土木	48	87	49	21	205
窯業	-	4	2	2	8
化学	9	15	14	7	45
建築・木工	15	34	234	50	333
農林	21	34	16	2	73
紡績	4	8	6	-	18
製紙	-	-	1	-	1
水産	2	4	1	-	7
造船	-	-	2	-	2
航空	-	2	-	-	2
気象	-	1	-	-	1
医療	75	92	18	27	212
その他	12	99	60	58	229
計	269	636	626	627	2,158

出所）前掲，森田，766頁（原資料は「平壌日本人会統計」）．

　1945年末から46年初めに，ソ連軍司令部は日本人技術・技能者の登録を命じた．平壌における登録者数は，1946年1月20日現在2,158人であった（表7-2）．その学歴別内訳は，高校・専門学校以上卒業者269，中等学校卒業者636，熟練工626，工手627で，高学歴の専門技術者のみならず，現場で経験を積んだ中級技術者や技能工を多数含んだ．部門別では機械，建築・木工，電気関係が多かった．咸鏡南道でソ連軍司令部が指示した日本人技術者確保数は，部門別に以下のとおりであった：鉄道500，石炭業114，金属製錬116，化学176，鉱業86，軽工業63，食品工業20，建

Korejskom Ekonomicheskom Sotrudnichestve, 1949-70 g. g.，第Ⅸ巻，150）．ソ連で合成アンモニア工業が興ったのは1932年以後であった．それは空中窒素固定法ではなく，石炭ガスから窒素を抽出する方法に依拠していた（笠原直造編『蘇聯邦年鑑　1940年版』日蘇通信社，1940年，444頁）．

築材料工業31[16]。このうち鉄道については，厳冬期に入って車両不足と保線状況の悪化のために列車運行が不可能となった。そこでソ連軍鉄道司令官が日本人技術職員の留用を命じ，運行の再開と朝鮮人職員への技術伝達を図った。日本人側は，勤務条件を提示したうえでこれに応じた[17]。

1946年8月には，北朝鮮臨時人民委員会（1946年2月に発足，委員長金日成）が次の命令を発した。

技術者確保に関する決定書
北朝鮮臨時人民委員会決定　第62号　1946年8月7日
民主朝鮮建設の礎石である産業その他機関の国有化が実現されたこのとき，これを短時日内に急速に発展させるためには，現存技術者の確保が絶対に必要である。これにたいする方策として，つぎのように決定する。
　1．専門大学卒業または中学卒業以上の技術者は朝鮮人・日本人その他国籍の如何を問わず，技術が所用される機関に従事する義務を負う。
　2．各道人民委員会委員長は1946年8月末日までに，所管道内に居住する技術者を調査・登録しなければならない。
　3．（略）
　4．職場責任者は，配置技術者にたいしては生活の便宜を保障して絶対に厚く包容する義務を負う[18]。

同委員会産業局は，この決定書の細則として「技術者確保に関する決定書施行に関する件」と題する指令を下した。それは，各企業場責任者がとくに日本人技術者を優遇することを命じ，具体的には以下のように規定した。

「住宅は当該企業場に属する住宅中，中級以上を提供すること。給料は，専門大学卒業程度　月額2,000円以上，中等卒業者程度　月額1,500円以上を支給すること。食糧・被服・寝具その他とくに越冬に必要な生活品を責任をもって配給すること。発明・発見・考案および

---

16)　前掲，森田・長田編，第3巻，764-65頁。
17)　同上，446頁，鮮交会『朝鮮交通回顧録　終戦記録編』同会，1976年，40-42頁。
18)　国史編纂委員会『北韓関係史料集Ⅴ　法制編（1945-1947年）』同会，果川，1987年，176頁。

第 7 章　工業の再建 (1)

著述にたいしては産業局の審査後，特別に褒賞する方針であるので積極的に奨励，内申すること．道人民委員長と企業場責任者は，技術者登録名簿，配属企業場名簿，生活必需品の供給状況を 9 月 10 日までに産業局長に報告すること．」[19]

　1945 年末に旧日本高周波重工業城津工場が操業を再開したとき，勤務に就いた日本人従業員たちは最低 450 円，最高 3,000 円の月額賃金を支給された[20]．これに照らすと，上記規定が日本人技術者に特段の優遇を与えるものであったとはいいがたい．じっさい当時，最低でも月に 1 人当り 1,500 円の生活費が必要であったから，月額 3,000 円の賃金でも家族の生活は苦しかった．

　この状況の中で日本人技術者は，熱意をもって仕事に取組んだ．それは，従来の職場への愛着と自己の技術にたいする誇りがあったからである．また，新国家の建設に取組む周囲の朝鮮人への共感もあった[21]．日本人技術者は 1946 年から 1947 年前半にかけて，もっとも活発に活動した．1946 年 10 月には北朝鮮工業技術総連盟日本人部を結成し，待遇等をめぐってソ連軍司令部および人民委員会と団体交渉を行なった[22]．1946 年 11 月現在，同部に登録した日本人技術者は 868 人であった（表 7-3）．なかでも多かったのは旧日窒興南工場と旧日本高周波城津工場で，それぞれ 275 人，101 人であった．これ以外にも各地の中小工場で，おそらく相当数の日本人技術者が残留した．たとえば朝鮮塩化工業鎮南浦工場では，工場を接収した後，日本人の元工場長が 1946 年 9 月まで生産を指導した[23]．建築部門では，平南・安州郡で日本人技術者が水利工事の指導にあたった[24]．これは，戦時中に進行していた大規模な工事の延長であった[25]．

　主要な工場や鉱山における日本人技術者の具体的貢献は，つぎのとおり

19）同上，178-79 頁．
20）前掲，森田・長田編，第 2 巻，454 頁．
21）前掲，森田，761 頁，鎌田，140 頁．
22）前掲，森田・長田編，第 3 巻，767 頁．
23）前掲，久保編，673 頁．
24）大槻利夫「北朝鮮よりの引揚記録」未公刊，n. d.，65 頁，松尾茂『私が朝鮮半島でしたこと　1928-1946 年』草思社，2002 年，173-75 頁．
25）再開後の工事は，資材不足などのために進行が遅れた．これが一応完成し，金日成の偉大な実績のひとつとして宣伝されるのは後のことであった．

表 7-3 北朝鮮に残留した日本人技術者の事業場別人数，1946 年 11 月

事業地	事業場	技術者数	事業地	事業場	技術者数
平壌	日本人部	6	鎮南浦	東洋棉花工場	1
〃	電気総局	2		（東棉繊維工業）	
〃	同・送電部	1	〃	硫黄工場	1
〃	同・配電部	5		（北村硫黄合剤工場）	
〃	同・第1変電所	1	〃	企業委員会	1
〃	逓信局	1	〃	ソ連軍営繕	1
〃	石炭管理局	9	〃	その他	2
〃	鉱業試験所	2	〃	朝鮮軽金属工場	19
〃	化学工業管理局	1		（朝鮮軽金属）	
〃	保健局	1	〃	化学工業管理局	9
〃	交通局	1	〃	朝鮮電極	2
〃	同・機関区	48		（朝鮮東海電極）	
〃	同・平壌工場	2	新義州	日本人部支部	4
〃	ソ連陸軍病院薬局	1	〃	無水酒精工場	1
〃	民主朝鮮社	1		（朝鮮無水酒精）	
〃	正路社	1	〃	西北製紙工場	15
徳川	炭鉱	4		（王子製紙）	
	（朝無社）		〃	東洋棉花工場	8
新倉	〃	4		（東棉繊維工業）	
	（ 〃 ）		〃	鴨緑江パルプ工場	6
安州	〃	3		（鐘淵工業）	
	（明治鉱業）		〃	楽元工場	9
朝陽	〃	1		（朝鮮神鋼金属）	
	（朝陽鉱業）		〃	新義州紡績工場	1
岐陽	朝鮮化学工場	4		（朝鮮富士瓦斯紡績）	
	（朝日軽金属）		〃	平北造船工場	2
降仙	朝鮮製鋼工場	22		（平北造船）	
	（三菱製鋼）		〃	三一製薬会社	1
南陽	地方専売場	5	江界	電気総局	3
〃	水利組合	1	青水	カーバイド工場	17
勝湖里	朝鮮セメント平壌工場	24		（日窒燃料工業）	
			龍岩浦	製錬所	6
	（小野田セメント）			（三成鉱業）	
鎮南浦	朝鮮化学工場	6	龍登	炭鉱	5
	（朝鮮日産化学）			（大東鉱業）	
〃	製油工場	2	龍門	炭鉱	15
〃	東洋製錬所	21		（日窒）	
	（日本鉱業）		北中	軽金属工場	2
〃	西鮮電気会社	3		（三井軽金属）	
〃	機関区	2			

表 7-3（続）

朔州	新延鉱業	2	清津	製鉄所	5
義州	農産工業	2		（日本製鉄）	
	（日本農産化工）		〃	朝鮮製薬工場	3
〃	間組	2	〃	その他	11
〃	中台里鉱山	1	吉州	北鮮製紙工場	6
	（三成鉱業）			（北鮮製紙化学工業）	
〃	大宮鉱山	2	阿吾地	人造石油工場	9
水豊	水豊発電所	15		（朝鮮人造石油）	
〃	禿魯江発電所	3	城津	高周波工場	101
兼二浦	黄海製鉄所	27		（日本高周波重工業）	
	（日本製鉄）		〃	城津工業	1
沙里院	東洋製糸工場	8	〃	病院・医学校	3
	（東洋製糸）		文川	軽金属工場	2
〃	農事試験場	1		（朝鮮住友軽金属）	
興南	興南人民工場	275	川内里	北鮮製鋼工場	4
	（日窒）			（北鮮製鋼所）	
〃	龍興工場	8	〃	セメント工場	4
	（日窒燃料工業）			（小野田セメント）	
〃	長津江発電所	14	昌道	鉱業所	2
〃	興南人民学校	5	襄陽	鉄工所	1
咸興	鉄道局	20	束草	造船所	1
〃	化学磁器工場	3	元山	東洋油脂化学工場	2
〃	咸興製糸工場	1	〃	ソ連軍標識灯台管理所	1
	（片倉工業）		〃	朝鮮造船工場	1
〃	咸興鉄工所	1		（朝鮮造船工業）	
	（徳本鉄工所）		〃	水夫長	1
永興	［記載なし］	1	〃	大工	1
清津	日本人部支部	1			
	紡績工場	1			
	（大日本紡績）		総計		868

注) 事業場名は引用資料のとおり．同欄の括弧内は旧日本企業名（筆者推定，判明分のみ，昌道鉱業所は中川鉱業もしくは日窒鉱業開発，襄陽の鉄工所は鐘淵工業の可能性がある）．
出所) 前掲，森田，779 頁，久保編，471 頁．

であった（工場名，人名のあとのかっこ内はそれぞれ，旧企業（工場）名，最終出身校，卒業年，専攻で，判明分のみ記す）[26]．

興南地区人民工場（日窒）

　　後藤績（東京工大，1923年，応用化学）　硫安製造技術を改良（この功により，人民委員会から労働英雄称号を授与さる）．

　　河村一男　硫安工場で重要なボール・ベアリングを考案（同じく，労働英雄称号を授与さる）．

　　田村茂　生産実績を高め，表彰状を授与さる．

　　高草木伊達（東京工大，1926年，電気）　工場付設の「興南技術員養成所」設立を起案し，朝鮮人の技術教育に当る．

　　成田亮一（北海道帝大，1930年，採鉱）　興南工業学校の施設を使い興南工業大学の設立を起案．教授として物理学の講義を担当．

　　草間潤（東京帝大，1939年，応用化学）　龍興工場で酢酸とエチルアルコールの製造に成功．

　　佐野正寿　本宮のアセトン工場の復旧に尽力．

城津製鋼所（日本高周波重工業）

　　岡野正典　特殊工具直接製造法の工業化および燐鉄から燐酸肥料と鉄を抽出する実験に成功．表彰状を授与さる．興南工業大学では講義を担当．

清津製鉄所（日本製鉄清津製鉄所・三菱化成煉瓦工場）

　　若松志広（大阪帝大，1935年，冶金）・大草重蔵　生産増大に貢献．

黄海製鉄所（日本製鉄兼二浦製鉄所）

　　中島小市　同所で最大の第3号熔鉱炉を復旧（1947年11月，北朝鮮人民委員会委員長金日成により火入れ式挙行）．

岐陽化学工場（朝日軽金属）

　　安田清吉・吉田一六　苛性ソーダ生産の操業（1947年7月）に尽力．

吉州パルプ工場（北鮮製紙化学工業）

　　三浦義明（日本大学，1934年，機械）他　生産復旧に尽力．

南浦造船（朝鮮商工）

---

26)　前掲，森田・長田編，第3巻，510，576-77，森田，797-805頁，北川，54頁，安藤，145頁．

滝本英雄（京都帝大，1933年，機械）　北朝鮮初の鉄鋼船「陣営号」（400トン）を設計．

南陽塩田（大日本塩業）

松尾武記（三重高農，1928年，農業土木）・白倉清二・新納清・朝岡登・本多繁喜　塩田数十町歩の増設のために測量と設計を行なう．

咸鏡北道石炭管理局

米村武雄他　阿吾地など17炭鉱の増産計画を立案．

平北労働新聞

杉山繁男　北朝鮮随一の活字鋳造技術を有し，新聞印刷に貢献．北朝鮮共産党の機関紙『正路』（のちの『労働新聞』）の印刷にも貢献．

水豊発電所

池田紀久男（旅順工大，1938年，機械）他　発電量の増大に貢献．

勝湖里セメント工場（小野田セメント）

池田好比古　窯の改善指導（その他のセメント工場・製鉄所でも指導）．勝湖里窯業技術学校で講義を担当．

北朝鮮臨時人民委員会産業局

今井頼次郎（東京帝大，1919年，電気，元平壌商工経済会会頭・西鮮合同電気会社社長）　産業局顧問として，局長らに「事業経営論」を講義．

北朝鮮臨時人民委員会石炭管理局

加藤五十造（元朝鮮無煙炭社長）・安藤豊禄（前出，付論2）他　列車の燃料用に，無煙粉炭をアルミナセメントで固めたアルセ煉炭を開発．

青水化学工場（日窒燃料工業）

北川勤哉（京都帝大，1934年，電気）・須田一男（広島高工，1937年，応用化学）他　カーバイド炉の運転を指導．

雲山鉱山（日本鉱業）

大林繁生（九州帝大，1928年，冶金）他　協力会を組織し，精鉱月間処理400トン，100GSTの青化製錬の設計と建設・運転に協力（1945年11月着工，46年8月に完成）．将来の雲山鉱山の開発にかんする詳細な報告書を作成．

興南工業技術専門学校電気科の日本人教官と朝鮮人校長・事務官・学生，1947年（二列目着座者の左より，高草木，朱校長，柴山，玉井，陳事務官．興南人民工場の変電所前にて．高草木和歌子氏提供．）

上記中，朝鮮人技術教育について敷衍する．戦前期に日窒興南工場では徒弟講習所を設けて朝鮮人従業員に技術教育を行なっていたが，その程度は高くなかった．日本人技術者は戦後，いずれは帰国する計画なので，それまでに技術知識を朝鮮人に伝授することを自ら申し出た．工場幹部はこれを了承し，1946年4月に興南技術員養成所を開設した．同所は，機械，電気，化学の3科に分かれ，1年制，定員50名であった．専門科目の教師は，以下を含む総員15名の日本人であった：高草木伊達（前掲），鈴木音吉（浜松高工，1938年，応用化学），小林五夫（長岡高工，1938年，応用化学），三木芳男（大阪帝大，1937年，機械），柴山藤雄（仙台高工，1933年，電気），柳原醇（熊本高工，1932年，電気）．1946年9月には同所は興南工業技術専門学校となり，定員が150名に増大した．教師と生徒は親密な関係を築き，熱心に教授・学習した（写真参照）．卒業生は金日成綜合大学の2年次に編入する資格を与えられた．興南ではこれとは別に，工業大学も発足した．これは3年制で，大学教員の養成を目的とした．建築，鉱山，機械，電気，化学の各科を配し，200名の学生を受け入れた．ここ

では，旧日窒・高周波重工業の日本人技術者（前述成田ら）が講義を担当した．このほか，勝湖里窯業技術学校，成興鉱山工業技術専門学校などで日本人が技術教育に当った[27]．

　1946年9月に，連合国総司令部代表と対日理事会ソ連代表の間で，ソ連占領地域からの日本人引揚げ合意が成立した．これによって同年12月に，北朝鮮からも日本人の正式引揚げが始まった．にもかかわらず技術者の多くは引揚げを許されなかった．帰郷心の募る者は南朝鮮に脱出する道を選び，海陸さまざまなルートで38度線を越えた．1947年春以降，ソ連軍司令部や人民委員会との交渉が実り，技術者の正式な引揚げが始まった．その結果1948年7月までに大部分が帰国した．残ったのは，技術指導のために任意で雇用契約を延長した者と犯罪容疑で抑留された者であった[28]．旧日窒龍興工場の技術者はシベリアに送られ，長期抑留された．

3　生産水準

　鉱工業生産は1946年後半から回復に向かった．その程度は事業所によりさまざまであった．日本人技術者の証言によると，黄海製鉄所（旧兼二浦製鉄所）では1947年末にようやく最大熔鉱炉が稼動を開始した．清津製鉄所では，銑鉄月産量は戦前の最高5,000トンにたいして1947年ごろには1,500トンであった[29]．興南人民工場では1947年夏の硫安の日産量は700トン（戦前1,500トン），同カーバイドは300トン（同500トン），川内里セメント工場では1947年6月，炉3基のうち2基を操業してセメントを1万トン（同2.6万トン）生産した[30]．青水カーバイド工場では戦前と同じくカーバイド炉2基が稼動し，生産量は戦前の50-80％程度に回復した[31]．興南のマグネシウム工場・アルミニウム工場，阿吾地の石炭液化工場の復旧はほとんど進行しなかった[32]．東洋製錬所（旧日本鉱業鎮南浦

---

27) 前掲，森田，801-04頁，岡本・松崎編，279-80頁．
28) 後藤嶺「日本窒素の思い出（遺稿）」前掲「日本窒素史への証言」編集委員会編，続巻第二集，1988年，94頁．
29) 前掲，森田，805頁．
30) 前掲，森田・長田編，第3巻，542頁（ここでは，同書の記述「1948年」を1947年の誤りとみて，訂正した）．
31) 前掲，北川，98頁，外城重男氏談（2002年3月22日）．

製錬所）では1946年9月に転炉1炉が操業したが，焼結炉3炉は再三休止する状態であった[33]．鉛製錬炉は，高品位の鉛原鉱が皆無であったために完全に休止していた．亜鉛製錬は1946年4月の再開以降，好調を維持した．月産水準は粗銅が100トン，電気亜鉛が250トン（1944年度の年産実績はそれぞれ，20万トン，6万トン――資料1），亜砒酸5トンであった．カドミウムとタングステン製造は休止中で，後者の設備はカーバイド製造に転用していた．カーバイドは月に30トン生産し，構内運搬車の代用燃料に使った．成興鉱山では，1947年9月ごろの月産採鉱量が1,300トン（戦前2,500トン）であった[34]．石炭は，1947年10月ごろには年産水準が有煙炭100万トン（同200万トン），無煙炭150万トン（同350万トン）に回復した[35]．

ソ連資料中のデータによれば，セメント工業では1946年後半，鳳山と海州の工場の生産水準がとくに大幅に設備能力を下回っていた（表7-4-A）．そこでは労働者数も戦前より顕著に少なかった．製糸，綿紡織工業でも労働者数が減少していた（同表B，C）．ただしその程度はセメント工業ほどではなく，沙里院紡織工場ではむしろ増加していた．稼動機台数は全体に，戦前の70％程度であった．亜麻工場は，表には示していないが，9工場中5工場が稼動中であり，他は全くあるいは限られた程度しか稼動していなかった[36]．原料の亜麻の生産は作付減のために，1946年に大きく減少した[37]．製材工場は全能力894万馬力のうち，1946年に稼動していたのは258万馬力（29％）にすぎなかった[38]．元山の石油精製工場（旧朝鮮石油製油所）はソ連第25軍の管理下におかれ，石鹸，ロウソク，アルコールのみ製造していた[39]．ソ連軍は樺太（サハリン）から原油を運ん

32）宗像英二氏談（2001年7月14日）．
33）前掲，森田・長田編，第3巻，498-99頁．
34）同上，504，508頁．
35）同上，474頁．
36）ロシア外務省公文書館，fond 0480, opis 2, papka 2, delo 7（前掲，木村「1945-50年の北朝鮮…(2)」395頁）．
37）同上．
38）ロシア外務省公文書館，fond 0480, opis 4, papka 14, delo 47（木村光彦「1945-50年の北朝鮮産業資料(5)」『青山国際政経論集』第59号，2003年，248頁）．
39）同上，fond 0480, opis 2, papka 2, delo 7（前掲，木村「1945-50年の北朝鮮…(2)」382頁）．

表 7-4 ソ連資料が記すセメント・製糸・綿紡織工場の稼動状況と労働者数，1946 年

A. セメント工場

工場名	年産能力(千トン)	現在の日産量(トン)[年換算(千トン)]	労働者数 戦前	労働者数 現在
勝湖里(小野田セメント)	210	250 [90]	1,200	700
川内里(〃)	185	400 [144]	1,100*	700
鳳山(朝鮮浅野セメント)	225	100-200 [36-72]	1,200	600
海州*(朝鮮セメント)	270	50 [18]	1,500	300

B. 製糸工場

所在地	主要設備（釜）戦前	主要設備（釜）1946年6月1日	労働者数 戦前	労働者数 1946年6月1日
鉄原（鐘淵工業）	432	300	450	375
鉄原	40	40	50	50
平壌（東洋製糸）	306	208	460	396
沙里院（ 〃 ）	100	100	120	120
咸興（片倉工業）	300	200	450	400
新義州(東棉繊維工業)	40	40	50	50
計	1,218	888	1,580	1,391*

C. 綿紡織工場

所在地	紡機（錘）戦前	紡機（錘）1946年6月1日	織機（台）戦前	織機（台）1946年6月1日	労働者数 戦前	労働者数 1946年6月1日	生産量(千ヤード)
沙里院（東洋製糸）	5,600	3,200	118	80	666	812	綿布25，毛綿混合25
新義州（朝鮮富士瓦斯紡績）	7,600	3,600	300	260	1,100	900	綿布10，ロープ9トン

注）工場名，所在地欄のかっこ内は旧日本企業名（筆者推定，判明分のみ）．表A，B中の*印は，原資料ではそれぞれ「110」，「古茂山」，「1,315」であるが，誤まりと考えられるので上のように修正した．表C中の生産量（または生産性，原語 proizvoditel'nost'）は，測定の時間単位（年当りか，月当りか）不明．
出所）ロシア外務省公文書館，fond 0480, opis 2, papka 2, delo 7（前掲，木村「1945-50 年の北朝鮮 … (2)」383, 391-92 頁）．

表 7-5 軽工業処傘下の国営企業所の主要製品生産量，1947 年 1-9 月（および 1944 年）

事業場	生産品	単位	生産量 1947年1-9月	生産量 1944年度
大同醸造（大同酒造）	醸造酒	千kℓ	1.5	(4.1)
＊（日本穀産工業）	澱粉	千トン	13	5
平壌製糸（東洋製糸）	生糸	〃	46	60
鉄原製糸（鐘淵工業）	〃	〃	25	24
新義州製糸（郡是工業）	〃	〃	8	2
咸興製糸（片倉工業）	〃	〃	24	57
沙里院紡織（東洋製糸）	綿布	千m	677	179
清津紡織（大日本紡績）	人絹	トン	26	1,057 (8,700)
平壌化学（鐘淵工業）	硫酸	千トン	2	10
〃（ 〃 ）	煉炭	〃	11	25
吉州パルプ（北鮮製紙化学工業）	パルプ	〃	3.2	12.9 (33.0)
新義州製紙（王子製紙）	洋紙	〃	5.2	7.6 (15.0)

注）事業場の旧名（かっこ内）は筆者推定（＊は，原資料に事業場名記載なし）．1944 年度の生産量欄のかっこ内は年産能力．
出所）1947 年の数値は，木村前著，74-76 頁（原資料は，軽工業処産業局企画部「1947 年度第三・四半期分各国営企業所別生産実績表」『1947 年度生産関係書類及増産突撃計画書綴』n.d.），1944 年度の数値は前掲の内務省資料（資料 1 に集約したデータ）による．

で，その不足を補おうとしていた[40]．

1947 年（1-9 月）の軽工業にかんする捕獲資料中のデータでは，澱粉，生糸（鉄原製糸，新義州製糸），綿布（沙里院紡織）の生産量が戦前を上回った（表 7-5）．とくに綿布生産の伸びは顕著であった．木村前著（第 3 章）で捕獲資料を用いて詳細に分析したように，沙里院綿紡織工場では 1946 年以降，生産が増大した．それは，設備拡張と労働者増員が進行した結果であった．同工場には戦時期に日本から送られた多数の紡織機が，梱包されたまま置かれていた．それらを新たに配備し，また女工を増やしたことで生産増大が実現した．近隣地帯では棉作が盛んであったから，原料も比較的豊富であった．

反面，人絹，硫酸，煉炭，パルプの生産は大きく落ち込んでいた．これ

---

40) 同上，fond 0480, opis 2, papka 1, delo 2（前掲，木村「1945-50 年の北朝鮮…(1)」319 頁）．

第 7 章　工業の再建 (1)

らの部門では，繊維工業や食品加工に比して多種の原料，高度の技術・熟練を要したため，生産回復が困難であった．

4　要　　約

北朝鮮の工業生産は 1945 年秋から 1946 年にかけて，大幅に減少した．ソ連占領軍と臨時人民委員会は，その回復に全力を挙げた．彼らは組織的に日本人技術者を抑留し，生産現場で使役した．彼らにとって日本人技術者は，活用すべき重要な人的資源——帝国が残したもうひとつの遺産——であった．

　日本人技術者は，「技術者精神」を発揮し真剣に操業再開に取組んだ．その結果，1946 年後半には工業生産が回復に向かった．しかしその程度は部門によって大きく異なった．綿布生産には純増があった一方，重化学部門の生産回復は遅れた．当時，北朝鮮では，生産組織，輸送，原材料・部品調達など経済のあらゆる面で問題が山積していた．それは短期的には克服しえない難題であった．この点は次章で詳細に検討する．

第8章

工業の再建 (2)

本章では，1948年に作成されたソ連の調査報告を用いて，同年末までの北朝鮮鉱工業の状況を調べる[1]．この時期の北朝鮮産業については他に，米軍が集めた情報がある[2]．それらは相当詳細であるが，あくまで北朝鮮内のインフォーマントが提供した間接的・断片的なデータにとどまる．これにたいしてソ連のこの報告は，実地調査にもとづく点，詳細な数量データを含む点，操業上の諸問題を率直に記している点で資料価値がたかい（他方で，ソ連への設備の搬出や軍事に直接関連した生産については言及がない）[3]．以下，第1節で産業別にその内容を記す．同報告にしたがって，電極，耐火煉瓦は製鉄業に，セメントは建材工業に含める．製品や設備の表記も原則として同報告にしたがう．その叙述は必ずしも整理されていないので，重要性の低い記述を省略したうえで短文に区切る（それぞれに整理記号を付す）．第2節では，第1節の記述順に報告内容を検討する．まず，戦前の資料に照らして工場の継承関係を明らかにする．つぎに設備の稼動状況と生産量の動きを中心に，1946-48年間の北朝鮮工業の実態を分析する．第3節で本章全体をまとめる．

---

  1) ロシア外務省公文書館，fond 0480, opis 4, papka 14, delo 47．報告書全体は長いもので，著者が入手したのはその一部である（そこにはタイトルや作成者は書かれていない）．邦訳全文は，前掲，木村「1945-50年の北朝鮮…(2)」400-39頁に掲載した．
  2) その一部は，Headquarters, US Army Forces in Korea, *Intelligence Summary Northern Korea*（『駐韓美軍北韓情報要約』翰林大学校アジア文化研究所資料叢書4，同所，春川，1989年）に収録されている．
  3) 次の論文は同じ報告書を参照しているが，詳細な分析は提示していない．Jeon Hyun Soo, "Sotsial'ino-ekonomicheskie Preobrazovanija v Severnoj Koree v Pervye Gody posle Osvobozhdenija (1945-1948 gg.)," Ph. D. Dissertation, Moscow State University, 1997.

第 8 章　工業の再建 (2)

1　ソ連報告の内容

(1)　鉱　　業

(ア)　技術水準，作業方法および作業の組織化は，すべての鉱山でおおよそ同じである．石炭の主要部分すなわち 50 % までが，手作業（つるはし）で掘り出されている．技術装備，機械化の程度は非常に低い．

(イ)　電気機関車，運搬手段，掘削用装置等はきわめて少ない．非常に老朽化しているために，現存の機械装置は 50 % しか動いていない．

(ウ)　鉱床探索計画と採掘システムは不完全である．鉱山の排水用導坑の数は，正常かつ安定的な作業に適合していない．褐炭については，排水用導坑は全導坑の 24 %（通常は 40 %）である．

(エ)　鉱山の作業距離（front）は合計で 3,260 m，すなわち 1944 年のそれの 72 % である．

(オ)　専門家と設備が不足しているので，採掘準備作業がいつも遅れている．地質探査作業はほとんど行なわれていない．

(カ)　炭鉱の安全技術は低水準である．電池照明灯の不足が労働生産性を非常に低めている．たとえば，8,000 人の地下労働者が，全部で 1,346 個の電池照明灯を交替で使っており，83 % の労働者は，覆いのない照明灯で我慢している．そのため，全坑の 70 % を占めるガス坑での作業の安全が保障されていない．

(キ)　1948 年以前には石炭業は，労働力の不足と年間 30 % にも達する人員移動率に非常に悩まされた．ソ連の専門家のアドバイスにしたがって労働者募集措置をとり，また物質的な労働条件を改善したことにより，1948 年には石炭業の労働者問題が解決した．しかし依然として，鉱夫の大多数は現場に最近やって来た者である．

(ク)　登録された鉱夫の労働生産性は 1 シフト当たり 0.36 トンであり，そのうち褐炭は 0.28 トン，無煙炭は 0.44 トンである．これは，1944 年の 0.33 トンという水準——褐炭 0.29 トン，無煙炭 0.37 トン——を上回っている．

(ケ)　朝鮮人労働者の労働生産性は非常に低い．同様の山岳地質条件の下でソ連が達成した水準よりはるかに遅れている．労働生産性が低い結

果，原価が高くなっている．
(ロ) 北朝鮮の石炭業は，産業，輸送，住民の燃料（コークスを除く）需要を満たしている．無煙炭には余剰があり，輸出される予定である．
(ハ) 近い将来，石炭業は多量の最新設備の輸入とソ連の専門家の助けを大いに必要とするであろう．

(2) 製鉄業

(ア) 産業省傘下に13の製鉄関連企業（冶金工場10，鉄合金工場1，電極工場1，耐火材工場1）が存在する．1948年11月1日現在，9企業が操業中である．4か所の小規模冶金工場（熔鉱炉容積29-495 m³）は操業を停止している．主要生産品は表8-1-Aのとおりである．
(イ) 最大規模の企業の設備現況は以下のとおりである．
　① 閉鎖冶金サイクル式の黄海・兼二浦の冶金工場
　　(a) コークス用電極4極．35基の炉に電極3極と25基の炉に電極1極．年間総生産能力は37.8万トン．修理されて現在稼動中の電極は2極，そのコークス生産能力は年に17.4万トン．残り2極の電極は未修理．
　　(b) 熔鉱炉が3基．各容積は513，495，420 m³．銑鉄総生産能力は年に35万トン．現在，容積513 m³の熔鉱炉1基が稼動中．
　　(c) 容量各50トンの平炉3基．鉄鋼の総生産能力は年に15万トン．銑鉄200トンの容量をもつ振動製錬炉1基．すべての炉と製錬炉は修理され，稼動中．
　　(d) 圧延機4基の圧延材生産能力は年間18.5万トン（864/508 mmのローラーをもつ3重厚板圧延機，10万トン，760 mmのローラーをもつ2重薄板圧延機，1万トン，3機の昇降機と750 mmのローラーをもつ3重大型圧延機，7万トン，260 mmのローラーをもつ3重小型圧延機，5,000トン）．圧延機はすべて修理され，稼動中．
　　(e) 小型熔鉱炉（容積70 m³，小型コークス用電極付け）10基．現在未稼動．
　② 城津の電気冶金工場
　　(a) 電気抵抗によって鉄鉱石を鉄に還元する炉18基．年間生産能力2万トン．

第8章　工業の再建 (2)　　　　169

表8-1　ソ連報告が記す主要製品の生産能力と
　　　　生産量（1944年，1948年）

A．製鉄部門　　　　　　　　　　　　　　（トン）

品目	設備の規定年間生産能力	1944年最大生産量	1948年計画量
コークス	830,000	819,175	130,000
銑鉄	700,000	481,171	90,000
鋼塊	327,000	145,549	117,600
直接還元鉄	110,000	53,840	24,000
圧延材	417,000	103,562	126,975
フェロタングステン	1,610	650	1,100
フェロシリコン・フェロマンガン	9,330	4,748	3,725
耐火煉瓦	45,360	18,550	20,000
クリンカー煉瓦	52,000	34,982	6,000

出所）本文参照．以下（B～E），同．

(b)　エルー（Geru）式電気製鋼炉12基（容量は4基が10トン，7基が5トン，1基が3トン）．鉄鋼総生産能力は年間7.8万トン．

(c)　アーク（Ajaks）式電気製鋼高周波炉5基（容量は2基が1トン，3基が0.5トン）．鉄鋼総生産能力は年間12.6万トン．

(d)　電気冶金炉9基（容量は1基が6トン，8基が0.5-1トン）．年間の総生産能力は，フェロタングステン1,600トン，フェロクロム900トン，フェロマンガン330トン．

(e)　圧延機5基．年間総生産能力は圧延材9.2万トン（うち，685/485mmローラー付け3重中板圧延機の中板生産能力3万トン，2重薄板3層圧延機の薄板生産能力7,000トン，450mmローラー付け3重中型4層圧延機の生産能力3万トン，2台の280mm，260mmのローラー付け小型5層圧延機の線材生産能力2.5万トン）．

(f)　蒸気ハンマー20基と蒸気プレス機2台を備える鍛冶圧縮工場．特殊棒鋼と各種梱包材の年間生産能力4.5万トン．

(g)　引抜用釘製造工場．その生産能力は小．

上記［(a)-(g)］の全設備は復旧され，稼動中である．

③　降仙の電気冶金工場

(a)　エルー式電気製鋼炉4基（容量は3基が各20トン，1基が15トン）．年間の鉄鋼総生産能力7.5万トン．炉はすべて稼動中．

(b) ベッセマー転炉 2 基（容量は各 10 トン）．未復旧．
(c) 鉄合金炉 3 基（容量 1.5 トン）．年間生産能力はフェロシリコン・フェロマンガン 3,000 トン．
(d) 電気熔鉱炉 1 基．生産能力は 1 日に銑鉄 40 トン．未復旧．
(e) 圧延機 3 基．年間総生産能力は圧延材 14 万トン（650 mm のローラー付け小型分塊圧延機の鋼片生産能力 7.5 万トン，580 mm のローラー付け大型 3 重 4 層圧延機の生産能力 4 万トン，3 重 14 層ワイヤ製造機の生産能力 2.5 万トン）．すべての圧延機は復旧され，稼動中．
(f) 1948 年に，年間 1 万トンの生産能力をもつ熔接パイプ作業場，金属製品作業場，圧延ローラーと車軸を鋳造する銑鉄・鋼鉄作業場を建設中．

④ 清津の金属工場——終戦までに未完成
(a) 炉 57 基にコークス用電極 2 極（年間のコークス生産能力は 45.2 万トン）．炉は復旧しているが未稼動．
(b) 熔鉱炉 2 基（容量は各 744 m^3，年間銑鉄生産能力 35 万トン）．炉は未復旧．
(c) 各 70 m^3 以下のコークス小電極付け小型熔鉱炉 10 基．すべて操業停止中．

⑤ 清津の鉄鉱石直接還元工場
クルップ-レン（Krupp-Renn）式の 3.6 m，長さ 60 m の円筒状回転炉 6 基．還元鉄の年間生産能力 9 万トン．3 基（年間生産能力 4.5 万トン）が復旧．

⑥ 南浦（鎮南浦）の電極工場
電気製鋼炉と鉄合金炉用黒鉛電極（最大 22 インチ）の年間生産能力 5,000 トン．復旧し，操業中．

⑦ 城津の耐火材工場
年間生産能力は，マグネサイト煉瓦 3,000 トン，珪石煉瓦 4,000 トン，マグネシア・クリンカー煉瓦 2.5 万トン．操業中．

⑧ 富寧の鉄合金工場
年間生産能力は，フェロマンガン・フェロシリコンが 5,100 トン，黒鉛電極が 1,500 トン．操業中．

第8章 工業の再建 (2)　　　　　　　　　　　　　171

　　⑨　羅興の鋳造工場
　　　　操業中．冶金工場の修理の必要に応じている．
(ウ)　現在，製鉄業では14,519人の労働者が就業し，そのうち技術者は150人である．
(エ)　北朝鮮の製鉄業には顕著な不均衡が現れている．現存する主要設備が完全に操業されるならば，銑鉄は年に70万トン生産しうるが，製錬設備は，最大でも16万トンの銑鉄加工とおよそ32.7万トンの製鋼能力しかない．これは年間の鋼塊供給量41.7万トンに相当し，必要量を保障し得ない．
(オ)　製品の種類は国家の要求に合致していない．たとえば，銑鉄と特大の厚板が十分に余っているのに，引抜管，鉄道用のバンド鉄，金属製品の生産が全く不足している．また屋根用鉄板と細板が少量しか生産されていない．この結果北朝鮮は，鉄製品を輸出する一方でそれを相当量輸入しなければならない．
(カ)　鉄製品の輸出は，協定に則って，1948年の全輸出額の約50%である．
(キ)　製鉄用の原料と燃料の輸入においては，コークスが重要な位置を占めている．少量ではあるが，同様に輸入されているのは，鉄合金，フェロクロム，フェロバナジウム，フェロマンガンである．他の原燃料は国内に存在する．

(3)　非鉄金属
(ア)　全部で6工場存在する．設備の維持，工場共有施設の利用のため一時停止中であった3か所のアルミニウム工場と2か所のマグネシウム工場が操業を開始した．主要非鉄金属製品の生産量は以下のとおりである（表8-1-B）．
(イ)　①　最も進んだ工場は南浦の非鉄金属工場である．そこには，鋳型冷却装置7基，電解槽176槽を備える亜鉛・カドミウム加工設備と新たに建設された亜鉛酸化物設備がある．年間総生産能力は，粗銅6,000トン，粗鉛8,000トン，亜鉛6,000トン，カドミウム30トン，亜鉛酸化物360トン等である．1948年には亜鉛約5,500トンを生産した．これは日本統治期に達成された最高の生産水準を超える．現在，工場は拡張作業中である（年間生産能力1.6万トンの予定）．

(表 8-1)
B. 非鉄金属部門　　　　　　　　　　(トン)

品　目	設備の規定 年間生産能力	1944年 最大生産量	1948年 計画量
電気銅	3,100	1,663	1,775
鉛	8,200	7,161	6,825
亜鉛	6,000	5,209	5,100
カドミウム	30	26.3	2.4
金	4.3	1.1	4.7
銀	41.2	13.7	19.5

② 興南の非鉄金属工場には，過熱冷却装置3基と電解槽372槽がある．年間生産能力は，電気銅と電気鉛それぞれ3,000トン，金3.3トン，銀26.4トン，ニッケルと銅の粗合金2,970トン，電解ニッケル60トンである．電解ニッケルの生産は以前，朝鮮では行なわれていなかったが，集中的な科学研究の末に，1947-48年にようやく実現した．
③ 文坪の非鉄金属工場には，過熱冷却装置3基と電解槽160槽および1947-48年に建設されたビスマス，鉛酸化物，鉛砒酸塩製造設備がある．年間総生産能力は粗鉛4,200トン，電気鉛5,250トン，粗銅1,600トン，金1トン，銀14.8トン，鉛砒酸塩432トン，ビスマス10トン等である．
④ 海州と龍岩浦の小規模の鉛工場には，過熱冷却装置が2基ずつある．年間総生産能力は粗銅7,500トンである．海州工場では新たに，少量のアンチモンの生産を開始した．
⑤ 北中の大規模アルミニウム工場は電解槽340槽を備えている．原料不足のために現在は，残存原料でアルミ食器と日用品のみ製造している（日本人は国内の低質の原料でアルミ製錬を試みたが，この試みは未完に終わった）．
(ウ) 非鉄金属生産の主要問題は，銅，鉛，ニッケルと銅製錬用の合金原料の不足である．現在すべての工場は，国内原料のみで作業を行なっている．銅精鉱，鉛精鉱は，地質調査と採掘準備作業の遅れと技術者の不足のために採掘量が非常に僅少である（日本統治期には銅精鉱の35％，鉛精鉱の45％は南朝鮮，満洲および他の諸国に依存した）．亜鉛精鉱には余剰があり，一部は輸出されている．

(エ) 原料不足の結果，過熱冷却装置全17基のうち8基しか稼動しておらず，それも動き出すとすぐに中断する．1948年の生産計画は，1944年の最高水準に比して，粗銅24.4％，粗鉛44.5％，ニッケル・銅合金28％である．
(オ) 非鉄金属工業の労働者総数は4,806人，そのうち技師は69人である．
(カ) 非鉄金属企業の技術水準は，現代の技術水準に立ち遅れているが，設備は比較的よく維持されていた．日本の技術は，鉱山からの希少金属抽出係数の低さと，ほとんど再加工されない残留物の大量損失によって特徴づけられていた．現在，技術過程の改善にかんして多くの作業が行なわれ，また集められた残留物の再加工施設が建設されている．製品の質は良い．
(キ) 新工場の計画と建設にあたってはソビエトの専門家の援助が必要である．ソビエトの専門家の参加とともに，国内原料にもとづいたアルミニウム・マグネシウム工場の現存生産能力の利用にかんする問題を解決するために，科学研究を大いに行なう必要がある．
(ク) 非鉄金属生産のために輸入する必要があるのは，現在建築中の工場で使う複雑な基本的設備のみである．

(4) 機械工業

(ア) 遅れた産業分野のひとつである．設備，予備部品は，再建途上の企業の必要に全く応えていない（全工場は，主として鉱業とセメント工業の必要の充足のために，多様な製品と機械の個別生産に適合するように建設された）．
(イ) 13工場が存在する（鉱山用機械工場3，造船所3，自動車修理工場1，化学機械製造工場1，鋳造機械工場5）．大規模工場は以下のとおりである．

　① 興南の化学機械工場
　　1940年に建設が始まり1943年に一部操業を開始したが，完成はしなかった．総面積23,094㎡，鉄筋コンクリート造りの建物を有している．現在つぎの設備が存在する：金属切削機100台，金属圧縮機19台，木材加工機13台，3-6トンの電気熔鉱炉4基，

熔銑炉3基，大出力電気起重機16基．1948年に，油圧式1,000トンプレスをもつプレス部門，熱部門および工場用の化学・金属組織研究施設の建設を開始した．

② 鉱山用機械工場3工場

鉱山用機械工場は，生産性の低いものが3工場のみ存在する：川内里工場，海州工場，新義州工場．

③ 平壌の自動車修理工場

旧飛行機組立工場の建物と設備をもとに1946年に建設を開始した．現在，一部操業中である．金属切削機83台，金属圧縮機4台，各種特殊機械8台，毎時3トンの熔銑炉1基を備える．

④ 平壌の鋳造機械工場（1919年建設）

金属切削機59台，金属圧縮機7台，各種機械10台，毎時3トンの熔銑炉5基，3トン電解炉1台を備える．

⑤ 造船所

小さな木造船（最大150トン）を建造する生産性の低い3か所の造船所，小型木造船と240馬力までの船用エンジンを修理する2か所の修理基地がある．南浦の造船所は1911年に，元山と清津のそれは1943年に建設された．1948年に3造船所は，外航に適する近代的構造をもった小型木造船の建造を開始した．1948年に，元山，南浦の造船所は金属船の建造に着手し，南浦の造船所では同年，排水量300トンの金属船が1隻進水した．1949年には，排水量1,000トンと2,000トンの金属船の建造を予定している．

(ウ) 稼動中の工作機械工場が保有する工作機械は，台数が少ないのみならず，非常に旧式化・老朽化している．

(エ) 現在，労働者総数は5,285人，そのうち技術者は52人である．

(5) 化学工業

(ア) 化学工業の主たる製品は以下のとおりである（表8-1-C）．

そのほかの生産物は，各種有機物，グリセリン，アセトン，酢酸，木材・アセチレンから合成されるエチルアルコール，チオエーテルなどである．

(表 8-1)
C. 化学部門　　　　　　　　　　（導火線はkm，その他はトン）

品　目	設備の規定 年間生産能力	1944年 最大生産量	1948年 計画量
硫安	450,000	437,556	256,000
カーバイド	254,400	151,774	106,000
シアン化カルシウム	39,700	20,912	22,400
苛性ソーダ	16,200	11,542	6,600
ソーダ灰	6,600	5,745	4,500
アセチレンブラック	4,250	2,297	1,000
ダイナマイト	8,250	7,082	2,100
アンモニア	1,000	621	360
過燐酸石灰	36,000	23,207	25,200
導火線	-	65,956	18,000

(イ) 化学工業には 13 [12] 工場が存在する：① 興南の肥料工場，② 本宮の化学工場，③ 興南の火薬工場，④ 順川のシアン化カルシウム [石灰窒素] 工場，⑤ 青水の炭化水素化合物工場，⑥ 南浦の過燐酸石灰工場，⑦ 永安の有機物工場，⑧ 阿吾地の人造燃料工場，⑨ 海州の染料工場，⑩ 新義州の加水分解アルコール工場，⑪ 平壌と清津の酸素工場．

(ウ) 現在，これらの工場の労働者総数は 21,146 人，技術者は 24 人，熟練労働者は 167 人である．興南の化学コンビナートは，生産の規模と製品の多さの点で世界の一流企業にランクされる．[日本統治期には] 現場の労働者だけで 4.2 万人が就業し，55 種の基礎化学製品と数十種の雑多な製品を生産していた．

(エ) 主要工場の概要

① 興南の肥料工場

飽和器 21 基を備える硫安設備——平均製造能力は 1 日当り 90 トン．20 基のカザレー塔を有する合成アンモニア設備（水素と酸素を生成する電解槽 9,120 槽と空気分解塔 13 基を配備）——生産能力は 1 日当り 20 トンで圧力は 750 気圧．鉛室式硫酸設備——生産能力は 1 日当り最大 32 トン，空気・酸素混合燃料で稼動．電気炉 2 基を備える燐酸設備——1 日当り生産能力 10 トン．硫燐安設備——年産 10 万トン．油脂設備——石鹸の生産能力は年に 3.3 万トン．120 の卓上バーナーを備える人工ルビー設備——ルビーの

生産能力は年に2,683万カラット．そのほかに，電極，乾電池，合成アンモニア，発煙硫酸，鉛酸化物などを生産．

② 本宮の化学工場

カーバイド設備――3段式の電気炉4基，1段式の電気炉4基（電気炉1基のカーバイド生産能力はそれぞれ100トン/日，50トン/日）．合成アンモニア設備――カザレー塔（生産能力20トン/日，圧力750気圧）7基，水素と酸素を生成する電解槽2,229槽，窒素を生成するクロード（Klode）塔3基．塩素設備――138槽の電解槽を有する食塩電解工場．生産能力がそれぞれ4トン/日の塩素および水素燃焼炉10基．塩化石灰設備――装置48基．各生産能力は900kg/日．苛性アルカリ溶解設備――ボイラー12基．シアン化カルシウム設備――窒化炉16基．各炉の1日当り生産能力は6トン．研削材設備――電気炉（年間生産能力1,700トン）5基．他に，アセチレンブラック，ソーダ灰，酢酸，アセトン，エチルアルコール，ガラス食器，陶器，耐火材料などを生産．

③ 興南の火薬工場

接触連動装置（触媒，プラチナグリッド）4基を備える希硝酸設備――装置1基の生産能力は12.5トン/日（アンモニア－酸素の混合気圧のもとで合成を行なう）．同一生産能力をもつこの設備の半分は操業停止中．濃硝酸・硫酸設備――古い規格の濃縮器がある．硝酸アンモニア設備――生産能力7トン/日の中和器5基．

④ 順川のカーバイド・シアナミド工場

生産能力20トン/日の石灰焙焼炉3基．カーバイド設備――生産能力40トン/日の電気炉3基，同20トン/日の電気炉2基．シアナミド設備――生産能力4トン/日の窒化炉16基．空気分解設備－クロード塔2基．

⑤ 青水のカーバイド・炭化水素化合物工場

カーバイド設備――生産能力40トン/日の3段階電気炉2基．アセチレンブラック設備――年間生産能力750トン．ニトリル弾性ゴム設備――生産能力1トン/日（日本人はこれを十分に開発していなかった）．現在，弾性ゴムの生産技術が開発され，水の電気分解による水素生成部門の生産性向上作業が進行中．シアナミ

ド・カリウム設備（年間生産量1.2万トン）の建設計画中．

⑥ 南浦の過燐酸石灰工場

硫酸設備——回転炉（生産能力45トン/日）2基．過燐酸石灰設備——化学反応器3基．総生産能力は105トン/日．

⑦ マグネシウム工場を改造した岐陽の化学工場

苛性ソーダ設備——年間3,000トンの苛性ソーダを生産．塩酸設備——直接xxxx炉（塩酸生産能力3トン/日）2基．晒粉設備——塩素浄水塔（生産能力4トン/日）2基．他に，少量の塩素酸カリウムを生産中．

⑧ 阿吾地の人造燃料工場

操業停止中．ガス発生装置（酸素ガス通気能力175トン/日）による石炭燃焼設備を建設中．メタノールの総生産能力は年に1.5万トン．

⑨ メタノールを原料とする永安の有機物工場

ホルマリン，ウロトロピン，プラスチック，人造樹脂設備．

⑩ 海州の工場

以前は爆発物の類を生産していたが，現在は改造されて，繊維産業用の黒色染料を生産中．設備拡張中．

⑪ 新義州の加水分解アルコール工場

木片から年間1,500 kℓのアルコールを製造中．

⑫ 平壌と清津の酸素工場

酸素，窒素生成用の標準的なクロード塔を配備．

(オ) 技術設備に関しては，化学工場の若干の部門のみが近代化されている．例えば，

a / 水素の電気生成によるアンモニア製造，強冷却方法による窒素生成，後処理過程でのカザレー装置内の窒素・水素生成．

b / 電気炉内への原料混合物自動装入によるカーバイド・カリウムの製造．

c / 水素と塩素の化合による塩酸の合成．

その他の製造技術は遅れていた．ほとんどすべての企業の設備と機器が老朽化し，個々の部品，装置の交換・修理を要する．

(カ) 化学工場はすべて国内原料によって稼動している．多くの硫黄分を

含む硫酸製造用の硫化鉄鉱が朝鮮には存在しない．そのため，現在，硫黄含有量30％の硫化鉄鉱（これは在庫がある）を機械炉で燃焼させる技術の開発が行なわれている．
(キ) 白金グリッド，高圧管，統御・計測器といった交換部品を輸入する必要がある．輸入が必要な資材は，水銀と特別な種類の特殊鋼である．試薬製品がまったく不足している．それゆえ，ほぼすべての試薬は輸入品である．企業の発展のためには，多数の化学機器を輸入する必要がある．
(ク) すべての企業で，技術，生産管理，原料節約（消費率）の水準は低かった．現在，技術は向上しており，また生産管理が行なわれ，原料・資材の消費単位規準が大幅に切下げられた．
(ケ) 製品の質は低かったが，技術改良や規格の設定によって，現在ようやく製品の質が向上した．災害防止技術はすべての化学企業で欠けていたが，現在ようやくこの問題にしかるべき注意が払われるようになった．
(コ) 国内市場の化学製品にたいする需要は完全に満たされており，そのうえ，化学製品の輸出可能性も存在する．

(6) 建材工業
(ア) 建材工業の主たる製品は以下のとおりである（表 8-1-D）．
その他の製品は，瓦，石灰，アルミニウムセメント製造用のクリンカー煉瓦，マグネサイトなど．
(イ) 産業省傘下の建材工場は 16 工場である（比較的大規模なセメント工場 5，耐火性製品工場 2，煉瓦工場 3，瓦工場 2，容器工場 1，マグネサイト耐火材工場 1，石灰工場 1，アルミニウムセメント工場 1）．
(ウ) 労働者総数は 5,500 人，そのうち技術者は 6 人，熟練労働者は 31 人である．
(エ) 建材工業の主たる企業の概要
① 勝湖里のセメント工場
焙焼炉 4 基．セメントの総生産能力は年に 52.74 万トン．現在 1 基が稼動中．さらに 1 基の稼動可能性あり．これら 2 基の炉の総生産能力は年に 27.8 万トン．

第8章 工業の再建 (2)

(表 8-1)

D．建材部門

品　目	単位	設備の規定 年間生産能力	1944年 最大生産量	1948年 計画量
セメント	トン	1,800,000	893,596	287,000
建築用煉瓦	千個	55,000	—	21,150
容器	〃	1,500	180	1,450
耐火性製品	トン	17,100	2,400	3,000

② 馬洞のセメント工場

焙焼炉3基．現在1基のみ稼動中．他の2基は，建設不備のため稼動不能．全炉のセメント総生産能力は年に25.92万トン．稼動中の炉1基の生産能力は10万トン．

③ 川内里のセメント工場

焙焼炉3基．セメント総生産能力は年に40.5万トン．現在2基が稼動中，その総生産能力は最大25万トン．

④ 海州のセメント工場

焙焼炉3基．セメント総生産能力は年に49.5万トン．2基（生産能力33万トン）が稼動中．

⑤ 古茂山のセメント工場

焙焼炉1基．セメント生産能力は年に10.2万トン．

(オ) セメント工場は技術面ではよく整っているが，設備は非常に老朽化し，多くの場合，大修理または全面交換が必要である．

(カ) 現在南浦にガラス工場が建設中で，1949年中頃までには完工の見込みである．

他の企業は技術的に未熟である．

(キ) 基本的に，建材工業の製品の質はよいが，いくつかの工場は，石炭の質の悪さと熟練技術者の不足のため，幾分品質の劣るセメントと耐火材を生産している．

(7) 軽工業（食料，繊維，紙・パルプ，ゴム，皮革工業）

(ア) 主要製品は以下のとおりである（表 8-1-E）．

(イ) 産業省傘下に44企業がある（食料品7，繊維29，紙・パルプ4，ゴム2，針1，事務用品1）．

(表 8-1)

E. 軽工業部門

品 目	単位	設備の規定年間生産能力	1944年最大生産量	1948年計画量
澱粉	トン	22,000	15,387	17,532
人造蜜	〃	15,000	489	2,505
葡萄糖	〃	3,900	166	1,975
大豆油	〃	12,770	4,420	6,468
穀粉	〃	87,000	10,425	10,000
綿布	千m	15,400	1,005	6,909
絹布	〃	3,204	373	1,700
ビスコース	トン	6,000	1,400	1,460
靴下・手袋	千ダース	2,430	99	919
メリヤス製品	〃	—	5	56
各種紙製品	トン	21,620	9,445	12,360

注) 記載数字の単位以下を四捨五入. 綿布, 絹布の単位は原表ではメートルだが, 原資料の本文の記述にしたがって千メートルに修正した.

㈬ 労働者総数は15,906人, うち技術者は20人, 熟練労働者は74人である.

㈭ 1か所の澱粉・糖コンビナートを除いて, すべての企業の設備 (日本で長い間使われたのち, 朝鮮に運び込まれた) は老朽化している.

㈯ 主要企業の概要

① 平壌の澱粉・葡萄糖コンビナート

最も生産能力が大きく近代的な軽工業企業. 年間生産能力は, 澱粉2.2万トン, 人造蜜1.5万トン, 葡萄糖3,900トン, コーンオイル1,020トン.

② 植物油工場3工場

南浦工場——圧縮機36基, 年間製油能力1,900トン. 清津工場——圧縮機91基, 年間製油能力7,846トン. 新義州工場——圧縮機56基, 年間製油能力3,024トン.

③ 平壌のアルコール飲料工場

蒸留装置4基. 蒸留酒の生産能力は年に600万kℓ.

④ 南浦と沙里院の製粉工場

穀粉の総生産能力は年に8.7万トン.

⑤ 沙里院と新義州の繊維工場

精紡機36台, 織機688台. 綿織物の生産能力は年に1,540万m.

⑥ 南浦と平壌の絹織物工場

織機260台．絹布の生産能力は年に320.4万m．

⑦ 平壌と清津の人造繊維工場

伸線機58台．人造繊維の生産能力は年に6,000トン．

⑧ 新義州のパルプ・厚紙コンビナート

パルプ機1基，厚紙機2基．年間生産能力はパルプ9,000トン，厚紙3,000トン．

⑨ 吉州のパルプ・製紙工場

パルプ製造機1基，製紙機2基．年間生産能力はパルプ2.4万トン，紙1.1万トン．

⑩ 新義州の製紙工場

製紙機2基．年間生産能力9,900トン．

(カ) 北朝鮮の軽工業が生産する製品は，種類が非常に限られ，また品質が低い．たとえば，片面のみ滑らかな紙や，破れやすく染色が不十分な布が生産されている．製品の量にかんしても，北朝鮮住民の需要を全く満たしていない．そのため，多量の布，靴，紙，その他の財が輸入されている．

(キ) 輸入を減らすために，1946年以来，繊維，紙，靴の生産力の増大が行なわれた．今後，現存する企業の拡張のほか，x［3?］万錘の紡績機とxxxx台の織機をもつ大規模な繊維工場と皮革・靴工場の建設が始められるであろう．

(ク) すべての軽工業は国内原料を用いて操業している．北朝鮮の軽工業は原料不足に直面しており，現存の小さい生産能力さえ十分に生かしていない．農業では工芸作物の播種の拡大が行なわれており，この2年間でこうした不均衡が一掃されねばならない．新しい大規模繊維工場が建設されるまでは，紡績機と織機の生産能力のギャップが残存するであろう．

(ケ) 紙・ビスコース工場は交換部品（たとえば，燐青銅製のグリッドや紡糸口金など）の全面的な不足に直面している．

(8) 総　　括

(ア) 経済再建における基本的な困難は，設備・原料の不足，朝鮮人技術

者の極端な不足・低資質——彼らは外国の技術にほとんど通じておらず，国内の生産技術を幾分心得ているにすぎない——である．

(イ) 経済再建にはソ連の専門家が決定的な役割を果す．彼らは1947-1948年に，新規の生産を計画し，建設作業を行ない，また必要な設備を生産し，現存ストックを利用して部品，機械を揃えるうえで朝鮮人技術者を援助した．

(ウ) 1946-1948年の新規建設はすべて，国内資源の動員によってのみ行なわれた．かつて朝鮮で行なわれていなかった以下の作業場における操業と生産が新規に始まった（表8-2）．

(エ) 南浦のガラス工場，江西の電気機械工場，降仙工場の金属作業場，城津工場のロープ作業場，南浦・元山工場の金属船製造ドック，その他の作業場が建設中である．多くの工場では，残留物を利用した一般日用品作業場が新たに設けられた．これによって市場の状況が著しく改善された．

(オ) 新たに設けられた作業場と同様，既成の古い作業場でも新たに，多くの複雑な機械が組み立てられた，それらは，日本人が港や倉庫にばらばらの状態で残しておいたものであり，不足した多くの部品（その中には非常に重要なものもある）の製造に必要であった．基本的な設備から，次の機械類が組み立てられた：電気熔鉱炉3基，薄型圧延機1基，小型圧延機1基，電解槽24槽，合金鉄熔鉱炉1基，紡績機1,776台，綿織機154台，絹織機395台，製紙機7基，熔接機1基．

(カ) 新たな原燃料を利用し，生産能力を高め，製品の種類を増やす目的で，多くの機械類が復旧された．たとえば非鉄金属工場では，不足しているコークスの代わりに，無煙炭で8基の過熱冷却装置を稼動させた．製鉄所では，輸入燃料から国内産石炭に切り替えて12基の過熱熔鉱炉を稼動させた．海州の製鉄所の平炉3基は，その容量が50トンから60トンに増加した．織機は改造されて，より上質の織物を生産するようになった，等々．

(キ) 新たに製造または復旧された機械類のほかに，多くの工場で，従来の設備によって新しい製品が開発された．1947年には，開発された製品の種類が70種に達し，1948年にはさらに150種が新たに開発されると見込まれている．さらに，種々の薬品，プラスチック，浮選剤，

第8章 工業の再建 (2)   183

表 8-2 ソ連報告が記す 1946-1948 年の新設作業場

(エチルアルコールはkℓ, その他はすべてトン)

工　場	作業場名	年間生産能力	生産開始年
非鉄金属工場, 南浦	酸化亜鉛	360	1946
〃	残留物を原料とする硫酸銅	180	〃
本宮化学工場	エチルアルコール	5,000	〃
岐陽化学工場	苛性ソーダ	3,000	〃
非鉄金属工場, 文坪	酸化鉛	200	1948
〃	砒素鉛	432	〃
〃	電解ビスマス	12	〃
非鉄金属工場, 海州	アンチモン	36	〃
非鉄金属工場, 興南	電解ニッケル	60	〃
〃	キサントゲン酸	30	〃
金属工場, 降仙	熔接	5,000	〃
金属工場, 兼二浦	銑鉄熔接	20,000	〃
〃	亜鉛メッキ	2,000	〃
パルプコンビナート, 吉州	製紙	10,000	〃

出所：本文参照．

化学製品，皮革製品，繊維製品，ゴム製品，特殊衣類，工具，家庭用・始動用電気備品が，数多くまた大量に開発された．

(ク) これらの大きな国家的成功にもかかわらず，多くの必要設備が生産されていない．それは次のようなものである：自動車，トラクター，ボールベアリング，自転車，写真機，映写機，ラジオ，制御装置・機械，ゴム被覆電線，大型電動機，特殊機械およびその他多くの製品．

(ケ) ソ連の専門家の援助と直接の指導の下で，生産の技術的および組織的側面にかんして多くのことが成し遂げられ，生産の状況が大きく変貌し，その技術水準が高まった．技術的な面では，日本統治期に職工が「目分量で」行なっていたことが，一層正確な計算にもとづいて行なわれるようになった．

(コ) ソ連の専門家の助力によって，大幅に過小評価されていた製鉄業の主要設備生産能力の見直しが行なわれた．たとえば降仙の製鉄所では，1基の熔鉱炉の年間生産能力が 1,200 トンから 2 万トンに引き上げられ，分塊ロール機の生産能力が 4 万トンから 7.5 万トンに引き上げられ，小型圧延機の生産能力が 5,000 トンから 2.5 万トンに増大した．城津の電気製鋼能力は，4 万トンから 7.8 万トンに増大し，文坪の非

鉄金属工場では，年間の鉛製錬能力が5,000トンから1.5万トンに引き上げられた，等々．

(サ) 1947-1948年に，累進的出来高払い賃金制度の策定と基礎的な作業定量設定のための作業が集中的に行なわれ，1948年末には，ほぼすべての主要な熟練労働者を含む多くの労働者が累進賃金制の下に移された．1948年9月以来，製鉄業においては技術者と指導幹部の間に累進的割増賃金制度が実施された．この措置の実施は指導幹部に物資的刺激を与え，その管轄下の業務にたいする責任性を高めた．

(シ) 組織の改善作業が集中的に行なわれた．生産の成長率が高い一方で各産業の労働者の数は大きくは増加しなかった．労働生産性は1947年には，1946年に比して160％，1948年には――計画によれば――207％となり，さらに1948年9月にはすでに，計画を2.3％超過した．1948年の労働生産性は日本統治期に達成された労働生産性を上回り，絶えず上昇している．

(ス) 製鉄業，非鉄金属工業，機械工業，電気工業の労働生産性がもっとも速く成長した．そこでは，設備の高生産性が最大限に実現し，またソ連の専門家の援助がもっとも大きかった．労働生産性の成長がもっとも緩慢であったのは，軽工業，鉱業，石炭業であり，そこでは機械化がもっとも遅れていた．

(セ) すべての企業で，財政原則の適正化，技術の向上，民間市場からの仕入れの削減，非生産的な支出の一掃にかんして集中的な作業が行なわれた．労働生産性の高成長と財政原則の強化は，生産物原価の大幅な削減をもたらした．1948年6月には原価低下の結果，メリヤス，絹布，一般日用品の販売価格が25-32％切下げられた．それに対応して，民間市場でも価格が低下した．それにもかかわらず，多くの生産物の価格は依然として高いままである．

(ソ) 朝鮮人技術要員養成の問題は，過去3年間たえず主要な問題となっており，ソ連の専門家がもっとも大きな関心を寄せてきた．1945年に産業が麻痺し，また1946年初めに土地改革が行なわれた間に，多くの産業分野で朝鮮人技術要員がいないために操業が停止した．工場では，初歩的な技術知識や熟練を欠いた要員によって，人員の補充が行なわれた．各工場の労働移動率は年間に，全人員の60-70％に達し

第8章　工業の再建 (2)　　　　　　　　　　　　　　　185

た．生産および技術訓練組織がすべて新たに編成されねばならなかった．

　全く不十分な速度ではあるが，熟練労働者の数とその割合が増大した．労働要員の訓練は，技術専門学校，個人的訓練の組織化，工場内での訓練の組織化といった面で進展した．

(タ)　北朝鮮の鉱工業では1946年には合計で127,960人，1947年には129,960人，1948年には134,663人が働いていた．

(チ)　稼動中の設備の生産性は多くの場合，日本統治期より高まっている．たとえば，興南の肥料工場の硫安作業場では，日本統治期には1日70トン生産していたが，今では80-85トン生産している．本宮工場のソーダ灰作業場は日本統治期に1日20トン生産したが，今は30トンまで生産している．黄海の2つのコークス炉は日本統治期に1.45万トンを生産したが，今は1.8万トンである．南浦の工場の亜鉛作業場では，日本統治期の最大生産量が2,000トンであったのにたいして，1948年上半期には2,700トンを生産した．

(ツ)　北朝鮮の国家産業の再建と一層の発展のために多額の資金が投資された．最大の基本投資が行なわれたのは，石炭業，鉱業，製鉄業，化学工業，軽工業および電気工業であった．

(テ)　1946年の総生産額は，1944年における日本統治期最大の生産額の26％であった．1947年の計画は非常に緊張した状況下で行なわれ，102.5％達成された．これは1946年比190％であった．1948年の計画では，工業生産総額は1947年比135.4％，1944年比67％である．1948年の11か月間の計画は104.3％達成され，年間の工業生産計画は超過達成されるであろう．1946-48年の工業生産総額の変化は表8-3のとおりである．

(ト)　もっとも速く総生産が成長しているのは機械工業，製鉄業，建材工業である．これは，他分野の産業の再建が設備や金属の予備部品，セメントを入手できるか否かに依存していたことによって説明される．総生産の増大がもっとも遅れたのは鉱業であり，それは日本人が地質にかんする資料を破棄してしまったためである．

表 8-3 ソ連報告が記す 1946-48 年の工業生産総額

産業部門	生産額，1948年価格 (百万ウォン)			対比 (%)		
	1946 (%)	1947	1948	1947 1946	1948 1947	1948 1946
電 力*	353 (49)	527	611	149	116	173
石炭業	459 (26)	996	1,282	217	129	179
鉱 業	654 (27)	1,255	1,660	192	132	254
製鉄業	356 (9)	1,005	1,728	282	172	485
非鉄金属工業	596 (19)	1,230	1,329	206	108	223
機械工業	87 (19)	354	604	405	170	690
化学工業	1,074 (29)	1,532	2,109	115	171	196
軽工業	1,428 (49)	2,479	3,389	174	136	237
建材工業	88 (14)	270	357	306	132	405
合 計	5,098 (26)	9,651	13,073	189	135	256

注) *原資料の表記は，発電所と電気工業．生産額は百万ウォン以下切り捨て．1946年生産額の下のかっこ内は，1944年生産額にたいする比率．1948年は計画値．各年比は原表の計算間違いを修正のうえ，小数点以下四捨五入．
出所) 本文参照．

2 検 討

(1) 鉱 業

ソ連の報告は，鉱山での採掘にかんする多くの問題を指摘している．すなわち，機械化の遅れ，排水坑の不足，安全装備の欠如，労働力不足，頻繁な労働移動といった問題である．これらは戦時期にも存在したが，機械の稼動率の問題（50％という低さ）は，技術者の不足や交換部品の入手難のために，おそらく戦時期以降に発生あるいは悪化した．こうした結果，(エ)

にあるように，鉱山の作業距離総計が1944年より30％も減少した．これは全体として，生産が減少したことを意味するであろう．他方，(ク)では労働生産性の向上が指摘されている．しかし機械の稼動率の低さ，人員補充を新規労働者に頼っていたことを考えれば，これが事実であったかどうかは甚だ疑わしい．

(2) 製 鉄 業

ソ連報告中の製鉄関連企業は，製鉄所のほか電極工場，耐火煉瓦工場各1工場を含んでいた．上記(ア)から，日本統治期に存在した主要な4製鉄所——① 日本製鉄兼二浦製鉄所，② 日本高周波重工業城津工場，③ 三菱製鋼平壌製鋼所，④ 日本製鉄清津製鉄所がこの時期に操業していたことが分かる．いくつかの中小製鉄所——⑤ 三菱鉱業清津製錬所，⑧ 朝鮮電気冶金富寧工場，⑨ 理研特殊製鉄羅興工場も操業中であった．反面，朝鮮製鉄平壌製鉄所および中小製鉄所の多くは操業を停止していた．電極工場は1工場のみ操業中であった．既述のように，朝鮮電工鎮南浦工場は完全に破壊されたので，⑥は旧朝鮮東海電極鎮南浦工場であった可能性が高い．このほか，日本統治期には城津に日本炭素工業の電極工場が存在したが，これについては記述がない．耐火煉瓦工場の中では日本マグネサイト化学工業城津工場(⑦)が操業中であった．その他——日本耐火材料本宮工場，朝鮮品川白煉瓦端川工場，三菱化成清津煉瓦工場——の状況は不明であるが，建材工業に含まれていた3か所の耐火材工場がそれであったと考えうる．以下，(イ)①〜⑤の設備状況について詳しく検討する．

① 兼二浦の冶金工場（日本製鉄兼二浦製鉄所）

(a) 戦前に設置されたコークス炉4基は，すべて存在した．すなわち，ソ連報告に見えるコークス炉の構造は，戦前のそれ（35炉×1団のもの3基，26炉×1団のもの1基——巻末資料参照）と一致し，また総生産能力もほぼ等しいことから，戦前・戦後のコークス炉は同一物と判断しうる．しかし1948年には，その半数しか稼動していなかった．

(b) 熔鉱炉も3基の各容量が戦前のものと一致し，同一炉が1948年まで残ったことが判明する．稼動していたのは，最大容量の1基のみであった（1947年11月に操業を開始した——前章参照）．

(c) 戦前の平炉3基と予備製錬炉1基も残存した．これらは1948年までに全炉稼動した．

(d) 圧延機は，戦前・戦後とも4基存在した．そのうち2基（3重大型ロール機1基とラウト式3重ロール機1基）は大きさが一致するので，同一機であったことが分かる．他の2基は大きさや構造の点で相違があり，同一機とは断定できない．

(e) 小型熔鉱炉は10基すべて残ったが，稼動には至っていなかった．

② 城津の電気冶金工場（日本高周波重工業城津工場）

(a) 日本統治期に設置された製銑電撃炉68基中，1948年に存在し，稼動していたのは18基のみであった．ただし，その年間生産能力（2万トン）は，フル操業していた1944年の生産量（2.05万トン）に近かったことから，主要な炉は残存・復旧したとみることができる．

(b)・(d) ソ連報告中のエルー式電気製鋼炉，電気冶金炉はそれぞれ，戦前のエルー式弧光型電気炉，開放型電気炉に対応すると考えられる．大きさや合計数の点で対応関係は不明確であるが，戦前の32基中，21基が存在したことは確かである．この21基は3-7トンの中・大型炉の多くを含んでいた．消失したのは6トン炉5基と3トン以下の小型炉6基であった．

(c) 高周波炉は戦前の16基中，5基のみ存在した．0.2-0.4トン炉4基すべてと0.5トン炉8基中5基，1トン炉4基中2基が消失した．

(e) 圧延機は1948年に中型2基，薄型1基，小型2基，計5基が存在した．これは戦前の構成と一致するので，同一設備と考えうる．

(f) 蒸気ハンマーは，戦前に設置された28基中20基，プレス機は戦前と同じく2基存在した．

③ 降仙の電気冶金工場（三菱製鋼平壌製鋼所）

(a) 1943年に設置予定のエルー式製鋼炉は5基であり，これがすべて実際に設置されていたとすれば，そのうち4基が残存し，稼動中であった．

(b) ベッセマー転炉は戦前には2基存在したものの，稼動不能であった．未稼動の状況は1948年においても変わらなかった．

(c) 鉄合金炉は，上記(a)と同様，1943年の設置計画どおり4基が設置されていたとすれば，そのうち3基が存在し，稼動中であった．
(d) 電気熔鉱炉（粗鋼製造）は，還元鉄炉1基が残存したとみられる．その設置工事は戦前に中断し，戦後その状態が継続していた．
(e) 圧延機は，1943年に設置を予定した基数（3基）が存在し，稼動中であった．これらが戦前のものと同一機かどうかは確定できないが，そのうち少なくとも2基は，3重式という構造あるいは線材圧延機という用途が一致することから，同一機であった可能性が高い．

④　清津の金属工場（日本製鉄清津製鉄所）

1948年に存在したコークス炉，熔鉱炉は，構造，容量の点から戦前のものとすべて同じであったと確定できる．戦前と同数存在した小型熔鉱炉を含めて，復旧はまったく行なわれていなかった．日本人引揚者の証言によれば，1947年11月に炉の稼動が始まった（前章参照）．ソ連報告のこの部分の記述はこれと矛盾する．同記述が正確であるとすれば，これは，1947年11月以後に何らかの問題が発生して炉が再停止したことを意味する．

⑤　清津の鉄鉱石直接還元工場（三菱鉱業清津製錬所）

戦前に存在したクルップ社のレン炉6基すべてが存在したが，そのうち3基のみ操業中であった．

前表8-1-Aで，1948年の各品目の生産計画量は設備能力を大幅に下回っていた．それは，いくつかの品目を除き，1944年の実績にも遠く及ばなかった．ソ連の報告は，1944年の生産実績を戦前の最高値と表記しているが，これが正しいとはいえない．たとえば1941-42年の圧延材生産量はおそらく，1944年実績および1948年の計画量より大きかった（兼二浦製鉄所の圧延材生産は1941年11.1万トン，1944年8万トンであった）．また日本高周波重工業城津工場では1944年12月から1945年3月にかけて，1944年中の実績を上回る量のフェロタングステンを生産した．これは1948年の計画量よりも大きかった．

他の点については以下を指摘しうる．㈎が記す製鉄労働者の総数（14,519人）は，終戦時の日本製鉄単独の労働者数（2製鉄所合計で15,400

人）にも及ばなかった．終戦時には，他の製鉄所でも多数の労働者が働いていた――日本高周波重工業城津工場6,680人，三菱製鋼平壌製鋼所3,850人，朝鮮製鉄平壌製鉄所1,312人，日本原鉄清津工場1,312人等．それゆえ，1948年までに製鉄労働者が顕著に減少したことが判明する．(エ)，(オ)の不均衡は，日本製鉄清津製鉄所の製鋼設備欠如によるところが大きい．前述のように，清津では終戦までに製鋼設備の設置計画が実現しなかった．この状態は1948年においても続いていた．(カ)の「協定」は，現在まで他の資料で確認できない．(キ)で想起すべきは，北朝鮮がコークス炭を産出しなかったことである[4]．

(3) 非鉄金属

日本統治期には多数の製錬所，軽金属工場があったが，ソ連報告にはその一部しか記述がない．(イ)が示す各工場の前身は，以下のとおりと推定しうる．① 日本鉱業鎮南浦製錬所，② 日窒鉱業開発興南製錬所，③ 住友鉱業朝鮮鉱業所元山製錬所，④ 中外鉱業海州製錬所・三成鉱業龍岩浦製錬所．⑤ 三井軽金属楊市工場．

これらの工場（製錬所）の設備を戦前・戦後で比較することは，データが乏しいために困難である．しかし製品の種類からみて，主要な設備は残存したと考える．反面，原鉱の採掘が大幅に減少していたから，1948年の生産が前表8-1-Bのとおりに実現したかについて，大きな疑問が残る．アルミニウムとマグネシウムの生産（同表には示されていない）は，1948年までほとんど停止していた．原料不足のほか，(ク)が示唆するように，技術上の困難がその原因であった．(イ)②は電解ニッケルの生産開始について特記しているが，これは戦時末期に日窒が着手した事業をこの時期に完成させたものである．

終戦時に日本鉱業鎮南浦製錬所だけで4,632人が働いていたから，これに照らすと1948年の非鉄金属工業労働者総数（4,806人）は大幅に少なかった．

---

4) 黄海製鉄所（旧兼二浦製鉄所）では樺太や東シベリア（スーチャン）から原料炭を輸入した．これらを運んだソ連船は，生産された鉄鋼製品を積載して帰路についた．製品のなかにはシベリア鉄道用のレールが含まれていた．前掲，森田，手書きノート，no.16, 1948年12月．

(4) 機械工業

(イ)の①,③,④はそれぞれ，日本窒素興南工作工場，三井鉱山朝鮮飛行機製作所，朝鮮商工鎮南浦工場を継承したものである．②の川内里工場は北鮮製鋼所文川工場の後身である．海州工場は鐘淵西鮮重工業海州造船所と中外製作所海州工場のどちらか一方または双方を合体したものと考えうる．残る新義州工場の前身はあきらかにし得ないが，おそらく東洋商工新義州工場か平北重工業のどちらかである．⑤の3造船所は朝鮮造船工業元山造船所，朝鮮商工鎮南浦工場造船部，朝鮮造船鉄工所清津造船所である．

ソ連報告中の1948年の工作機械数は戦前に比べて少ないが，詳細な比較をするにはデータが不足している．興南工作工場（本宮，龍城を含む）の大型起重機は，戦前の資料では総数18基，ソ連報告では16基で，ほぼすべて残存していた．それらが稼動していたかどうかは不明である．

1948年までに，金属船など新たな製品の生産が始まったことはおそらく事実である．それにたいして旧来製品の生産が減少した可能性もあるので，総生産がどれほど増えたのかは明らかでない．

労働者総数は，戦前には日窒の工作工場，北鮮製鋼所，三井鉱山朝鮮飛行機製作所でそれぞれ3,500人，1,200人，2,500人を超えていた．1948年の総数（約5,300人）はこれを大幅に下回った．

(5) 化学工業

(イ)の①,②,③,⑤,⑧,⑨は，旧日窒系の工場である．その他は，④三菱化成順川工場，⑥朝鮮日産化学鎮南浦工場，⑦朝日軽金属岐陽工場，⑩朝鮮火薬海州工場，⑪朝鮮無水酒精新義州工場，⑫帝国圧縮瓦斯平壌工場および北鮮酸素工業清津工場を継承したものと想定し得る．この中で朝日軽金属岐陽工場は，もともとマグネシウムを製造する軽金属工場であった．しかしマグネシウムの生産は回復せず，化学原料（とくに苛性ソーダ）のみを製造する化学工場に転換されていた．

1948年末の工場設備にかんするデータのいくつかは，戦時末期のデータと対照可能である（表8-4）．これによれば，両者の数値がおおむね近似しているので，設備が大部分残存していたといえる．興南の硫安製造用飽和器や本宮の電解槽などは，その数が増加していた．これらは簡単に増

表 8-4 戦時末期と 1948 年末の主要化学工場設備の比較

工場名	装置	戦時末期	1948 年末
興南肥料工場	硫安製造用飽和器	18 基 (各 90 トン/日)	21 基 (各 90 トン/日)
	カザレー式アンモニア合成塔	24 基 (各 20 トン/日)	20 基 (各 20 トン/日)
	硫酸製造用焙焼炉	52 基 (各 25 トン/日)	48 基 (各 32 トン/日)
	燐安製造用電気炉	2 基	2 基
	硫燐安製造装置	年産 16 万トン	年産 10 万トン
本宮工場	カーバイド電気炉	7 基	8 基
	カザレー式アンモニア合成塔	7 基 (各 20 トン/日)	7 基 (各 20 トン/日)
	クロード式窒素圧縮機	4 基	3 基
	水素製造用電解槽	1,344 槽 (336 槽×4 基)	2,229 槽
	塩電解槽	132 槽 (66 槽×2 基)	138 槽
	塩酸装置	10 基	10 基
	石灰窒素製造炉	16 基 (各 6 トン/日)	16 基 (各 6 トン/日)
	研削材製造用電気炉	4 基 (年産 1,643 トン)*	5 基 (年産 1,700 トン)
青水工場	カーバイド炉	3 基	2 基
順川工場	カーバイド炉	3 基	5 基
	石灰焙焼炉	4 基	3 基
	石灰窒化炉	16 基	16 基

注) ＊原資料中の 4.5 トンに 365(日)を乗じた数値.
出所) 本文のソ連報告および巻末資料 1.

やせる設備ではなかったうえ,ソ連報告に純増があったという記述もないことから,単なる数え間違いであった可能性がたかい[5].

前表 8-1-C では,1948 年の生産計画量は大部分の品目で,設備能力および 1944 年の実績を大きく下回っていた(アンモニアにかんする各数値は余りに小さく,現実的とは思えない).もっとも重要な化学肥料であった硫安の生産計画量(25.6 万トン)は戦前水準の 60％以下であった.

---

5) ソ連資料には単純な記述ミスや計算ミスが少なくない.また,ソ連軍将校が計算に弱かったことは,多くの日本人抑留者が証言している.

第8章　工業の再建 (2)

(6) 建材工業

㈢のセメント工場は，① 小野田セメント平壌工場，② 朝鮮浅野セメント鳳山工場，③ 小野田セメント川内工場，④ 朝鮮セメント海州工場，⑤ 朝鮮小野田セメント古茂山工場を継承したものである．各工場の焙焼炉（キルン）保有数は，①をのぞけば，終戦時と同一であった．年産能力も近似していたことから，これらが日本統治期のものであったことが確実である．①の焙焼炉数は1948年には4基と記されており，終戦時の3基より多い．この4基は，同じ敷地内にあった鴨緑江水電のクリンカー工場の炉1基を含むと考えられる．その根拠は，終戦時のこれらの年産能力は総計49万トンであり，ソ連報告記載の同能力とほぼ等しかったことである．このようにセメント工場の基本設備である焙焼炉は，すべて残存していた．しかし1948年末，現有14基のうち稼動していた炉は6ないし7基にすぎなかった．

前表8-1-Dで，1948年のセメント生産計画量（28.7万トン）は設備能力の20％以下であった．1944年の生産実績は，ソ連報告は89万トンと記しているが，実際には122万トンに達していた．このように，セメント生産の復興は大幅におくれていた．

(7) 軽工業

㈣の主要企業の前身と考えられる工場は，以下のとおりである．① 日本穀産工業平壌工場，② 朝鮮精米鎮南浦工場，北鮮産業清津工場，日陞公司新義州工場，③ 朝鮮特殊化学（旧大日本製糖）平壌工場，④ 日本製粉鎮南浦工場，同・沙里院工場，⑤ 東洋製糸沙里院工場，東棉繊維工業新義州工場，⑥ 東棉繊維工業鎮南浦工場，東洋製糸平壌工場，⑦ 鐘淵工業平壌工場，大日本紡績清津化学工場，⑧ 鐘淵工業新義州葦人絹パルプ工場，⑨ 北鮮製紙化学工業吉州工場，⑩ 王子製紙新義州工場．

前表8-1-Eでは，多くの品目の，1948年の生産計画量が設備能力の40-50％にすぎなかった．ビスコース（人絹）のそれは20％で，とくに低かった．1944年の実績と比べると，綿布，絹布の生産計画量が大きく増加した．これは前章でみた増加傾向と合致する（前表7-4-Cと対照すると，1948年までに⑤の2工場の織機数が戦前の418台から688台に増加したことが判明する）．

1948年における④の製粉工場の生産能力は, 終戦時の約7万トン（日産1,600バーレル＝年産51.7万石）と大きく変わらなかった. ⑨, ⑩の製紙機は終戦時にはそれぞれ3基, 2基, 1948年には各2基であった.

(8) 総 括

ソ連の報告は, 全体に北朝鮮工業の再建が着実にすすんでおり, 多くの点で日本統治期より進歩したと述べていた. なかでもソ連技術者の貢献を強調していた. これはもちろん, 占領軍の自己評価であるから額面どおりには受取れない. 既述のように, 興南肥料工場をはじめ主要工場の生産復旧には, 日本人技術者が中心的な役割を果した. ソ連の報告はこの事実をまったく伝えていなかった.

労働生産性が日本統治期より大幅に増大したという記述には根拠が乏しい. 熟練労働者が大幅に不足する一方で, 労働者への物質的刺激が不十分であったからである[6]. 設備の超過稼動による生産性の上昇は, たとえ起ったとしても長期間続いたとは考えられない. 実際には, 戦前に比べ, 労働者総数の減少と並行して総生産が減少したとみるべきである.

戦後に新設したという作業場（前表8-2）のいくつかは, 実は戦前にすでに存在していた. 前述した興南工場の電解ニッケル部門のほか, 岐陽化学工場（旧朝日軽金属工場）の苛性ソーダ部門がそうであった. 他の作業場も, 既存の技術や設備を容易に応用できるものであり, 純然たる新設作業場であったかどうか疑わしい.

前表8-3の生産額統計の作成方法（集計方法・実質化のさいの価格指数）や信頼性は不明である. しかしソ連当局者が引用するこの統計においても, 1948年の生産総額は1944年のそれに及ばなかった. これは, 戦後の生産回復の遅れを裏書する.

3 まとめ

北朝鮮工業の生産水準は, 1948年になっても戦前のピークに復帰しえなかった. 生産回復の遅れの主要因は, 原料や部品の入手難, 技術上の問題

---

6) 木村前著, 第4章.

から，設備稼動率が十分に上がらなかったことである．ソ連は，北朝鮮に欠けていた原油やコークス炭を補給したが，生産に必要な多種多様な物資を潤沢に供給することはできなかった．ソ連自身が戦争の影響で深刻な物資不足の状況にあったからである．国共内戦が再発した結果，満洲や華北からの原料輸入が途絶したことも重大な影響を与えた．

　主要工場の労働者数も，戦前の水準に戻らなかった．戦時期に日本帝国が徴用した労働力の相当部分は南朝鮮出身者であった．彼らの多くは帝国崩壊後，南に帰った．北の農村出身者も多くが帰村し，容易に工場に復帰しなかった[7]．

　けっきょく，生産の純増が起ったのは，国内原料が豊富で工程が比較的単純な製品——たとえば綿製品——と，戦前に生産が無に近かったいくつかの機械器具などに限られた．コークス，銑鉄，セメントの生産は戦前水準の20％に届くかどうかという程度にすぎなかった．これは北朝鮮政府の公式統計にも表れた事実であった[8]．マグネシウムやアルミニウムのように，生産回復がほとんど不可能であった品目も少なくなかった．こうした点から，ソ連報告中の1948年の鉱工業生産総額——1944年のそれの67％——は過大評価であったとみるのが妥当である．じっさい，以下の1949-50年2か年経済計画（1948年採択）の課題が示唆するように，北朝鮮政府自身，生産回復の遅れを認識していた：「1950年の［鉱工業］生産総額を1948年の生産実績に比べて約2倍に向上させ，1944年の水準を凌駕するようにする」[9]．すなわち1948年の生産水準は1944年の半分程度にすぎず，これを1950年までに戦前水準に回復させることが政府の重要な目標となっていたのである．

---

7)　同上，102-03頁．

8)　National Technical Information Service, US Department of Commerce, *Development of the National Economy and Culture of the Democratic People's Republic of Korea 1946-57: Statistical Handbook*, US Joint Publications Research Service, Washington, DC, 1960, pp. 27-31.

9)　世界経済研究所『北朝鮮の経済——1949-50年の建設状況』同所，1950年，40頁．

第 9 章

開戦に向けて

───────

　1947年2月に，金日成を委員長とする北朝鮮人民委員会が成立した．同委員会は，前年に発足した臨時人民委員会が発展した組織で，事実上の政府を構成した．これを基礎に，1948年9月に正式に国家（朝鮮民主主義人民共和国）が創建された．新国家の首班には金日成が就いた．それからおよそ1年9か月後，1950年6月25日に，金日成は韓国にたいして戦端を開いた．開戦にいたる経過については近年，資料の発掘・公開がすすみ，多くの研究が発表されている．その結果，金日成，スターリン，毛沢東ら指導者の間の交渉内容の詳細があきらかになった[1]．本章はその中で，軍需品の調達にしぼって開戦準備の経過を検討する．まず，ソ連資料にもとづいて，ソ連製兵器の獲得と代価支払いについて述べる．つぎに，軍需品の国内生産について議論する．

1　ソ連製兵器の獲得

　北朝鮮人民委員会は，1948年2月に朝鮮人民軍を創設した．同年9月，国家成立を契機に，ソ連軍は3,000人の軍事顧問団を残し北朝鮮から撤退した．そのさい同軍は，保持していたすべての武器，装備を朝鮮人民軍に引渡した．それは以下のものを含んでいた：T-34型戦車60両，自走砲，サイドカー，車両，IL（イリューシン）-10型爆撃機・YAK（ヤク―）-9型戦闘機など空軍機100機[2]．

---

　[1]　Goncharov, S. N., Lewis, J. W. and Xue, L., *Uncertain Partners: Stalin, Mao, and the Korean War*, Stanford University, Stanford, 1993, Weathersby, K., "To Attack or Not to Attack? Stalin, Kim Ilsung, and the Prelude to War," *Cold War International History Project Bulletin* 5, Woodrow Wilson International Center for Scholars, Washington, D C, 1995, 韓国外務部「ソ連資料」未公刊, n. d., トルクノフ（Torkunov, A. V.）（下斗米伸夫・金成浩訳）『朝鮮戦争の謎と真実』草思社，2001年．

第 9 章　開戦に向けて　　　　　　　　　　197

　1949 年 3 月に金日成はモスクワでスターリンと会談し，同月 17 日に朝・ソ経済文化協定を締結した．これは 5 か条から成り，両国間の通商の発展，文化・科学・芸術・産業分野における交流・協力関係の促進を協定するものであった[3]．このとき同時に，軍事にかんする秘密協定が締結され，スターリンは金日成に兵器供与（および軍事訓練の機会の提供）を約束した．近年公開された資料によると，引渡し兵器（1949 年分）は，爆撃機，戦闘機，戦車，重火器，上陸用舟艇，魚雷，通信機器など広範囲にわたった（表 9-1）．この結果，朝鮮戦争開戦時までに朝鮮人民軍は，空軍機 192 機，戦車 173 両，迫撃砲 1,300 門余などを保有するに至り，その装備を飛躍的に強化した（表 9-2）．

　上記の兵器供与にたいし，スターリンは代価を要求した．すなわち兵器供与は，援助ではなくビジネスであった．最近公開された旧ソ連文書は，この点を以下のようにあきらかにしている．

1949 年 2 月 3 日　金日成・朴憲永（副首相兼外相）から北朝鮮駐在シュティコフ（Shtykov）ソ連大使への手紙（本節関連部分の要約）
　「朝鮮政府はソ連から兵器，自動車，諸種の部品を得たい．その代価として鉄，非鉄金属と化学製品を供給する．また，工業再建と人民軍の装備のために 3,000 万ドルの借款を要請する．その返済を 1951 年から 3 年間で行なう用意がある．」[4]
1949 年 3 月 11 日　モスクワにおける金日成とソ連対外貿易相メンシコフ（Men'shikov）等との会話（同上）
　「本年 3 月 1 日に 2,125.4 万ドル分の兵器と自動車や油などの製品が北朝鮮に引渡された．北朝鮮はそのうちの 200 万ドル分を 1947 年に様々な製品で支払い，1948 年 12 月に 225 万ドル分を金 2 トンで支払った．今後数か月内に 700 万ドル分の兵器および兵器製造設備をソ連が供給する．北朝鮮は，1948 年に借款の返済のために金 4 トンをソ

---

　2)　韓国国防軍史研究所編（編集委員会訳）『韓国戦争史　第 1 巻　人民軍の南侵と国連軍の遅滞作戦』かや書房，2000 年，45 頁．
　3)　神谷不二編『朝鮮問題戦後資料』第 1 巻，日本国際問題研究所，1976 年，393-94 頁．
　4)　ロシア外務省公文書館，fond 07, opis 22, papka 36, delo 37, listy 20-21（Weathersby, K., "Memoranda" による）．

後編　1945-1950年

表 9-1　ソ連が供与に同意した兵器および関連備品（1949年分）

	種　類	単位	数量または金額
航空装備	IL-10型爆撃機	機	34
	YAK-9, 11, 18型戦闘機	〃	60
	PO-2	〃	4
	AM-42予備モーター	台	6
	落下傘	個	250
	予備部品	チルーブル	350
機甲装備	T-34型戦車	両	87
	SU-76型自走砲	〃	102
	BA-64型装甲車	〃	57
	M-72型サイドカー	〃	122
	予備部品	チルーブル	200
砲兵火器	7.62mm小銃	挺	15,000
	45mm対戦車砲	門	48
	76mm ZIS-3砲	〃	73
	122mm榴弾砲	〃	18
弾　薬	7.62mm弾薬	千個	12,750
	各種砲弾	〃	210.2
	82mm地雷	〃	78.5
	12.7mm弾丸	〃	150.0
牽引用器具	各種牽引車	台	72
その他	上陸用舟艇12隻や魚雷を含む各種海軍装備、通信機器・金属分析器等の機械器具など60種		

注）金日成の要請に応じてソ連政府が供与に同意した物品。1949年6月4日付、ソ連政府から在平壌ソ連大使館への電文。
出所）韓国外務部「ソ連資料」(4)、28-31頁、前掲、韓国国防軍史研究所編、47頁。

表 9-2　朝鮮人民軍の装備、1950年5月12日

	種　類	単位	数量
航空装備	空軍機	機	192
機甲装備	戦車	両	173
	自走砲	〃	176
	装甲車	〃	60
砲兵火器	37mm高射砲	門	24
	85mm高射砲	〃	24
	82mm迫撃砲	〃	1,223
	120mm迫撃砲	〃	172
	45mm対戦車砲	〃	586
	76mm榴弾砲	〃	464
	122mm榴弾砲	〃	120

注）韓国軍の敵情判断による数値。
出所）前掲、韓国国防軍史研究所編、119頁。

第9章 開戦に向けて 199

連側に渡した．債務の返済は容易ではないが，北朝鮮は米4万トン——800万ドル分——と900万ドル分の金(きん)を1年内に支払うつもりである．」[5]

　これらの文言は，前記朝・ソ経済文化協定の締結交渉の過程を記した文書中のものであった．これによれば兵器その他物品供与の見返り品として，ソ連側が金属・化学製品，金塊，米を要求し，その一部の引渡しはすでに完了していた．
　さらに，同協定に付属する議定書（案）は次のように規定していた．

1949年3月17日　ソ連と朝鮮の物品取引および代価決済にかんする議定書[6]
　1．ソ連政府は1949年に，朝鮮民主主義人民共和国政府にたいし，議定書原本にある申請書，添付書に依拠して装備および軍事技術物資を提供する．
　2．朝鮮民主主義人民共和国政府は1949年に，装備と軍事施設物資の価額を清算する朝鮮の物資をソ連政府に提供する．これにかんして，1949年10月1日までに精米3万トンを提供する．朝鮮に提供される装備と軍事技術物資の金額にたいしてソ連側に弁済せねばならない他の朝鮮産品の目録は，両者間で1949年10月1日までに合意を得る．
　3．議定書の原案に則って相互に提供する物品の価格と条件は，ソ連対外貿易省の関係部署と朝鮮側関係部署の合意によって決定する．

　すなわち同協定は，ソ連による兵器供与と同時に，その代価支払いにかんする具体的な取り決めを含んでいた（両国は1949年6月に，この議定書に署名した）[7]．他の旧ソ連文書によれば，金日成は同年末にも，兵器——小銃112万丁——の供与をソ連に要請した[8]．その代価は貴金属・非鉄金属であった．

　5）　同上，fond 07, opis 22, papka 233, delo 37（同上）．
　6）　前掲，韓国外務部，(4)，32頁．
　7）　前掲，トルクノフ，116頁．
　8）　同上．

スターリンは，上記協定の交渉過程で金日成にきびしい態度で臨んだ[9]．かれが要求した兵器の代価は，北朝鮮にとって大きな負担となるものであった．これは次の2点からうかがわれる．第1に，当時北朝鮮では米が極度に不足し，一般住民への供給が困難な状態であった．それにもかかわらず，金日成は米の提供に同意を余儀なくされた．第2に北朝鮮政府は，朝・ソ関係が悪化した1964年に，ソ連がかつて北朝鮮にきびしい債務償還条件を課したと述べ，これをつよく非難した[10]．北朝鮮政府はその結果，ソ連に大量の農・鉱産物，工業製品を送らねばならなかったという．これがどの時期の出来事を指すのか必ずしも明確ではないが，この当時のことも念頭にあったと考える．

それでは北朝鮮はこの時期に，兵器や原燃料・生産設備などを輸入する見返りに，どれだけの財をソ連に輸出したのであろうか．北朝鮮政府の「極秘」資料は，1949年の産業省傘下企業所による対ソ輸出の明細（48品目）を示す（表9-3）．その金額データの貨幣単位は不明であるが，おそらくルーブルである．総額2億5,873万（ルーブル）のうち，金・銀がもっとも多く（7,185.8万），28％を占めた．輸出量はそれぞれ，6.6トン，26.8トンであった．その他では肥料，"M"精鉱（後述），銑鉄・鋼の金額が大きかった．輸出品を生産した企業所は，興南・本宮の諸工場，城津製鋼をはじめ，すべて戦前に開発・建設された鉱山と工場であった．

これら輸出品のいくつかは，北朝鮮政府発表の生産統計と対照可能である（表9-4）．それによると，生産された合金鉄は事実上すべて輸出されていた．他の品目の輸出割合は，セメント，黒鉛が5-6％と低かった以外，電気亜鉛70％，銑鉄31％，化学肥料26％など総じて高かった．1950年上半期の同様のデータはソ連資料中に見出される（表9-5）．この表で，輸出は第3国向けを含んでいる可能性があるが，いずれにせよその比重は大きくない．生産実績に比して輸出実績の割合が高かった品目は，金，銀を筆頭にフェロシリコン，鉛，亜鉛，電解銅，銑鉄などの金属であ

---

9) Weathersby, K., "Soviet Aims in Korea and the Origins of the Korean War, 1945-1950: New Evidence from Russian Archives," Working Paper no. 8, Cold War International History Project, Woodrow Wilson International Center for Scholars, 1993, p. 21, 前掲，韓国外務部, (3), 6頁以下（「スターリン同志と，金日成首相を団長とする北韓使節団の会談…」1949年5［3］月5日）．

10) 9月7日の『労働新聞』（朝鮮労働党の機関紙）記事．

第9章 開戦に向けて

表9-3 産業省傘下企業所の対ソ輸出：金額および計画・実績量，1949年

品目	輸出額実績（千）	単位	計画	実績	実績の企業所別内訳
電気銅	2,018	千トン	0.8	0.8	興南製錬 0.8
電気鉛	7,663	〃	4.5	4.4	同 1.9，文坪製錬 2.5
電気亜鉛	8,586	〃	5.9	5.4	南浦製錬 5.4
カドミウム	630	トン	24	27	同 27
ビスマス	90	〃	7	3	文坪製錬 3
タンタル	77	〃	5	5	丹緑鉱山 1.5，銀谷鉱山 3.2
ベリリウム	241	〃	25	46	同 24.4，1.4，金化（華）鉱山 19.8
"M" 精鉱	30,380	千トン	7.0	5.7	鉄山鉱山 5.4，興南肥料 0.1，興南製錬 0.2
亜鉛精鉱	9,201	〃	17.0	17.4	検徳鉱山 17.4
フェロタングステン	10,324	〃	0.6	0.6	城津製鋼 0.6
フェロシリコン	3,725	〃	4.1	4.2	同 2.7，降仙製鋼 0.4
高速度鋼	14,523	〃	1.3	1.3	同 1.3
特殊工具鋼	4,861	〃	1.8	1.5	同 1.5
炭素工具鋼	3,319	〃	3.5	1.8	同 1.8
丸鋼	1,156	〃	2.0	2.4	同 1.0，降仙製鋼 1.4
厚鋼板	9,075	〃	22.8	19.7	黄海製鉄 19.7
銑鉄	13,603	〃	50.0	51.3	同 51.3
山形鋼	3,716	〃	5.5	7.9	同 5.1，降仙製鋼 2.8
肥料	33,041	〃	111.0	103.9	興南肥料 103.9
カーバイド	8,317	〃	14.0	18.5	青水化学 7.0，本宮化学 11.5
アセチレンブラック	1,083	〃	1.0	1.0	同 0.3，0.7
亜砒酸	193	〃	0.7	0.3	南浦製錬 0.3
酸化鉛	532	〃	0.2	0.2	文坪製錬 0.2
酸化亜鉛	197	〃	0.1	0.1	南浦製錬 0.1
硝安	112	〃	0.4	0.4	興南火薬 0.4
研磨材	1,380	〃	1.0	1.0	本宮化学 1.0
導火線	871	千 km	12.0	12.0	興南火薬 12.0
雷管	429	千個	0.6	0.6	同 0.6
セメント	1,525	千トン	30.0	27.4	川内里 27.4
生糸	1,887	トン	70	70	鉄原製糸 29.1，咸興製糸 42.1
洗濯石鹸	4,770	千トン	3.0	3.0	興南肥料 3.0
鉄鉱石	954	〃	30.0	30.0	茂山鉱山 30.0（粉鉱）
マグネサイト	834	〃	12.0	8.7	南渓鉱山 8.7
滑石	321	〃	3.5	4.0	金化（華）鉱山 4.0
重晶石	1,091	〃	8.5	9.3	同 9.3

表 9-3（続）

品　目	輸出額実績（千）	単位	輸　出　量		実績の企業別内訳
			計画	実績	
澱粉	2,274	千トン	3.0	3.0	平壌穀産 3.0
蛍石	440	〃	3.0	3.2	宣川鉱山 1.7，下聖鉱山 1.5
高嶺土	91	〃	2.1	1.4	
苛性ソーダ	931	〃	2.2	2.2	本宮化学 2.2
硝安爆薬	11	トン	10	10	興南火薬 10
艀船	1,860	隻	164	102	清津造船 67，元山造船 35
塩素酸バリウム	89	トン	30	30	興南火薬 30
珪石	67	千トン	−	0.4	利原鉱山 0.4
鱗状黒鉛	19	〃	−	0.06	青鶴鉱山 0.06
土状黒鉛	366	〃	−	2.8	价川鉱山 2.8
金	39,054	トン	7.6	6.6	
銀	32,804	〃	36.0	26.8	
計	258,730				

注）品目の記載順序は原資料の通り．ビスマス，フェロタングステン，フェロシリコン，研磨材，滑石，重晶石の原表記はそれぞれ，蒼鉛，Fe-W，Fe-Si，アランダム，タルク，バライト．数値は末尾以下四捨五入．金額の貨幣単位および"M"精鉱は本文参照．計画量は，「内閣指示 296 号による調整量」．空欄は，原資料に記載なし．原資料記載品目中，以下の品目は輸出計画が実行されていなかった（輸出実績ゼロ）ので省略する：矩形鋼，工形鋼，アセトン，液体アンモニア，メタノール，無煙炭，フェロマンガン，電気ニッケル，鋼塊，白雲母，重曹，アルコール，エーテル，塩化バリウム，アントラセン，硫酸塩．

出所）産業省副相コ・ヒマンより内閣副首相金策への報告（極秘）「1949 年度対ソ輸出総括にかんして」（1950 年 1 月 10 日），翰林大学校アジア文化研究所編『北韓経済関係文書集』2，同所，春川，1997 年，538-43 頁．

った．金，銀の輸出割合はほぼ 100％で，産出のすべてがソ連への支払い用であったことを示す．そのほか，硫安，セメント，カーバイド，苛性ソーダ，洗濯石鹸，澱粉などの輸出割合が高かった．硫安のそれは 35％に上った．

上表 9-3，5 で「M 精鉱」はモナザイト（monazite モナズ石）のコードネームと考えられる[11]．モナザイトは放射性元素を含む鉱物で，当時の戦略物資であった（付論 4 参照）．それは 1949 年には主に「鉄山」鉱山で生産され，ソ連に 5,700 トン輸出された．1950 年上半期には 2,200 トン生産されたが，輸出実績の報告はなかった．1951 年の米軍諜報機関の情報によれば，1949-50 年に平北・鉄山郡の鉱山地帯で，2.3 万人の労働者が

---

11) 前掲，Weathersby, "Soviet Aims ...," p. 21.

表 9-4 鉱工業品の生産量と対ソ輸出量の比較，1949 年

品　目	単位	生産量： 政府発表値	対ソ輸出量	対ソ輸出 比率（%）
銑鉄	千トン	166.1	51.3 (13,603)	31
黒鉛	〃	46.3	2.9 (385)	6
合金鉄	〃	9.0	9.5 (36,752)	106
圧延材	〃	115.8	30.0 (13,948)	26
電気銅	〃	2.2	0.8 (2,018)	36
電気亜鉛	〃	7.7	5.4 (8,586)	70
化学肥料	〃	401.2	103.9 (33,041)	26
苛性ソーダ	〃	9.3	2.2 (931)	24
カーバイド	〃	136.5	18.5 (8,317)	14
セメント	〃	536.7	27.4 (1,525)	5
生糸	トン	228.0	70.0 (1,887)	31

注) 対ソ輸出量欄のかっこ内は金額（前表 9-3 の数値）．同欄の合金鉄は，フェロタングステン，フェロシリコン，高速度鋼，特殊工具鋼，炭素工具鋼の合計，同じく圧延材は，丸鋼，厚鋼板，山形鋼の合計，黒鉛は鱗状黒鉛，土状黒鉛の合計．
出所) 前掲，National Technical Information Service, pp. 27-33，前表 9-3．

24 時間体制で年間 1.8 万トンのモナザイト原鉱——黒砂精鉱——を採掘した[12]．同報告はこれを，当時の北朝鮮のモナザイト産出量の半分に相当するとみた．北朝鮮政府は，現地で選鉱したモナザイトを鉄道でソ連に送り，その見返りに戦車，小銃，トラックを得たという．鉄山郡では戦前に日窒鉱業開発が仙岩鉱山を開発し，黒砂を採掘していた．1944 年度の同鉱山の黒砂生産量は 560 トンであったから（資料 1），それ以降 1949-50

---

12) Cumings, B., *The Origins of the Korean War II, The Roaring of the Cataract 1947-1950*, Princeton University Press, Princeton, 1990, pp. 151-52.

表 9-5 産業省の主要品目別生産・輸出計画の実行状況，1950 年上半期

品目	計画 生産量	計画 輸出量	実績 生産量	実績 輸出量	品目	計画 生産量	計画 輸出量	実績 生産量	実績 輸出量
電力	3,369		3,493		人絹糸	0.9		0.8	
電気モーター**	1,165		369		綿布	7,349		6,718	
					人絹布	26,567		14,494	
変圧器**	2,537		698		絹布	1,379		834	
褐炭	1,208 ⎫石炭		1,045 ⎫石炭		毛織物	142		159	
無煙炭	1,448 ⎭	12	1,382 ⎭	11	植物油	5.6		5.6	
煉炭	100		120		紙	11.2		8.8	
鉄鉱石	434	30	476	–	セメント	301	40	317	35
硫化鉄鉱	172		182		犂	12		11	
タングステン原鉱	1.8		0.8		ビスマス**		2		2.55
モリブデン原鉱	0.13		0.06		ベリリウム**		22		15
亜鉛精鉱	25	9	23	7	フェロタングステン		0.6		0.2
鉛精鉱	20		13		RF-1*		0.9		0.7
コークス	265		198		工具用炭素鋼		6.0		5.9
銑鉄	162	48	128	50					
平炉鋼	75		64						
電炉鋼	44		36		XVG		500		804
棒状圧延材	41		34		[工具鋼]				
L形鋼	17		21		アセチレンブラック		1.9		1.7
電解銅	1.8	0.6	1.5	0.7					
亜鉛	6.0	5.1	4.5	3.6	酸化鉛		0.4		0.2
鉛	6.7	5.5	5.2	4.5	酸化亜鉛		0.2		0.1
カドミウム**	21	23	19	18.8	穀物		0.6		0.6
フェロシリコン	2.6	2.9	3.2	2.8	マグネサイト		11.0		1.7
					滑石		1.7		1.8
カーバイド	79	21	95	18	重晶石		8.7		9.3
					艀船**		135		50
苛性ソーダ	6.3	1.4	7.5	1.5	屑白金 (kg)		69		61
ソーダ灰	2.7		3.8		屑鉛		2.0		2.3
硫安	166	65	187	65	導火線 (千km)		2.7		2.7
金(トン)	3.6	3.7	2.8	2.8					
銀(トン)	18.5	17.0	15.9	17.0	雷管 (千個)		5,000		5,000
"M"精鉱	10.8	8.6	2.2	–					
洗濯石鹸	6.2	2.4	6.3	2.4	タンタル		–		0.95
化粧石鹸	0.5		0.5		丸鋼		1.0		0.9
生糸**	1,136	20	1,162	20	厚鋼板		21		14
澱粉	10.5	3.5	14.3	3.5	アンモニア		0.6		0.3

注）　*RF-1の内容は不明．右欄のビスマス以下には生産量が記載されていないが，これは国内生産ゼロではなく，データ欠如を意味する．原表には，屑白金，導火線，雷管，金，銀を除いて単位の記載がない．同一文書の類似の表から推察すると，電力は百万kw時，電気モーター・変圧器は個，布・糸類はメートル，犂は本，艀船は隻，残りはトンである．生糸生産量の原数値の誤記とみられる点は，単位をkgとみたうえで，修正を施した．上表では単位記載のない品目は，**を付したもの以外いずれも1,000単位（千m，千本，千トン）で示した．

出所）　ロシア外務省公文書館，fond 0102, opis 6, delo 49, papka 22（木村光彦「1945-50年の北朝鮮産業資料(3)」『青山国際政経論集』第52号，2001年，156-57頁）．

表 9-6　産業部門別生産額，1950 年上半期

（百万ウォン）

産業部門	計　画	実　績
電力	614	470
石炭	847	795
鉄鉱	399	428
非鉄鉱	1,141	841
"M" 精鉱	855	160
鉄鋼	2,197	1,792
非鉄金属	1,501	991
化学	2,013	2,386
機械	677	704
65 工場	150	159
造船	178	182
建材	2,917	2,939
軽工業	469	512
合計	13,980	12,360

注）　65工場については次節を参照．機械工業の生産額は65工場と造船部門の生産額を含むかもしれないが，原資料の記述からは断定できない．原表では各部門の生産額の合計が合計欄の数値と合わないが，原データをそのまま記す．

出所）　前表と同じ（木村，155頁）．

年までに鉄山郡におけるモナザイト生産は大きく伸びた．M精鉱の1950年上半期の生産額は，旧ソ連文書中の統計に示されている（表9-6）．そこでは他の生産額が部門別の集計値である反面，M精鉱の生産額は個別に計上されていた．1950年上半期のその生産計画額は8.55億ウォン（実績は1.6億ウォン）で，石炭の生産計画額より大きかった．けっきょく，北朝鮮にとってM精鉱は非常に重要な生産品であった．金日成政権は労働力を集中的に投下してM精鉱を増産し，これを輸出して兵器の代価に当てた

のである．

　ある研究者によると，1949年の秘密協定で金日成は，兵器供与の見返りとして清津，羅津，雄基の3港を30年間潜水艦基地として使用することをソ連に認めたという[13]．その直接の裏づけは提示されていないが，以下の点はこれに関連して注目すべき事実である．第1に，北朝鮮人民委員会とソ連対外貿易省は1947年3月25日に，上記3港を30年間，朝ソの共同海運会社（朝ソ海運株式会社，Mortrans）に貸与することに合意していた（資料2）．第2に，捕獲資料中の文書によれば，1949年4月現在，同社が羅津港と清津西港を管理していた[14]．この会社は当然，ソ連軍のつよい影響下にあったと考えられるから，ソ連軍への貸与が事実上実現していたといえよう[15]．1970年代に，羅津港をソ連が独占的に使用していた形跡が認められることは，その更なる傍証である[16]．

　スターリンは，第2次大戦期にソ連軍の増強に努め，膨大な兵器を配備した．ソ連軍が1945年8月に満洲国に進攻したとき，動員した戦車は数千両，戦闘機も数千機に達した．これに比すれば，スターリンが金日成に供与した兵器は少量にすぎなかった．にもかかわらず，スターリンはなぜこのように厳しい交換条件を北朝鮮に課したのであろうか．その大きな理由は，1949年になってもソ連がドイツとの戦いから経済的に十分立ち直っていなかったことである[17]．スターリンは，経済問題を国家の安全保障の観点から考えていた．一刻も早く経済を復興させ，つぎの戦いに備えることがもっとも重要であった．それゆえかれは中国にたいしても，供与した軍需物資の高い代価を要求したのである[18]．

　13）金学俊（李英訳）『北朝鮮50年史――「金日成王朝」の夢と現実』朝日新聞社，1997年，134頁，塚本勝一『北朝鮮――軍と政治』原書房，2000年，34頁．
　14）鄭在貞・木村光彦編『1945-50年北朝鮮経済資料集成』第12巻，建設篇（下），東亜経済研究所，ソウル，2001年，1304-09頁．
　15）ロシア国防省公文書館の文書によれば，従来ソ連軍が清津を軍港として使用していたという．金日成は1949年3月の会談で，ソ連側にその維持を要請し，受け入れられた．Timorin, A. A., "Korejskaja Narodnaja Armija v Vojne 1950-1953 gg. i posle nee (Istorija i Sovremennnost')," Kuznetsov, O. J. ed., *Vojna v Koree 1950-1953 gg.: Vzgljad cherez 50 Let*, ROO Pervoe Marta, Moscow, 2001, p. 103.
　16）1978年12月31日に，北朝鮮はソ連と「羅津港使用にかんする協定」を結んだ（モスクワ放送報道，『北朝鮮研究』第49号，1978年，19-22頁，同，第69号，1980年，24頁，『北東アジア』第4号，1981年，25，27頁参照）．これは従前の使用協定の延長と解しうる．
　17）この点は，K. Weathersby博士の示唆に負う．

2 軍需品の国内生産

人民軍の主要兵器はソ連製であったが，副次的に国産兵器も使われた．北朝鮮の公式文献によれば，金日成は日本帝国の崩壊直後に，廃墟となっていた旧日本の兵器修理所を視察し，兵器工業の育成策を練ったという．この修理所が平壌兵器製造所であったことは確実である．金日成は，そこに残された設備と技術者，労働者を集め，国内兵器工業の中核とした．1947年9月には機関銃の試作が始まり，翌48年3月にその最初の製品が完成した．金日成は1948年12月12日に，これを記念して「国家試験射撃行事」を盛大に催し，同時に兵器工業の一層の発展──とくに迫撃砲，手榴弾，弾薬，砲弾の製造──を命じた．これを受けてこの工場は1949年2月に設備を拡張し，以後，65工場というコードネームを付された[19]．米軍が収集した情報によれば，1948年11月にこの工場では，ソ連人アドバイザー3名と朝鮮人民軍人1名の統率下で1,500名の労働者が働いていた[20]．

金日成自身，65工場についてつぎのように述べた．

「解放直後，国の事情は非常に困難でしたが，われわれは多大の力と資金を投じて65工場を建設し，はじめて銃と弾丸の生産を開始しました．祖国解放戦争のとき，飛行機や大砲などは自力でつくれませんでしたが，自動短銃〔機関銃〕，迫撃砲，弾薬，砲弾などは少なからず自力で生産供給しました．」[21]

上記の内容は，近年韓国に亡命した元・北朝鮮人民軍将校の証言とも一致する．

「北朝鮮は，解放後初めての2か年計画（49-50年）ですでに兵器の

---

18) 平松茂雄『中国と朝鮮戦争』勁草書房，1988年，131-36頁．
19) 前掲，社会科学院歴史研究所，275-77頁．金日成「われわれは自力で兵器を生産して武装しなければならない──六十五工場の代表におこなった談話」1949年10月31日，『金日成著作集』第5巻，外国文出版社，平壌，1981年，265-68頁．
20) 前掲『駐韓美軍情報要約』第4巻，570頁．
21) 金日成「兵器工業のいっそうの発展のために」全国兵器工業部門の党活動者会議でおこなった演説，1961年5月28日，『金日成著作集』第15巻，外国文出版社，平壌，1983年，123頁．

生産を優先し，当時北朝鮮人民委員会副委員長で産業相の重責を担っていた金策を中心として兵器生産のための作業に入り，49 年には機関銃の試作品を生産した．この時から，平壌市平川区域所在の旧日本陸軍造営廠（現 3 月 25 日ベアリング工場）や咸興の本宮化学工場などにおいて，機関銃や弾薬，火薬などが生産され始めた．」[22]

他の証言によれば，この機関銃はソ連に送った留学生を召喚して製作したという[23]．

前掲の表 9-6 では，M 精鉱と並んで，65 工場の生産額も別個に記されていた．1950 年上半期の 65 工場の生産計画額は 1.5 億ウォンで，鉄鋼，機械のそれの 8.9％，22.6％という大きさであった．実績は計画をやや上回り，65 工場の生産が進展していたことを示す．

北朝鮮では機関銃，弾丸の原材料は基本的に自給することができた．すでにみたように，鉄鋼は戦前に，日本製鉄や日本高周波重工業，三菱製鋼の製鉄所で普通鋼から特殊鋼まで生産体制が確立していた．弾丸製造に欠かせない鉛（弾身用硬鉛）の産出・製錬体制も整っていた．弾丸製造にはまた，被甲（弾身の被い）用として純分 99％以上のニッケルが必要であった．これはおそらく，金日成が 1948 年までに急ぎ電解ニッケルの製造設備を完成させた（前章参照）大きな理由である．火薬・爆薬の生産は，戦前より一層増大した可能性が高い．旧朝鮮窒素火薬の工場のみならず，興南の肥料工場，本宮の化学工場，旧本製鉄の製鉄所，阿吾地・青水の工場など多くの施設で火薬・爆薬原料が製造可能であったからである．じっさい上記の元・人民軍将校によれば，本宮で火薬が製造されたという．他の資料は，興南の肥料工場で多量の「黄色爆薬」が製造されたこと，およびそれが旧満洲で国民党と戦闘中の中国共産党軍にも供給されたことを明らかにしている[24]．黄色爆薬（黄色薬）とはピクリン酸のことで，弾丸の

---

22) 鄭有真（外務省訳国際情報局訳）「北朝鮮軍需産業の実態と運営」外務省部内資料，3 頁（原文『北韓調査研究』第 1 巻 1 号，1997 年）．
23) 高青松（中根悠訳）『金正日の秘密兵器工場――腐敗共和国からのわが脱出記』ビジネス社，2001 年，20 頁．
24) チェ・チンヒョク「中国東北地域の革命運動発展に果した朝鮮共産主義者の役割」中国延辺大学創立 50 周年記念学術会議報告，1999 年 7 月 22-23 日，14 頁，宮本悟「北朝鮮における建国と建軍――朝鮮人民軍の創設過程」『神戸法学雑誌』第 51 巻 2 号，2001 年，68 頁．中共軍に供給した兵器には，北朝鮮製とみられる炸薬，雷管，導火線や旧日本軍か

炸薬，工兵の破壊薬として使われた[25]。これは，コールタールを原料とする石炭酸（フェノール）に硫酸を加えて合成することから，興南の肥料工場でも容易に製造し得た。前章のソ連報告書によると，海州の旧朝鮮火薬工場は染料工場に転換されていた。しかし染料と火薬は化学的にほぼ同一物であるので，そこでも火薬が生産されていたのと変わらない。1950年半ばには，ソ連技術者の指導でTNT火薬の製造も始まった（資料3）[26]。

その他の兵器として，1949年8月に元山造船所（旧朝鮮造船工業元山造船所）で最初の海軍警備艇が建造された[27]。同様の警備艇はその後，南浦の造船所（旧朝鮮商工鎮南浦工場造船部）でも造られた[28]。南浦のガラス工場建設の主目的は，光学兵器製造用であった可能性が高い。1945年以前に北朝鮮にどれだけのガラス製造設備が存在したのかは確認できないが，戦時中にガラス製造用硼砂工場が稼動を始めていた（第3章参照）。これは光学兵器の国産化に有利な条件であった。

兵器以外の軍需品生産については，沙里院紡織工場（旧東洋製糸）で大量の軍服を製造した。1949年の生産実績は30,044着で，これは，作業服を含む全生産量（99,383着）の30％を占めた[29]。軍靴は，国共内戦中には中国共産党軍に供給する能力を有していた[30]。他に，薬品——とくに麻薬・消毒薬——や麻など，戦争遂行に不可欠な多くの物資の国内生産が可

ら押収した10万挺の銃も含まれていた（中共中央党史資料編集委員会編『中共党史資料』第十七輯，中共党史資料出版社，北京，1986年，204頁，『金日成略伝』外国文出版社，平壌，2001年，140頁）。これらの兵器は鎮南浦港から大連経由で山東省に運ばれ，国民党軍との戦闘で非常に重要な役割を果した。

25）壮司武夫監修，鍋倉昇『国民兵器読本』山海堂出版部，1943年，79-80頁。

26）実現したかどうかは未確認であるが，製粉工場や煙草工場では小麦粉や煙草から爆薬を製造することが可能であった。慶応義塾大学日本経済事情研究会編『日本戦時経済論』経済学全集 第63巻，改造社，1934年，236，246頁。

27）前掲，社会科学院歴史研究所，279頁。

28）同上，280頁。

29）国営沙里院紡織工場「年度別生産実績対比表」前掲，鄭・木村編，第3巻，工場篇Ⅰ（上），890頁。

30）前掲，宮本，68頁，中共中央党史資料編集委員会編，204頁。この時期に北朝鮮が中共に与えた経済支援の量や意義については，鐸木昌之「朝中の知られざる関係：1945-1949——満州における国共内戦と北朝鮮の国家建設」『聖学院大学論集』第3巻，1990年，41-42頁，李鍾奭『北韓—中国関係 1945-2000』図書出版中心，ソウル，2001年，52-68頁，鄭雅英『中国朝鮮族の民族関係』現代中国研究叢書XXXVII，アジア政経学会，2000年，153，200-01頁を参照。

能であった．1944-45年に顕著であった民需工場の軍需工場への転換は，一層進展する余地があった．現段階ではその全貌を明らかにしえないが，金日成が各種の軍需物資の増産を指令していたことは疑いえない．

3 結

人民軍の創設後，1949年夏には，中国から共産党軍所属の朝鮮人兵士数万名が北朝鮮に入り，人民軍に加わった[31]．これによって人民軍は，1950年5月までに総数18万名の軍隊に成長した．また内務省傘下に情報部隊，国境・鉄道警備隊が組織され，増強を重ねた．こうした軍の強化には多量の物資が必要であった．その物資はソ連が無償で供与したのではなかった．金日成政権は，ある財は高い代価を払って購入し，ある財は自ら生産した．これを可能にしたのは，日本帝国が築いた産業基盤であった．ただし前章でみたように，戦後金日成は工場設備を十分に活用することができなかった．稼動率は低く，生産の回復は期待（あるいは公表）したようにはすすまなかった．金日成はこの状況下で，軍備拡充を最優先に生産物を配分した．住民物資の欠乏はその当然の結果であった．たとえば当時，北朝鮮の農村では化学肥料の大幅な不足が生じていた．石鹸の不足も深刻であり，都市の一般労働者にたいする1949年の年間基準配給量は，1人当り14個にすぎなかった[32]．これらの財の対ソ輸出は，飢餓輸出にほかならなかったのである．住民の負担は，兵器購入のための献金によって一層増大した．金日成は1949年夏から，「人民軍に飛行機，戦車，艦艇を送るための基金献納運動」を推進した．工場労働者，農民など全住民がこれに参加し，同年末までに現金2億8,100万ウォンと糧穀4.8万叺がかれの元に集まった[33]．金日成はこのように，人民優先のかけ声とは裏腹に，住民生活を犠牲にしながら新たな戦争の準備を整えたのである．

---

31) 前掲，塚本，35頁．
32) 木村前著，54，96頁．
33) 社会科学院歴史研究所『朝鮮全史』第24巻，科学・百科事典出版社，平壌，1981年，285頁．

エピローグ

　日本帝国は北朝鮮に膨大な開発成果を残した．それは電力，鉄道，港湾などの産業基盤，鉱工業の生産設備のほか，本書で触れなかった農業の進歩に及んだ．これに比すると南朝鮮は，電力，鉱物，化学・金属製品の生産能力の点で大きく劣った．とくに発電能力が乏しく，産業活動は北朝鮮からの送電に依存していた．帝国崩壊後，北朝鮮は南への送電を続けた（売電）が，1948年5月にそれを停止した．これは南の産業を麻痺させた．南朝鮮はこのように，産業を維持するうえで北朝鮮よりはるかに不利な状況にあった．

　帝国崩壊後の南北間には，一層きわ立った相違が存在した．それは体制の相違であった．北ではソ連軍および金日成政権が，帝国から継承した「戦争経済」の発展を図った．すなわち軍事工業を拡充し，戦争のための動員体制を強化した．抑留された日本人技術者は図らずも，その基礎作業を遂行したのである．南はこれとは対照的であった．米軍は，日本経済の非軍事化と並行して，南朝鮮で戦争経済の解体，民需中心の経済への転換をすすめた．これを象徴するのは，三菱製鋼仁川製作所の兵器用鋼の製造設備や製品を破棄する命令であった[1]．米軍は，仁川の造兵廠内の兵器と弾薬も廃棄した[2]．朝鮮機械製作所には，兵器製造から小型汽船製造への転換を指示した[3]．日本人技術者は早期に帰国させた．かれらの引揚げは，南朝鮮の産業復興を遅らせる一因となった[4]．旧日本企業の無秩序な民間払い下げが，それを深刻化させた．南で兵器工場の再整備が行なわれたのは，国家樹立後であった．仁川の旧朝鮮油脂火薬工場はようやく1949年

---

1) 前掲，三菱製鋼，288頁．
2) 『朝鮮軍概要史』未公刊，n. d.（宮田節子編『15年戦争極秘資料集』15，不二出版，1989年），114頁．
3) 前掲，内務省，6．
4) 李大根『解放後－1950年代の経済：工業化の史的背景研究』三星経済研究所，ソウル，2002年，108-12頁．

1月に，陸軍兵器工場に編成された．兵器廠全体の組織の確立はさらに遅く，1950年に入ってからであった[5]．

　金日成はこの間，周到な戦争準備を行なった．開戦するや，人民軍はまたたくまに韓国軍を圧倒し，ソウルを陥れた．金日成はソウルで，多数の青年男子を人民義勇軍に強制徴募した．また，住民50万人の北への連行と労働従事，教育・研究施設内の物資の軍事動員を命令した（資料4）．この命令は一部実行された．1950年9月，米軍は仁川上陸を敢行し，本格的反撃に移った．人民軍は敗走し，北朝鮮の国土を米軍が席巻した．金日成は毛沢東に助けを求め，中国領に逃れてようやく身の安全を保つことができた．以後膠着戦が続き，南北双方で甚大な人的・物的被害が生じた．その間金日成は，兵器その他購入財の代金支払いのために，欠乏物資の対ソ輸出を継続した[6]．

　朝鮮戦争は，北朝鮮における帝国の遺産を無にしたのではなかった．金日成は，老人，婦人，子供を含む労働力を動員して工場を疎開させた．機械設備を山中に隠したり，中国領内にまで工場を移転した[7]．避難のさいには，設計図を携行させた．かつて日本の企業や陸軍が地下に築いた坑道や施設は，金日成にとって利用価値の高いものとなった．たとえば65工場（旧平壌兵器製造所）は平南・成川郡の鉱山の中に移され，重要な兵器工場として機能した（資料5）．通常，金日成は1960年代に「全国土の要塞化」路線を打ち出し，地下施設の建設を推進したといわれる．しかし実際には，この動きは朝鮮戦争中に始まっていたのである[8]．のみならずそ

---

5) 国防部戦史編纂委員会編『国防史』1，同会，ソウル，1984年，344-45頁．
6) Weathersby, K., "Making Foreign Policy under Stalin, The Case of Korea," Paper Presented for the Conference, "Mechanisms of Power in the Soviet Union," Copenhagen, 1998, p. 21. ソ連の支払い要求は広汎にわたった．たとえば，ソ連は1952年4月に，朝・ソ経済文化協定に則って北朝鮮の技術研修者を受け入れたさい，交通費，滞在費，傷害・保険費，衣料費，教材費をふくむすべての研修費の支払いを北朝鮮に要求した．研修費は，北朝鮮側が北朝鮮中央銀行を通してソ連国立銀行（ゴスバンク）の担当部局（全ソ輸出入公団技術輸出局，テフノエクスポルト Technoeksport）にルーブルで送金することになっていた．ロシア国立経済文書館，fond 8592, opis 4, ed. khr. 476 (*Dokumenty o Sovetsko-Korejskom Ekonomicheskom Sotrudnichestve, 1949-70 g. g.*，第I巻，11）．
7) ロシア外務省公文書館，fond 0102, opis 7, papka 30, delo 53（木村光彦「1950-51年北朝鮮の経済資料」『青山国際政経論集』第57号，2002年，228, 241頁，「同（続）」同，第58号，2002年，214-17頁），前掲『金日成略伝』151頁．
8) ソ連の援助で大規模な地下兵器工場——第95, 96号施設——の新設工事も始まった

エピローグ　　213

れは，そもそも日本帝国が遂行した戦争政策の一部にほかならなかった．
　帝国が残した産業設備は，1953年以降も北朝鮮経済の基盤となった．水豊ダム，日本製鉄の2製鉄所，三菱製鋼平壌製鋼所，日窒の化学コンビナートなど多数の工場が，修復・拡張を経て北の産業を支えた（資料6）．技術や製品では，アンモニア合成，石炭化学，葦パルプ製造の技術のほか，木炭車など戦時中の「代用資源」利用製品が使われた．北朝鮮の文献によると，1960年代初めに楽元機械工場で大型掘削機を製作し，これを長白号と名づけた．これは茂山鉱山の機械をモデルにしたという[9]．このモデル機はおそらく，三菱鉱業が戦前に米国から導入した掘削機であった（14頁参照）[10]．
　帝国は旧満洲，華北をはじめ中国各地にも，産業施設を残した．技術者も残留した（抑留された）．これらは新中国建設に重要な役割を果した．このように，日本帝国の遺産はその後の東アジアの経済および政治・社会に大きな影響を与えた．それは今までもっぱら負と捉えられて非難の対象

（資料3，259頁）．青水ではカーバイド工場近くの山腹に大洞窟を掘り，化学研究所を設置した．その責任者は李升基であった．かれは京都帝大工業化学科卒で，帝国崩壊後，ソウル大学工科大学長に就任した．朝鮮戦争の際に入北したが，これは「拉致」であったともいわれる．李升基（在日本朝鮮人科学者協会翻訳委員会訳）『ある朝鮮人科学者の手記』未来社，1969年，110-13頁，任正赫編『現代朝鮮の科学者たち』彩流社，1997年，9-14頁，金大虎（金燦訳）『私が見た北朝鮮核工場の真実』徳間書店，2003年，240頁参照．
　9）　白峯（金日成伝翻訳委員会訳）『金日成伝　第三部　自立経済の国から十大政綱発表まで』雄山閣出版，1970年，197頁．
　10）　農業面でも日本帝国の遺産は多大であった．米作技術やトウモロコシ栽培はその顕著な例である．後者については，1950年代にソ連の農業アドバイザーがその拡張を北朝鮮政府に勧告した．北朝鮮住民は，トウモロコシ食に慣れていないことからこれに抵抗した．ロシア国立経済文書館，fond 7486, opis 22, ed. khr. 183（*Dokumenty o Sovetsko-Korejskom Ekonomicheskom Sotrudnichestve, 1949-70 g. g.*，第IV巻，72，木村光彦・土田久美子「1956年の北朝鮮農業資料（1）」『青山国際政経論集』第60号，2003年）．金日成は抵抗を封じてトウモロコシ栽培を拡大させた．かれはのちに1960年の演説で，トウモロコシ澱粉は加工材料や「外貨源泉」として貴重であると述べた（「平安南道党組織の任務について」平安南道党委員会総会での結語，1960年1月7日，『金日成著作集』第14巻，1983年，19-20頁，飯村友紀「北朝鮮農法の政策的起源とその展開——『主体農法』本質・継承を中心に」『現代韓国朝鮮研究』第2号，2003年）．この演説の裏には，戦時中に開発されたトウモロコシ澱粉による爆薬用グリセリン製造技術を活用する意図があったのかもしれない（本文106頁）．
　帝国の遺産にくわえて，北朝鮮が依存したのはソ連の技術・設備である．ソ連から導入した産業技術の一覧（1959年分）は，木村光彦・金子百合子「1959年の北朝鮮・ソ連科学技術協力にかんする資料」（上），（下）『青山国際政経論集』第55号，56号，2002年参照．

となってきた．今後はこれを多面的に解明し，あらたな視点から論じることが重要な課題である．

付論 4

M精鉱とウラン鉱

───────

モナザイトの主成分は燐，セリウム，トリウムの化合物で，そのほかにウランなど各種元素の化合物を含む．放射性鉱物トリウムは中性子照射によって，核燃料のウラン233を生じる．確認はされていないが，ソ連は北朝鮮産のモナザイトを原爆製造に利用する意図があったという[1]．モナザイトには戦時中に日本帝国が関心を示していた．陸軍は1940年に原爆製造の可能性を認識し，翌年その研究を理化学研究所（仁科芳雄博士）に委託した[2]．同研究所はウラン原鉱として，北朝鮮のモナザイトに注目した．朝鮮では古く1918年に，京都帝大教授の中村新太郎がモナザイトの調査を行ない，1930年代に入って理化学研究所飯盛里安博士がくわしい研究を発表した．

モナザイト原鉱は一般に，磁鉄鉱，チタン鉄鉱，尖晶石，電気石など各種の鉱石を含む黒色砂鉱である．そのため黒砂（black sand）と呼ばれる．しかし柘榴石を含む場合は赤褐色にみえるので，飯盛博士らはこれを重砂と称した．朝鮮では，北部，中部の砂金地帯にモナザイト砂鉱が存在した．北部の主産地は以下のとおりであった：平南・平原郡の順安面から粛川面にいたる地域，大同江・清川江の沿岸地域，黄海道南部，咸鏡南道南部の龍興江・城川江流域．このうち，大同江，清川江の重砂は3-4％のモナザイトを含有した．インドやブラジルなどモナザイトの主産地では一般に，産出鉱石のトリウム含有率は4-10％であった．北朝鮮産モナザイトのトリウム含有率は通常5％程度と低かったが，平南・平原郡順安面と黄海・延白郡のそれは例外的に11％という高さであった[3]．順安面に隣接する石［東］岩面のモナザイトは，トリウムとウランをそれぞれ9％，0.1％

───────

1) 前掲，Cumings, pp. 150-51, Weathersby, "Soviet Aims …," p. 21．
2) 木村繁『原子の光燃ゆ　未来技術を拓いた人たち』プレジデント社，1982年，18-19頁．
3) 飯盛里安「朝鮮に於けるモナズ石の産出及び其分布」『理化学研究所彙報』第21輯4号，1942年．

含有していた[4]。

　トリウムから生じるウラン233は，実際には核兵器の製造に使われたことはない。より重要なのはウラン235である。北朝鮮は，天然ウラン（ウラン238，235）を多量に含むフェルグソン石（fergusonite），燐灰ウラン石（autunite），銅ウラン雲母（torbernite）もまた産した。これらは多くのばあい，巨晶花崗岩（ペグマタイト）中にモナザイトやコロンブ石（columbite，タンタルニオブ原鉱）と混在した。フェルグソン石は，黄海・延白郡海月面の菊根鉱山でモナズ重砂と共に産した。菊根鉱山は38度線のすぐ南に位置し，朝鮮戦争を経て現在の北朝鮮の領域に入った。同鉱山のフェルグソン石は，ウランを8.4％も含有する優良鉱であった[5]。燐灰ウラン石，銅ウラン雲母は平北・朔州郡の銀谷鉱山，江原・鉄原郡の丹緑鉱山で産し，コロンブ石を伴った[6]。

　北朝鮮産モナザイトの製錬は日窒鉱業開発の興南製錬所で行なっていた（本文16頁）。同社は1943年に，平北・鉄山郡栢梁面仙岩里の仙岩鉱業所で重砂の採取を開始した。そこでは簡単な選鉱によってモナザイト含有50％の鉱石を得，これを興南の製錬所に送った。興南では，日窒電気技術部が開発した静電気法で95％以上の精鉱にした。精鉱能力は1トン/日で，副産物としてチタン鉄鉱と柘榴石を得た[7]。モナザイトから抽出したセリウムは，興南カーボン工場で炭素棒製造の重要な原料となった（本文65頁）。

　日本陸軍は菊根鉱山で，1944年6月からフェルグソン石の採掘を行なった。これによって，原爆製造に必要なウラン235の半量（500 kg）を得る予定であった[8]。しかし陸軍の原爆製造計画は1945年6月に，技術的

　　4）　飯盛里安・吉村恂・畑晋「大同江及び清川江に於けるモナズ石の産出並に其分布」同上，第14輯5号，1935年，354頁。インドでは1950年代に，モナザイトを大量に処理してトリウムとウランを抽出した（佐藤源郎「タイ国ウラン鉱概査報告について」『原子力委員会月報』第2巻3号，1957年）。

　　5）　畑晋・新美幸親「朝鮮海月面のフェルグソン石」『理化学研究所彙報』，第21輯11号，1942年，1159頁。

　　6）　前掲，木野崎，9頁，山口定「平安北道朔州郡外南面銀谷金山（金・珪石・コロンブ石鉱床）調査報文」『朝鮮鉱床調査彙報』第13巻1号，1939年。

　　7）　前掲，森田，83頁，玉井寧「静電選鉱法と興南野研時代の私」前掲「日本窒素史への証言」編集委員会編，第二十八集，1986年，67-74頁。

　　8）　残りの半量は，福島県石川町で得る予定で採掘を行なった。前掲，木村繁，20頁，

問題から打ちきりとなった．海軍がすすめていた同様の計画も中止となった．戦後になって，戦時中に日窒と海軍が興南の龍興工場で原爆製造に取組み実験に成功していたとする説が流れた．これは，信じるに足らない[9]．

山本洋一『日本製原爆の真相』創造，1976年，52，79頁．
 9) Grunden, W. E., "Hungnam and the Japanese Atomic Bomb: Recent Historiography of a Postwar Myth," *Intelligence and National Security*, Vol. 13, No. 2, 1998. 戦後の北朝鮮のウラン開発については，前掲，金大虎参照．

資　料

資料1

1944-45 年の北朝鮮鉱工業にかんする資料：企業・工場の概要

凡　　例

年　会社（工場）設立年，敷　敷地面積，資　公称資本金（払込資本金），投　事業投資額（帳簿価格），設　主要設備，能　設備能力（原鉱処理または生産能力），従　従業員（鉱夫）数（その内，日本人），山　経営する鉱山の所在地，生　1944年度生産実績．払込資本金は，公称資本金と同額のばあいには記載を省略する．同一項目で異なるデータがある場合は，（　）内に入れて示す．内務省（朝鮮総督府）『在朝鮮企業現状概要調書』以外の資料に依る場合のみ，脚注に出所を記す．単位：敷地面積　千坪，資本金と事業投資額　千円，1944年度生産実績　千トン（金，銀のみkg），そのほかの記載がない量（生産，設備能力等）千トン/年．製品や設備の名称は原則として原資料にしたがい，統一しない．

（1）　本文で言及した鉱業会社（本文叙述順）

第五海軍燃料廠[1)]

年 1907．従 3,500（350）（その他，士官・文官56，生産兵400）．

採鉱部門

炭坑名	坑口数	出炭量	従業員数
寺洞坑	3	85	340
高坊坑	5	120	600
栗里坑	1	15	60
大成坑	3	30	180
計	12	250	1,180

煉炭部門

	煉炭形状	製造能力	生産量
第1煉炭工場	卵型煉炭	6トン/時×4基＝24トン/時	
第2煉炭工場	卵型煉炭	10トン/時×2基＝20トン/時	
第3煉炭工場	卵型またはマセック型（朝鮮鉄道局	10トン/時×2基＝20トン/時	

---

1) 前掲，燃料懇話会編，719-25頁．

		計 222
第4煉炭工場	向け）煉炭 角型（家庭用粘土4トン/時×2基＝8トン/時 入り）煉炭	27

選炭・貯炭部門

選炭工場または貯炭場	選炭・貯炭能力
第1選炭工場	12トン/時×3基＝36トン/時
第2選炭工場	12トン/時×4基＝48トン/時
第1貯炭場	6.0
第2貯炭場	4.0
第3貯炭場	3.5
鎮南浦貯炭場	60.0

注）マセック型煉炭は，無煙炭に有煙炭を配合しピッチで固めた最中（もなか）型煉炭で，主としてストーブやボイラー用．終戦時，貯炭場はすべて満炭状態であった．

朝鮮無煙炭（朝無社）[2]

炭鉱名	従業員数	出炭量			
		1940	1941	1942	1945
三神	1,168	126	109	140	150
元灘	756	76	76	80	80
坎北	454	27	25	30	40
徳山	771	134	121	150	150
文川	1,306	68	63	70	70
黒嶺	3,328	369	443	500	600
江東	3,480	305	271	380	450
大宝	752	144	145	150	160
新倉	3,720	22	377	520	1,100
総計	17,724	1,315	1,602	2,020	3,100

注）総計は，表記各鉱山のほか中小3鉱山の数値の合計．従業員（社員・鉱夫）は1941年の数値（一部，1943年の数値を含む）．1942，45年の生産量は計画値．

朝鮮人造石油（炭鉱部門）

能 750．従 6,000．阿吾地鉱業所　咸北・慶興郡．投 20,782．生 576．承良鉱業所　咸北・慶源郡．投 2,453．生 36．

日本窒素（炭鉱部門）

---

2) 前掲，朝無社社友会編，19, 21頁．

永安鉱業所　咸北・明川郡．生7．吉州鉱業所　咸北・吉州郡．生550．
朱乙鉱業所　咸北・鏡城郡．生950．龍門鉱業所　平北・寧辺郡．生146．

明治鉱業[3]

安州炭鉱　平南・安州郡．従1,260．1945年の計画出炭量250．沙里院炭鉱　黄海・鳳山郡．従2,261．終戦時の月間出炭量10．

大日本紡績[4]

弓心炭鉱　咸北・会寧郡．投14,000．従　朝鮮人2,700，中国人200，日本人60．終戦時の月間出炭量40，貯炭量100．

三菱鉱業

投63,443．従10,237(507)．

鉱山名 (所在地)	生	設(台)	能
青岩 (咸北・富寧郡)	金201，銀483，含有精鉱4，石灰石13	巻揚機4，圧気機2，選鉱設備一式	
下聖 (黄海・載寧郡)	鉄鉱石塊476，同・粉92，蛍石3	巻揚機7，圧気機2，水洗機3，水洗用ポンプ11，排水ポンプ7，ガソリン機関車13	804(鉄鉱石)，4(蛍石)
兼二浦 (黄海・黄州郡)	鉄鉱石16，石灰石223，苦灰石23	巻揚機4，圧気機3，排水ポンプ3，冷却用水ポンプ3	22(鉄鉱石)
載寧 (黄海・載寧郡)	褐鉄鉱塊142，同・粉77	巻揚機7，排水ポンプ6，水洗機3，水洗用ポンプ5	216
銀龍 (黄海・載寧郡)	鉄鉱石塊24，同・粉20	巻揚機3，排水ポンプ4，水洗機1	40
端川 (咸南・端川郡)	磁鉄鉱81	圧気機3，冷却用水ポンプ2	132

注)　投と従は北朝鮮6鉱山，南朝鮮3鉱山の計．

茂山鉄鉱開発　年1939．資50,000．茂山鉱山　咸北・茂山郡．投63,711．能　鉄精鉱2,000．従3,350(411)．生　鉄鉱石1,051．

日本鉱業

投117,360．従20,466(1,566)．

鉱山名 (所在地)	投	生	能
雲山 (平北・雲山郡)	51,202	金209，銀524，硫黄3，蛍石1，黒鉛0.3	240

---

3)　前掲，明治鉱業，468-69頁．
4)　前掲，ニチボー，224頁．

鉱山名 (所在地)	生産量	品位	従業員
大楡洞 (平北・昌城郡)	31,000	金 308, 銀 543, 鉛 0.1	360
成興 (平南・成川郡)	13,713	金 2,472, 銀 8,724, 銅 0.9, 鉛 0.6	
遂安 (黄海・遂安郡)	17,669	金 477, 銀 1,022, 銅 0.8, 水鉛 0.09	336
箕州 (黄海・谷山郡)	12,075	重石 1.8	120
検徳 (咸南・端川郡)	14,417	銀 4,039, 鉛 2.9, 亜鉛 10.6	84
楽山 (黄海・長淵郡)	3,834	金 170, 銀 763, 銅 0.1, 鉛 0. 05	36
御営 (平北・亀城郡)	5,329	金 121, 銀 1,712, 鉛 0.9, 亜 鉛 0.2	
慈母城 (平南・平原郡)	203	金 63, 銀 464, 鉛 0.4	36
金華 (江原・金化郡)	1,595	硫化鉄 19	
遠北 (江原・金化郡)	4,575	硫化鉄 26	

注) 雲山、大楡洞鉱山は 1943 年に朝鮮鉱業振興株式会社に所有権を
譲渡。投と従は北朝鮮 11 鉱山、南朝鮮 4 鉱山の計。慈母城鉱山の
生産量は 1943 年度の数値。

朝鮮鉱業振興

年 1940. 資 50,000 (35,000). 投 405,951. 従 5,901 (351).

鉱山・選鉱場名 (所在地)	生 (品位, %)	設 (圧気機台数)	能
吉良 (咸北・吉州郡)	鱗状黒鉛 (灰分 17) 0.5		100 トン/日
明川 (咸北・明川郡)	同 (同 17) 0.06		50 トン/日
伏木 (平北・朔州郡)	同 (同 35) 2.0	〔手掘り〕	
龍渕 (咸南・端川郡)	同, 採鉱中		
宣龍 (平北・宣川郡)	同 (同 25) 0.4		15 トン/日
亀鳳 (黄海・鳳山郡)	蛍石 (85) 2.1	〔手掘り〕	
桂生 (平北・江界郡)	鉛 (40) 1.0	25 馬力 1	50 トン/日
鷹洞 (平北・熙川郡)	同 (55) 0.3	75 馬力 1, 100 馬力 1	100 トン/日

鉱山名（所在地）	生	設（圧気機台数）	能
三和（黄海・平山郡）	重石 (70) 0.0		
白石（黄海・信川郡）	雲母		
文川（咸南・文川郡）	リシャ雲母 (1.4) 0.07		
大蔵（江原・伊川郡）	ニッケル (1.95-3.94) 1.8	150 馬力 1	70 トン/日
新義州（選鉱場）（新義州府）	藍晶石 (53) 2,820		
宜川（同）（平北・宜川郡）	黒鉛 (灰分 20) 1,949		30 トン/日

注）従と投は、北朝鮮 14 鉱山・選鉱場、南朝鮮 13 鉱山の計。

日窒鉱業開発

年 1929． 資 15,000 (14,250)． 投 115,478． 従 10,342 (759)．

鉱山名（所在地）	投	生	設（圧気機台数）	能
慈城（平南・平原郡）	5,590	金 166，銀 764，鉛 0.6，亜鉛 0.2	14	200 トン/日
広長（咸南・新興郡）	7,078	金 95，銀 1,195，鉛 0.2，亜鉛 0.2，銅	8	100 トン/日
殷興里（咸南・端川郡）	674	金 1，銀 202，鉛 0.1，亜鉛 0.1		
長城（咸南・定平郡）	350	蛍石 2.5		2.4
高祥（平北・定州郡）	736	金 6，銀 433，鉛 0.3，亜鉛 0.1	4	6
昌道（江原・金化郡）	5,997	硫化鉄 62	7	50 トン/日
釜洞（咸南・端川郡）	15,347	硫化鉄 53	13	120
日建（咸南・甲山郡）	2,643	硫化鉄 2		6
咸興（咸南・咸州郡）	2,967	ニッケル鉱 25，ニッケル 0.4	3	36
仙岩（平北・鉄山郡）	1,511	モナズ重砂 0.6	2	0.5
北斗（咸南・端川郡）	316	マグネサイト 32	2	60
銀谷（平北・朔州郡）	4,897	コロンブ石 1.9 トン，緑柱石 27 トン	3	コロンブ石 2 トン，緑柱石 36 トン

注）従と投は北朝鮮 14 鉱山、南朝鮮 4 鉱山の計。広長鉱山の銅生産量は、原資料の数値判読不能。

三成鉱業

年 1928. 資 5,098. 投 31,235. 従 2,934 (316).

鉱山名 (所在地)	投	生	能
新延 (平北・朔州郡)	3,882	鉛精鉱 3, 亜鉛精鉱 5	240 トン/日
三成 (平北・亀城郡)	1,338	金 32, 銀 12, 黒鉛 0.9	100 トン/日
蘇民 (平北・寧辺郡)	489	鉛・亜鉛 16	
成川 (平南・成川郡)	3,499	鉛精鉱 1, 亜鉛精鉱 6	520 トン/日
義州 (平北・義州郡)	3,270	鉛精鉱 1, 硫化精鉱 0.3	120 トン/日
銀精 (黄海・載寧郡)	407	蛍石 1	

注) 原資料で三成鉱山の金銀産出量はトン表示であるが、これはkgの誤りとみなした。

住友鉱業 資 80,000. 高原鉱山 咸南・高原郡. 投 1,037. 能 100トン/日. 従 836. 生 金銀鉱 19, 金 25 g (kg?), 銀 161 g (kg?). 端川鉱山 咸南・端川郡. 投 642. 能 200 トン/日. 従 272. 生 金銀含有硫化鉄 32. 物開鉱山 黄海・平山郡. 投 885. 能 25 トン/日. 従 134. 生 蛍石 8.1 (品位 63%), 6.8 (同 81%). 宣川鉱山 平北・宣川郡. 投 671. 生 金銀, 蛍石.

小林鉱業 年 1934. 資 50,000. 百年鉱山 黄海・谷山郡. 投 19,812. 能 550 トン/日. 生 タングステン 0.8 (1944年2月-1945年1月). 興津鉱山 咸南・咸州郡. 投 7,539. 能 300 トン/日. 生 鉛 2.8 (1944年2月-1945年1月).

日鉄鉱業 年 1939. 資 15,000. 山 平南・价川郡, 咸北・会寧郡. 従 2,150 (180). 生 鉄鉱石 406, 石灰石 26.

東拓鉱業 年 1933. 資 7,000. 従 1,912 (97). 臥龍鉱山 咸南・端川郡. 投 5,346. 能 14. 生 鱗状黒鉛 1.3. 端豊鉱山 咸南・端川郡. 投 1,736. 設 圧気機 5 台. 生 硫化鉄鉱 5.7, 銅鉱 0.45. 芳林鉱山 黄海・松禾郡. 投 108. 生 重晶石 1.2. 利原鉱山 咸南・利原郡. 投 47. 生 滑石 0.2.

朝鮮マグネサイト開発 年1939．資15,000．従690（22）．龍陽鉱山 咸南・端川郡．投2,618．設 圧気機7台，削岩機23台．能250．生 マグネサイト55．

利原鉄山 年1918．資3,000．利原鉱山 咸南・利原郡．投25,300．設 圧気機300馬力1台，100馬力8台，削岩機 約50台，選鉱設備．能300．従4,648（213）．生 赤鉄鉱石277．

朝鮮燐鉱 年1940．資40,000．山 咸南・端川郡，平南・平原郡．投9,680．従2,205（53）．生 燐鉱石53．

東邦鉱業 年1934．資7,500（5,250）．投7,080（南朝鮮の1鉱山分を含む）．従1,801（146）（同）．江界鉱山 平北・江界郡．能25トン/日．生 電極用黒鉛3．勝栄鉱山 平北・江界郡．能85トン/日．生 電極用黒鉛4．良洞鉱山 咸北・吉州郡．能60トン/日．生 潤滑用黒鉛0.3．

中外鉱業 年1932．資17,500（13,750）．従1,851（154）（海州製錬所分を含む）．完豊鉱山 平北・昌成郡．投3,926．設 圧気機500馬力2台．能200トン/日．生 鉛0.2．文礼鉱山 平北・定州郡．投2,211．設 圧気機225馬力2台．能100トン/日．生 鉛0.5，亜鉛0.3．銀峰鉱山 黄海・延白郡．投2,160．設 圧気機220馬力4台．能100トン/日．生 鉛0.1．

朝鮮雲母開発販売 年1939．資3,000（2,250）．投12,000．従2,133（60）．生 雲母96トン．

日本金属化学 本社（およびセリウム化合物工場）京都．年1943．資1,000．高城鉱業所 江原・高城郡．投585．能 黒砂3.6．従90（8）．生 黒砂2.5．

朝鮮製錬 年1935．資10,000（7,500），従2,656（62）．南川鉱山 黄海・平山郡．投454．生 銅2．美栗鉱山 黄海・新渓郡．投178．生 銅0.4．西倉鉱山 黄海・載寧郡．投356．生 蛍石0.4．新村鉱山 黄海・鳳山郡．投125．能100トン/月．生 蛍石0.9．東一鉱山 江原・平原郡．投238．能50トン/月．生 蛍石0.5．楚豊鉱山 黄海・延白郡．投160．能50トン/月．生 蛍石0.4．

日本鉱産 年1939．資8,500．山 咸南・文川郡，定平郡，黄海・谷山郡（百年山タングステン鉱山）ほか南朝鮮1か所．投9,368．従640．

中川鉱業 年1934．資2,000．山 江原・金化郡ほか南朝鮮3か所．

従 3,406 (253). 昌道鉱山 江原・金化郡. 投 2,799. 能 重晶石 12.0, 微粉バライト 1.0, 硝酸バリウム 0.7, 塩化バリウム 0.2, 酸化バリウム 1.2, 硝酸ストロンチウム 3.6. 生 重晶石 5.7, 微粉バライト 3.7, 硝酸バリウム 0.2, 塩化バリウム 0.3.

(2) その他の鉱業会社 (資本金 50 万円以上, 内務省資料記載分, 50 音順)

市村鉱業 本社大阪. 年 1940. 資 2,000. 山 平北・江界郡. 投 2,000. 能 30 トン/日. 従 98 (6). 生 燐状黒鉛 3.6.

乾鉱業 乾汽船の子会社. 年 1942. 資 1,500. 投 2,990. 従 613 (28). 生 鱗状黒鉛 0.8. 雲龍鉱山 平南・安州郡. 投 1,200. 能 50 トン/日. 従南鉱山 平北・江界郡. 送電線建設途上のため搬出実績なし (山元貯鉱量 4, 平均品位 50％).

大原鉱業 1936 年. 資 3,000. 山 平北・江界郡. 投 6,345. 能 50 トン/日. 従 768 (22). 生 鱗状黒鉛 0.9.

鐘淵工業[5] 東馬鉱業所 年 1938. 黄海・遂安郡. 能 20 トン/日. 従 120. 生 硫化鉄鉱. 襄陽鉱業所 年 1939. 江原・襄陽郡. 投 20,112. 設 圧気機 1,500 馬力, 削岩機 90 台. 従 3,758 (55). 生 磁鉄鉱 270.

恵山鉱業 大日本紡績の子会社. 年 1937. 資 800. 五徳鉱山 咸南・恵山郡. 投 2,556. 能 100 トン/日. 従 144 (2). 生 硫化鉄 12.5.

興亜産鉱 年 1940. 佳銀鉱山 咸南・文川郡. 投 10,000. 能 50 トン/日. 従 361 (11). 生 鉛 0.29, 亜鉛 0.25, 金 38, 銀 629.

厚昌鉱業 藤田組系. 年 1917. 資 4,000. 厚昌鉱山 平北・厚昌郡. 投 13,000. 設 圧気機 300 馬力 2 台. 能 300 トン/日. 従 980 (59). 生 金銀含有銅精鉱 2.1.

寿重工業 寿鉄山 平南・江西郡. 投 4,000. 設 15 トン機関車 6 両, 15 トン貨車 38 両ほか. 生 鉄鉱石 (品位 50％) 350 (1939 年-終戦までの累計). (寿重工業は大阪の紡織機メーカー. 1938 年から寿鉄山を経営. 終戦までに山元から保山港まで鉄道を敷設.)

金剛山特種鉱山[6] 日本高周波重工業系. 年 1938. 資 4,000 (2,500)

---

5) 前掲, 鐘紡 (百年史), 400 頁

(1941年現在)．山　平南1か所（清松鉱山），江原・金剛山3か所，南朝鮮1か所．生　タングステン．

柴田鉱業　年 1939．資 500．山　平北・江界郡，价川郡，義州郡など7か所．投 1,000．生　電解用黒鉛1.4，坩堝用黒鉛0.2，土状黒鉛10．

順安鉱業　浅野セメント系．年 1932．資 6,000（5,000）．山　平南・平原郡．生　砂金．

昭興鉱業　日本高周波重工業系．年 1938．資 6,000（4,075）．山　江原・准陽郡，高城郡，平南・陽徳郡，咸南・端川郡，平北・宣川郡，咸北・富寧郡ほか南朝鮮2か所，日本1か所．投 6,560．能（月当り？）タングステン8.6，ニッケル30トン，クロム30トン，蛍石40トン，水鉛50 kg．従 1,013（43）．生　タングステン96，ニッケル0.2，蛍石0.2．

昭陽鉱業　東洋紡系．年 1939．資 1,000．山　平北・江界郡3か所．投 4,000．従 865（15）．生　電解用燐状黒鉛1.2，黒鉛原鉱石10.5．

昭和電工　平安鉱山　平北・昌城郡．投 860．従 33（1）．生　タングステン28トン．

菅原電気　本社東京．年 1935．資 2,000．山　咸北・吉州郡，平南・粛川郡．能 5トン/月．従 330（10）．生　雲母40トン・

田村鉱業　資 1,500．山　咸南・端川郡．投 2,000．能 150トン/日．従 275（25）．生　電極用黒鉛0.03，坩堝用黒鉛0.3．

朝鮮アスベスト　年 1940．資 1,000（750）．山　黄海・遂安郡．投 250．能 0.3．従 334（17）．生　石綿0.15（石綿工場は京城に立地）．

朝鮮コバルト鉱業　年 1944．資 1,000．咸北・会寧郡．設　圧気機150馬力1台．能 20トン/日．従 24（4）．生　実績なし．

朝鮮山皮鉱開発　年 1944．資 3,000（1,500）．山　江原・鉄原邑ほか17か所（加工工場は南朝鮮）．投 500．従 506（131）．生　山皮0.44，耐熱性製品0.25．

朝鮮報国鉱業　年 1938．資 2,000．山　平北・朔州郡，義州郡．投 2,433．従 84（4）．生　コロンブ石0.2，石綿0.1．

朝鮮鱗状黒鉛　住友系．年 1944．資 2,500．業億鉱山，院坪鉱山，将峴鉱山　咸北・鶴城郡．投 2,105（精製工場分を含む）．能 230トン/日．

6）　前掲，東洋経済新報社編，80頁．

従 595（32）．生 黒鉛 1.0．

帝国興産 年 1943．資 1,500．山 咸南・豊山郡．投 5,980．設 圧気機 175 馬力 2 台．能 70 トン/日．従 414（24）．生 銅・鉛・亜鉛 5.5．

帝国マグネサイト 年 1939．資 3,000．山 咸南・端川郡．投 6,420（精製工場分を含む）．従 92（55）．

東洋雲母鉱業 年 1942．資 5,000．山 咸北・吉州郡，咸南・端川郡，豊山郡，平北・熙川郡，義州郡，平南・平康郡ほか南朝鮮 2 か所．投 3,696（北朝鮮分のみ）．従 2,467（55）．生 雲母 10（北朝鮮分のみ）．

日電興業 住友系．年 1941．資 750．山 江原・鉄原郡．投 1,000．従 350（25）．生 通信機材原料．

日本希有金属 本社東京．年 1941．資 10,000．従 389（16）．山 黄海・平山郡ほか南朝鮮 1 か所．投 3,100．設 圧気機 50 馬力 2 台．生 柴雲［リシャ雲母］0.2．安岳鉱業所 黄海・安岳邑．投 1,000．生 褐簾石 0.1．

日本黒鉛鉱業 年 1943．資 1,500．青鶴鉱山 咸南・鶴城郡．投 4,800．能 200 トン/日．従 470（14）．生 燐状黒鉛 0.1，コバルト鉱．

日本電気冶金 本社金沢．年 1943．資 6,000．山 咸南・端川郡．投 4,500．設 圧気機 5 台．能 50 トン/日．従 628（18）．生 コバルト鉱．

日本特殊窯業 本社名古屋．年 1938．資 18,000．山 咸北・吉州郡．投 1,800．能 20．従 108（4）．生 氷滑石 10．

日本マグネサイト化学工業 年 1935．資 5,000．南渓鉱山 咸北・吉州郡．投 1,500．能 80．従 292（12）．生 マグネサイト 40．鶴南鉱山 咸北・鶴城郡．投 500．能 16．従 109（5）．生 マグネサイト 24．双龍鉱山 咸北・鶴城郡．能 風信子石 1.2，褐簾石 0.4．生 風信子石 0.9，褐簾石 0.3．

原商事 本社大阪．年 1918．資 5,000．山 咸南・永豊郡，北青郡ほか南朝鮮．投 1,600．従 288（10）．

東朝鮮鉱業 本社東京．年 1938．資 8,400（5,640）．山 咸南・三水郡ほか南朝鮮．

文登鉱業 年 1943．資 500．従 455（15）．第 1 文登鉱山 江原・楊口郡．投 200．能 20 トン/日．生 螢石 粗鉱 3.1，精鉱 1.2．第 2 文登鉱山 投 207．能 0.5/日．生 緑柱石 粗鉱 1.9，精鉱 0.3．

宝光鉱業　朝鮮殖産銀行系．年1932．資10,000．従1,598（27）．笏洞鉱山（朝鮮有数の金山）　黄海・遂安郡．投11,881．設　圧気機650馬力，発電機，ガソリン機関車2台，電気機関車2台，鉱石運搬トラック22台．能420トン/日．生　純金200，純銀254，純銅1.6トン，タングステン（75％）130 kg，硼鉱4.3．終戦時貯鉱量　金銀銅精鉱0.14，同粗鉱10，硼鉱選鉱石1.65，同粗鉱石10．久宝鉱山　江原・平康郡．投160．生　蛍石1.9．西鮮黒鉛鉱山　黄海・載寧郡．投50．生　無．

北青鉄山　片倉工業系．年1942．資10,000．北青鉱山　咸南・北青郡．投32,000．設　圧気機23台，2,165馬力．能350．従4,160（97）．生　磁鉄鉱石65．建設工事中に終戦．

馬洞鉱業　浅野セメント系．年1944．資3,000．山　黄海・鳳山郡．従425（15）．生　石灰石170．

三上鉱業　資1,500．山　咸南・鶴城郡，吉州郡，城津府に4か所．投1,800．能155トン/日．生　電極用黒鉛6トン，坩堝用黒鉛76トン．

理研坩堝　本社東京．年1943．資1,200．山　平北・楚山郡．投1,500．能50トン/日．従530（8）．生　燐状黒鉛0.18．

(3)　工　　場

日本製鉄兼二浦製鉄所，清津製鉄所[7)]　投124,478．従約15,400．

　兼二浦製鉄所　年1918．設　製銑　第1熔鉱炉（容量494.59 m³）スキップ式122.5，第2熔鉱炉（同420.43 m³）105.0，第3溶鉱炉（同513.00 m³）122.5，計350，特設小型熔鉱炉　20トン炉10基，計50，低燐銑炉　15トン炉2基，20トン炉1基．コークス炉　黒田式102（35炉×1団）2基，ウィルプット式73（26炉×1団）1基，102（35炉×1団）1基．焼結（グリナワルド式粉鉄処理工場）第1工場20.0，第2工場96.0．製鋼　50トン平炉3基（塩基性固定式，のちメルツ式に改造），200トン予備製錬炉1基，計150．圧延　条鋼3重大型ロール機（径750×長1,750 mm）3基，鋼板（造船用厚版）ラウト式3重ロール機（上下864，中508×長2,794 mm）1基，原動機

---

7)　前掲，日本製鉄，240（第5図），458-59，474，487，525-27，532，636，663，681，731頁，資源庁長官官房統計課編，821-22頁．

(誘導電動機) 4,000馬力1基, 3,000馬力1基. 送風機 1,200 ㎥/分 1基ほか. **工作** 熔銑炉5基, 旋盤36台, ボール盤10台, 平削盤2台, 竪削盤2台, 歯切盤2台, 蒸気ハンマー1基, 空気ハンマー3基, その他機械4台. **発電所** 6,000 kw発電機1基ほか. **変電所** 容量 12,000 KVA. **副産物製造** 硫安3.5, タール13.0, ベンゾール2.6. **耐火煉瓦工場. 荷揚・港湾** 年30万トン石炭荷揚機2基, 江岸物揚場3か所, 2トンベルトコンベアー2基, 2トンクレーン2基, 架空式5トンクレーン1基, 門型移動回転6トンクレーン1基ほか. **陸上運輸** 10トン級蒸気機関車3両, 20トン級同7両, その他機関車11両, 貨車394両, 鉄道延長41 km, トラック11台. **教育** 技能者養成所 (1939年開設, 修了者総数24,181人), 青年訓練所 (1940年開設, 4か年の養成工訓練所). 従 (1941年在籍者) 5,770. **生** 銑鉄110, 鋼塊43, 鋼材12.

清津製鉄所[8] 年 1942. 敷 906. **設 製銑** スキップ式熔鉱炉 (容量743.62 ㎥) 175.0 2基, カウパー式熱風炉6基, 7,100馬力蒸気ブロワー3基, ヤイゼンガス清浄装置1式, 42,500 ㎥ガス溜1基, 鋳銑機 (1,000トン/日) 2基, 特設小型熔鉱炉 (20トン/日) 11基. **焼結** (グリナワルド式) 500. **コークス炉** 日鉄複式 (57炉×1団, 226.0) 2基. **発電所** 7,500 kw発電機2基. **工作** 反射炉1基, 熔銑炉1基, ルツボ炉1基, 旋盤26台, ボール盤10台, 平削盤4台, 形削盤4台, 竪削盤1台, フライス盤1台, 歯切盤1台, 研磨盤5台, 蒸気ハンマー1基, 空気ハンマー1基, その他機械15台. **変電所. 副産物製造** 硫安7.3, ベンゾール4.2, タール27.0, 硫酸11.5. **荷揚** 門型移動回転クレーン4基, 門型移動クレーン6基ほか. **陸上運輸** 40トン級蒸気機関車15両, 60トン級同2両, 特殊機関車12両, 貨車171両, 鉄道延長68 km, トラック16台. **教育** 技能者養成所, 青年訓練所. 従 7,000超 (1941年在籍者2,869). **生** 銑鉄71.

日本高周波重工業城津工場[9]

---

8) 田中四郎「終戦前後の清津と私達の引揚げ」前掲, 清津脱出記編纂委員会編, 4頁.
9) 前掲, 日本高周波鋼業 (二十年史), 86頁.

年 1936. 敷 470（建物65）. 資 50,000. 投 178,396. 設　製銑　電撃炉 68基. 製鋼・鋼材　開放型電気炉　容量 0.5トン1基, 3トン1基, 6トン6基, 計8基. エルー式孤光型電気炉　0.5トン9基, 1トン3基, 3トン1基, 5トン7基, 10トン4基, 計24基. 高周波誘導炉　0.2トン2基, 0.4トン2基, 0.5トン8基, 1トン4基, 計16基. 蒸気ハンマー　0.5トン3基, 1トン10基, 1.5トン2基, 2トン9基, 3トン4基, 計28基. 空気ハンマー　0.25トン2基, 1トン1基, 計3基. 水圧プレス　600トン1基, 2,000トン1基, 計2基. 圧延機　中型800馬力1基, 中型1,500馬力1基, 薄型1,000馬力1基, 小型500馬力1基, 小型150馬力1基, 計5基. 熱処理炉　石炭炉12基, 電気炉34基, 計46基. 伸線機　11台. 鍛造用蒸気罐　タクマ式2基, ランカシャー式4基, ツネキチ式7基, 国産バブコック式7基, 計20基. 変電所　55,000kw設備1基. 従　職員1,887（634）, 工員4,793（438）計6,680（1945年3月, 学徒・請負を除く）.

三菱製鋼平壌製鋼所[10]

年 1943. 敷 700. 設　第1製鋼場（3,520坪）, 鋼板圧延工場（1,640坪）, 棒鋼圧延工場（3,410坪）, 分塊工場（1,634坪）, 第1鍛錬工場（1,570坪）, 選鉱工場（500坪）, 団結工場, 原鉄工場, 第1・第2変電所. 能　合金鉄炉1基　1,500トン, 電気炉2基　36,000トン, 圧延機1基 24,000トン, 同1基　12,000トン, 水圧機8,000トン. 従 3,850. 生　鋼塊16.8, 圧延鋼材4.2, 鋳鋼0.8トン, 合金鉄1.1.

（参考）1943年8月現存および予定　設　粗鋼　原鉄電気炉3基（のち製鋼に転用）, 三菱式還元鉄炉1基. 製錬　電気式混銑炉1基, ベッセマー式転炉10トン2基, エルー式電気炉30トン2基, 同3,000 KVA 3基. 鉄合金炉　エルー式電気炉600 KVA 1基, ヘルヘンスタイン式電気炉3基. 圧延　3重式中型圧延機1基, 同小型圧延機1基, 線材圧延機1基, 2,000トン水圧鍛錬1基, 1,000トン水圧鍛錬機4基. 工作　各種工作機械200台.

朝鮮製鉄平壌製鉄所

年 1941. 資 15,000. 投 57,110. 従 1,312（225）. 生　鉄4.9, 電気銑1.3, マンガン鉄0.3, 珪素鉄0.05, 鍛鋳鋼品0.8, 鋼塊0.5.

---

10)　前掲, 三菱製鋼, 249-51頁.

三菱鉱業清津製錬所

年 1939. 投 66,872. 設 エルー式7トン電気炉2基, レン炉8基. 従 1,402 (320).

鐘淵工業平壌製鉄所[11]

年 1944. 投 87,473. 従 2,100 (180). 生 粒鉄 0.5, 融鉄 2, 銑鉄 25. (注) 以上の数値は仁川工場（製鋼原鉄・鋼製造, 1942年12月買収）分を含む可能性がある.

日本原鉄清津工場[12]

年 1943. 敷 200. 資 10,000 (2,500). 投 20,500. 能 原鉄 30. 従 1,258 (168). 生 原鉄 11.5.

朝鮮住友製鋼海州工場[13]

年 1944. 資 6,000. 投 6,558. 能 鋼塊 3, 鋼製品 6.3. 従 605 (50). 生（1944-45年の20か月間）鋼塊 0.1, 製品 0.4.

日本窒素興南製鉄所[14]

年 1939. 設 回転炉 63 m×3.2 m（セメント, クリンカー製造用）, 電気炉（製鋼100トン/日）(1944年にアルミナ工場に移転). 能 銑鉄 36, 鋼塊 86.

日本鋼管元山製鉄所[15]

年 1944. 設 20トン熔鉱炉4基. 能 銑鉄 24.0. 生 銑鉄 6.1.

朝鮮電気冶金富寧工場

年 1941. 資 4,500. 投 22,000. 能 マンガン鉄 1.8, 珪素鉄 3.7, 融鉄 5.5, カーバイド 7.3. 従 750 (50). 生 マンガン鉄 1.5, 珪素鉄 3.7, 融鉄 2.5, カーバイド 7.3.

利原鉄山遮湖製鉄所

年 1918. 資 3,000. 電気製鉄所 投 15,300. 設 6トン開放電気炉3基, 3トンエルー電気炉, 2トン熔銑炉3基. 能 銑鉄 4.3, 鋳鋼 3.1, 鋳鉄 1.8. 従 1,481 (52). 生 電気木炭銑 4.3, 鋳鋼 1.3, 鋳鉄 1.2. **無煙炭**

---

11) 前掲, 鐘紡（百年史）, 343-45, 380-86頁.
12) 『殖銀調査月報』第64号, 1943年, 103頁, 前掲, 日本高周波鋼業, 76-79頁.
13) 前掲, 宇部興産, 98, 128頁, 住友金属工業, 181頁.
14) 前掲「特集 興南工場」28頁, 丸井「金属工場」64頁.
15) 前掲, 日本鋼管, 215-16頁.

製鉄所　投12,000．設20トン熔鉱炉5基（内1基操業）．従1,224（113）．生　銑鉄4.1．

理研特殊製鉄羅興工場[16]

年1943．敷200．資10,000（2,500）．投17,360．設　エル一式3トン，電気炉5トン，6トン．能　粗鋼9.8．従728（42）．生　粗鋼0.8．

日本マグネサイト化学工業城津工場（金属部門）

投900．設　電撃炉3基，電気炉5基．能　フェロジルコニウム72トン，フェロセリウム24トン，フェロチタニウム36トン．従112（17）．生　フェロジルコニウム50トン．

日本鉱業鎮南浦製錬所

年1915．投83,084 [19,394]．敷390．設　銅粉鉱処理グリナワルト焼結炉6基，銅熔鉱炉6基，銅転炉2基，鉛粉鉱焼結炉16基，鉛熔鉱炉1基，焙焼炉2基，亜鉛カソード電解槽，亜鉛電気炉2基，氷晶石工場（建設中）．能　（製錬）銅200 [142]，電気亜鉛60 [15]，鉛20，タングステン0.7．従　約5,000．生　金4,655，銀42,231，粗銅5.0，粗鉛6.4，電気亜鉛4.5，タングステン0.5，亜砒酸0.5，カドミウム0.02．

日窒鉱業開発興南製錬所

年1933．投34,825．生　ニッケル72，モナザイト1.2，鉛1.2，銅1.2．

日本窒素九龍里製錬所

投34,825．能　製錬　ニッケル100，銅3，モナザイト1.2，硫酸銅0.12，鉛4.5，金2,500，銀2,500．ニッケル製品138トン/月（品位50％）．モナザイト製品32トン/月（品位90％）．生　銅0.9，鉛3.4，モナザイト0.1，ニッケル0.7，金1,000，銀13,300．

三成鉱業龍岩浦製錬所

年1941．投3,477．設　熔鉱炉1基，ポット炉5基．能　130トン/日．生　粗鉛2.1．

住友鉱業朝鮮鉱業所元山製錬所

年1936．投10,636（13,598）．設　銅製錬　100トン焼結炉3基，200トン熔鉱炉1基，30トン転炉1基．鉛製錬　50トン熔鉱炉1基．鉛電解6,000トン電解設備1式．従578（88）．生　粗銅1.7，電気鉛2.2，金

---

16)　前掲，市村，154頁．

200，銀 5,000．

中外鉱業海州製錬所
年 1932．資 17,500．投（製錬所）13,155．設　製錬（金，銀，銅，鉛）20トン熔鉱炉．生 粗鉛 4.7．

朝鮮鱗状黒鉛城津工場
年 1940．資 2,300．能　黒鉛 3.3．生（1944 年 4 月-12 月）黒鉛 2.4．

日窒マグネシウム興南工場[17]
年 1934．資 4,200．投 16,444，設　マグネシア・クリンカー　粗砕機（10 トン/時），回転炉（2.15 m×50 m，120-150 トン/日），回転冷却機（2.15 m×20 m）．マグネシア煉炭　チューブミル（3 トン/時）2 基，煉炭成型機（ロール径 550 ㎜，2 トン/時）2 基．水素ガス　ガスタンク（600 ㎥），圧縮機（1,500 馬力，6,000 ㎥）3 基，苛性ソーダ塔（内径 1.1 m×長 4 m，1 トン）4 基，アドソール塔（内径 0.9 m×長 6 m，3 トン）4 基．マグネシウムダスト　変圧器，還元炉（3 相密閉電弧型 2,400 kw，5-7 トン/日）4 基，ダストタンク（15 ㎥）4 基，タブレット成型機（シリンダ直径 40-60 ㎜，3-4 トン/日），タブレットタンク（7 ㎥）4 基．マグネシウム蒸留・鋳造　真空ポンプ，蒸留炉　大型 25 基，小型 24 基，溶融炉 10 基，鋳造機．能　金属マグネシウム 0.7，クリンカー 18．従 453（148）．生　金属マグネシウム 0.5，硬焼マグネシア 0.3，軽焼マグネシア 0.5，クリンカー 2.9．

日本窒素興南アルミニウム工場
投 65,000．能　アルミナ 22，アルミニウム 6,0，氷晶石 2.6，人造電極 2.8，天然電極　5.4，炭素電極 1.7，マグネシウム 1.5．従 1,580．生　アルミナ 6.1，アルミニウム 4.1，氷晶石 1.4，人造電極 2.0，天然電極 5.2，炭素電極 1.6．

朝鮮軽金属鎮南浦工場
年 1938．資 15,000（11,250）．投　工場 48,436 [33,865]，鉱山 750．設　電炉工場　電気炉 5 基，3,500 KVA 変圧器 3 基，4,000 KVA 変圧器 2 基．電解工場　20,000 A 電解炉 93 槽．精製工場　アルミナ精製装置 2 基，ガス発生炉 3 基．アルミニウム再生工場．塩田　993 町歩（生苦汁 12 万石/

---

17) 前掲，丸井「金属工場」56-60 頁．

年). 苦汁工場　原料精製装置1基(生苦汁処理21千m³/年). 苦汁脱水　変圧器14基, 電気脱水炉(電解質8.5). マグネシウム電解　20,000 A電解炉27槽, 350 KVA変圧器2基. 回収工場. 汽罐　ボイラー4基. 工作　旋盤その他一式, 鋳物用キューポラ2基. 電極成型　各種の粉砕分離混捏装置, 水圧器(電炉用黒鉛電極3.6, 電解用炭素電極3.0). 電極焼成　焼成炉19基, 変圧器7基(電極7.5). 変電所　水銀整流器3,500 kw 6基, 12,500 KVA変圧器4基, 9,850 KVA変圧器3基, 3,000 KVA変圧器3基. 能　アルミナ8.4, アルミニウム3.6, マグネシウム1.0. 従3,468 (354). 生(1942, 43, 44年度)アルミナ(3.4, 3.8, 3.6), アルミニウム(2.1, 3.6, 2.4), マグネシウム(0.01, 0.04, 0.2).

朝鮮神鋼金属新義州工場

年 1939. 敷 390. 資 50,000 (12,500). 投 25,400. 設　主要変圧器3基 5,000 KVA, 水銀整流器用変圧器3基　2,180 KVA, 脱水炉用変圧器10基　500 KVA, 水銀変圧器3基　2,500 A, 750 V, 電解炉5,000 A　65基, 脱水炉12基　電解質13, 残滓処理設備一式30トン/日, 原料ブリケット製造設備一式10トン/日. 能　金属マグネシウム1.0 [1.4]. 従1,058 (205). 生　金属マグネシウム0.45.

三菱マグネシウム工業鎮南浦工場

年 1941. 資 5,000 (2,500). 投 40,695. 設　脱水炉13基, マグネシウム電解槽42基. 能　金属マグネシウム1.0. 従 1,275 (198). 生(1945年4-7月)0.2, 金属マグネシウム2.0, 電極0.5.

朝日軽金属岐陽工場

年 1943. 敷 1,480. 資 40,000 (10,000). 投 75,000. 設　マグネシウム電解　電解槽　日産40 kg　208基, 大型塩化炉(5トン/日)2基, (2トン/日)1基, 2トン起重機4基. 原料工場　1.2 m鋳鉄製乾燥炉4基. 塩化鉄　1.2 m鋳鉄製蒸発装置他. 廃気処理　3馬力排風機8基, 60ポンド空気圧搾機4基. 石灰消化室. 隔膜工場　隔膜坩堝　32基. 電極工場　黒鉛加工槽2基. 食塩水精製室　食塩溶解装置1基, 圧力60ポンド空気圧搾機1基. 食塩電解　電解槽(苛性ソーダ日産150 kg) 164基, 天井走行起重機(荷重1トン)8基. 塩素処理　塩素クーラー4基, 塩素乾燥塔1基. 塩酸　塩酸合成装置(日産1トン) 16基. 硫酸煮詰工場. 真空蒸発・ポンプ室　真空蒸発缶(苛性ソーダ1日10トン処理)2基, 圧力60

ポンド空気圧搾機2基，コンデンサー（径1.5m，高さ4m）2基．ソーダ仕上げ工場．汽罐室　毎時7.5トンボイラー1基．変電所　1万KVA変圧器2基．整流器室　3,500kw水銀整流器4基，60KVA加熱変圧器60基．電気設備　1,400kw発電機2基，同蒸気タービン1基．工作　工作機械30基，10kw電気溶接機6基，ガス溶接機10基，鍛冶炉3基．機械基礎設備　圧搾機1基，乾燥機9基，ベルトコンベアー1基．能　金属マグネシウム0.5，無水塩化マグネシウム　2.5，苛性ソーダ2.8．従　1,729 (199)．生 (1944年12月-1945年8月) 金属マグネシウム0.04，塩化マグネシウム0.2，苛性ソーダ0.7．

三井軽金属楊市工場

年 1941．資 3,200．投 45,000．設　電解炉308基．能　アルミニウム・マグネシウム20．従 1,082．生　アルミニウム・マグネシウム62トン，原鉄10．

朝鮮電工鎮南浦工場

年 1943．敷 3,600．資 10,000 (25,000)．能 (計画) アルミナ105，アルミニウム50，電極55，マグネシウム5，苛性ソーダ12．従 1,299 (334)．生　なし．

朝鮮住友軽金属元山工場

年 1943．資 80,000 (40,000)．投 121,021．能 (計画) アルミニウム25.0，乾式アルミナ10.0．従 1,140 (340)．生　なし．

日本窒素興南工作工場[18]

年 1928．敷　興南地区8.5，龍城地区10，本宮地区6．従 1,335 (興南地区)，500 (龍城地区)，655 (本宮地区) (職員を除く，他に下請組員約1,000)．生 (月間加工量，興南地区のみ) 鋳物60-110トン，鋳鋼25-40トン，特殊鋳鋼8-30トン，その他鋳鋼9-25トン，銅合金・軽合金10-16トン，鍛造品35-55トン．設　以下の表のとおり．

	機械名	設置台数			計
		興南	龍城	本宮	
木型工場	木工旋盤	2	2	1	5
	平削鉋盤	1	2	1	4
	鋸盤	3	3	2	8

---

18)　前掲，渋谷（朝鮮総督府殖産局）編，63頁，昆，85-86頁．

鋳造工場	熔銑炉, 3トン	1	2	-	3
	同, 1トン	1	1	1	3
	高周波電気炉 0.5トン	1	-	-	1
	同, 0.3トン	1	-	-	1
	エルー式電気炉, 2〜3トン	-	2	-	2
	振動電弧炉, 1トン	-	1	-	1
	ロックウエル式回転炉	1	2	-	3
	ルツボ炉, 0.15トン	3	-	1	4
	乾燥炉, 75-450kw	2	2	1	5
	焼鈍炉	1	2	-	3
	混砂機	3	2	1	6
	空気圧縮機, 100馬力	1	1	-	2
	天井走行起重機, 30トン	-	1	-	1
	同, 15トン	-	2	-	2
	同, 10トン	2	1	1	4
	同, 2トン	2	1	-	3
	ホイスト, 1トン	1	1	-	2
鍛造工場	空気槌, 1/8〜1トン	5	8	2	15
	送風機, 10馬力	1	1	-	2
	天井走行起重機, 5トン	1	1	-	2
機械工場	旋盤	81	53	37	171
	ボール盤	14	9	8	31
	中ぐり盤	1	2	1	4
	削盤	10	14	6	30
	フライス盤	6	5	3	14
	歯切盤	3	2	1	6
	円筒研磨盤	1	-	-	1
	金切鋸盤	2	3	2	7
	ベンチグラインダー	5	5	3	13
	天井走行起重機, 10トン	2	1	-	3
	同, 5トン	-	2	1	3
	同, 2トン	-	2	-	2
製罐工場	剪断機	1	-	-	1
	打抜機	1	-	-	1
	剪断打抜機	5	2	2	9
	鈑曲機	5	2	2	9
	直立ボール盤	5	3	2	10
	フリクションプレス	1	-	-	1
	熔接機	57	10	20	87
	酸素圧縮機, 60馬力	1	-	-	1
	空気圧縮機, 30馬力	1	-	-	1
	天井走行起重機, 10トン	2	-	-	2
	同, 5トン	-	1	-	1

朝鮮総督府鉄道局平壌工場，清津工場，元山工場[19]

平壌工場 年1911．敷85．従793．設 機械100台．能（修繕）（台）機関車250，客車600，貨車3,000．

清津工場 年1930．従978．設 機械119台．626馬力．能（修繕）（台）機関車300，客車900，貨車2,000．

元山工場 年1942．敷110．従360．設 機械360台，天井起重機上段10トン1基，下段70トン2基．能（修繕）（台）機関車100，客車200，貨車1,000．

北鮮製鋼所文川工場[20]

年1938．資3,000．投6,800．設 電気炉3基，焙焼炉5基，工作機械120台．従1,259．

朝鮮商工鎮南浦工場，平壌工場[21]

年1911．資4,000（2,000）．投3,000．鎮南浦工場 設 工作機械124台，熔鉱炉4基，電気炉1基．従769．

東洋商工新義州工場

年1939．資1,000．投1,000．設 電気炉1基，熔銑炉2基，工作機械40台．従221．

栗本鉄工所順安工場

年1944．資5,000（1,250）．投1,250．生 鋳鉄品，機械鋳物．

中外製作所海州工場

年1939．資1,000（500）．投665．設 空気ハンマー1基，加熱炉2基，旋盤14台．従90．生（1945年上期）車軸257本，鉱山用機械その他．

三井鉱山朝鮮飛行機製作所

年1942．投47,295［36,629］．設 工作機械176台，電気機械341台，産業機械69台．能45機/月．従2,496［3,069］（300）．生18機．

鐘淵西鮮重工業海州造船所[22]

年1943．資1,300．投8,000．能 焼玉機関48台，木造船8隻．従664（47）．生 焼玉機関14台，木造船2隻．

---

19) 前掲，鮮交会，388-89，449-55頁．
20) 前掲，中村編，170-71頁．
21) 同上，中村編，391-92頁，前掲，鎮南浦会編，166頁．
22) 同上，中村編，185頁，宇部興産，98-99頁．

朝鮮造船工業元山造船所

年 1943. 資 5,000. 投 13,000. 設　機関 750 馬力, 工作機械 28 台. 能　木造船　新造 6.0, 修理 4.0, 機関 750 馬力. 従 830 (290). 生 新造 3.5 トン, 修理 1.0, 機関 700 馬力.

日本窒素興南肥料工場[23]

年 1930. 敷 360. 投 280,691. 設　電力設備　変電 (50,000 KVA 変圧器 7 基)・変流・配電設備. 電解設備　日窒式電解槽 (9,000 A) 9,360 槽, 同 (10,000 A) 480 槽. コークス設備　オットー式コークス炉 (100 トン/日) 1 基. 水素設備　日窒式ガス発生炉 (8,000 m³) 3 基. 窒素設備　空気圧縮機 (1,350 m³) 12 基, クロード式窒素液化分離機 (1,000 m³/時) 12 基. アンモニア設備　ガス圧縮機 (3,200 m³) 18 基, カザレー式アンモニア合成塔 (20 トン/日) 24 基. 硫酸設備　焙焼炉 (25 トン/日) 52 基, 硫酸塔　日窒酸素式 (80 トン/日) 8 基, 空気式 (100 トン/日) 5 基, 接触式 (同) 1 基. 硫安設備　飽和器 (90 トン/日) 18 基. 硫燐安設備　湿式分解槽 5 基, ドル式分解槽 (250 トン/日) 1 基, 回転乾燥機 (60 トン/日) 10 基. 燐安設備　電気炉 (6,000 kw) 2 基, 集酸装置 4 基. 過燐酸設備　粉砕機 (8 トン/時) 1 基. 給水設備　タービンポンプ (2,000 m³) 3 基, 同 (1,000 m³) 7 基. 蒸気設備　タクマ式蒸気汽罐 (17.5 トン/時) 7 基, (40 トン/時) 5 基. 能　アンモニア 173, 硫酸 594, 硫安 500, 燐鉄 3, 硫燐安 160, 肥料用塩素 7, 石灰窒素 25 [硫安 500 (増産工事中 145), アンモニア 194 [130], 100％硫酸 450, 硫燐安 160, 燐安 14 (増産工事中のもの 36), 過燐酸石灰 50]. 従 9,164 (3,111) [7,918 (2,402)]. 生　硫安 412, 硫燐安 16.

同・本宮工場[24]

年 1936. 敷 600. 投 116,927 (時価 315,044). 設　電力設備　変電 (34,500万 KVA 変圧器 4 基)・変流・配電設備. 苛性ソーダ設備 (苛性ソーダ 40 トン/日, 塩素 35.5 トン/日, 水素 9,600 m³/日)　回転変流器 (3,000 kw) 2 基, 電解槽 (66 槽) 2 基, 塩酸装置 (9 トン/日) 10 基, 晒粉装置 (45 トン/日) 1 基, 液体塩素装置 (3 トン/日) 1 基, (5 トン/日)

---

23) 前掲「特集　興南工場」28 頁, 北山, 50 頁.
24) 同上「特集　興南工場」.

1基,薬用塩化アンモニウム装置（3トン/日）1基,同（6トン/日）1基,調味料装置（グルタミン酸ソーダ500トン/日）．カーバイド設備　石灰窯（40トン/日）6基,同（23トン/日）6基,カーバイド電気炉　藤山式（10,000 kw）4基,ゼーダベルグ式（20,000 kw）3基,日窒式連続石灰窒素製造炉（6トン/日）16基．塩安設備　クロード式（750馬力）窒素圧縮機4基,精溜塔（57,600 m³）4基．水素設備　水銀整流器（3,600 KVA）6基,電解槽（336槽）4基．アンモニア設備　カザレー式（3,000馬力）圧縮機3基,合成塔（20トン/日）7基．ソーダ灰設備（40トン/日）1基．アセチレン設備（アセチレン92,000 m³/日）．カーバイド処理設備（60トン/日）1基,（100トン/日）1基．アセチレンブラック設備　反応塔（1.5トン/日）7基．グリコール設備．ブタノール設備．アセトン設備（3トン/日）．研削材設備　チッソランダム装置　電気炉（1,400 KVA）4基（4.5トン/日）．ダイヤランダム装置　電気炉16基（3トン/日）．蒸気設備　タクマ式蒸気汽罐（30トン/時）2基．能　ソーダ灰96,炭酸ソーダ9,塩酸16,晒粉14,液体塩素2,カーバイド10,000 kw炉2基,アセチレンブラック1．従6,805（1,946）．生　アンモニア10,カーバイド62,石灰窒素13,肥料用塩安5,固形苛性ソーダ7,合成塩酸7,晒粉6,アセチレンブラック2,アセトン1［アンモニア64,塩酸28.8,晒粉17,液体塩素3,苛性ソーダ15,ソーダ灰10,肥料用塩安10,工業用塩安3,カーバイド94（増産工事中のもの90）,石灰窒素18（同40）,アセチレンブラック3,アセトン1,エチレングリコール0.7,メタノール（新設工事中5）,ブタノール0.4,ホルマリン（新設工事中9）,アランダム2,アンモニア,メタノール製造設備は未完成］．

三菱化成順川工場

年1938．投23,050［22,340］．設　カーバイド　電炉3,500 KVA 2基,6,000 KVA 1基．石灰窒素　窒化炉16基,石灰焼成炉4基,カーボン　粉砕機,混和機,捏和機,プレス　各1台,焼成炉6基．窒素　窒素分離機2台．能（月産）カーバイド2.5,石灰窒素2.4,石灰3.0,カーボン0.06,窒素600 m³/時,石灰石20,000（単位不明）．従1,163［1,033］．生　カーバイド18.8,石灰窒素7.1,酸素187千m³．

朝鮮日産化学鎮南浦工場[25]

年1940．資5,000（4,000）．投4,000．能　硫酸50,過燐酸60,硫酸バ

ンド10, 結晶石膏10.

日窒燃料工業龍興工場, 青水工場[26]

資30,000. 従3,458 (1,073),

龍興工場　年1942. 投154,932 (時価190,600). 設　アセトアルデヒド　硬鉛製反応器・蒸留器 (10トン/日) 16基. ブタノール (25トン/日) 5基. イソオクタン設備. 触媒　酸化水銀, ニッケル・珪素合金他. ボイラー. 能　イソオクタン18,000 kℓ [20,000 kℓ], イソデカン3,000 kℓ, ブタノール30, アセトアルデヒド45 (未完成)]. 生　MA燃料1号油7,766 kℓ, 同2号油1,298 kℓ, レジン242トン. 従1,399 (567).

青水工場　年1943. 敷400. 投67,558 (時価106,665) [2,935 (時価5,159)]. 設　電力　変圧器 (28,000 KVA) 3基, 同 (5,000 KVA) 2器. カーバイド　カーバイド炉　ゼーダベルグ式 (20,000 kw) 3基 (カーバイド9,000トン/月). 煉炭　煉炭機 (20トン/時). アセチレン　反応炉 (1.5トン/日) 7基 (アセチレンブラック200トン/月). 能　アセチレンブラック1 [カーバイド120, アセチレンブラック2, 人造ゴム0.4]. 従2,059 (506). 生　アセチレンブラック0.6, カーバイド17.7.

日窒ゴム工業南山工場[27]

年1942. 資3,000 (750). 投14,788. 能・設　アセトアルデヒド5トン/日, アルドール同, ブタジエン0.5トン/日, 重合槽　容量5 m³　4基, 青酸1トン/日, シアンヒドリン0.25トン/日, アクリルニトリル0.2トン/日, 電解水素2,000 m³/日, 窒素分離1,200 m³/日, 合成ゴム30トン/月. 生　なし.

朝鮮窒素火薬興南工場[28]

年1935. 敷750. 投25,000. 設　原料工場　日窒村山式硝酸設備 (100トン/日), 日窒式硝酸アンモニア設備 (24トン/日), 硝酸濃縮塔15基 (50トン/日). 過塩素酸アンモン工場 (4トン/日). 綿火薬工場　リンタ

---

25)　前掲, 鎮南浦会編, 165-66頁.
26)　前掲「特集　興南工場」29頁, 田代「青水, 南山工場」96-97頁.
27)　同上, 田代, 97-98頁.
28)　前掲「特集　興南工場」28頁.

一精製設備，デュポン式硝化設備（ダイナマイト用綿火薬2トン/日）．黒色火薬工場　原料木炭設備，黒色火薬設備（2トン/日）．導火線工場　連続自動設備（導火線160 km/日）．カーリット工場（5トン/日）．ダイナマイト工場（40トン/日）．窒化鉛雷管工場．ヘキソーゲン工場．能（日産）ダイナマイト30，硝安爆薬3，黒色粉火薬2，40度硝酸100，98度硝酸49，硝酸アンモン26（以上，トン），導火線180 km，雷管180千個［(年産) ダイナマイト13，硝安爆薬0.7，黒色火薬0.7，希硝酸31，濃硝酸15，硝酸アンモニア8，カーリット2，綿火薬（新設工事中）4（以上，千トン），緩燃導火線79 km，雷管（新設工事中）105千個］．従 2,666 (923)．生　ダイナマイト5.4，硝安爆薬0.8，黒色粉火薬0.09，40度硝酸10，98度硝酸6.6，硝酸アンモン5.0，導火線42,321 km，雷管38,100千個．

朝鮮火薬海州工場[29]
年 1938．敷 716．資 10,000．能（日産）ダイナマイト30トン，工業雷管300千個，電気雷管15千個，黒色火薬4トン，導火線400 km，綿火薬1トン．従 981 (89)．生（1943年10月-1944年3月）ダイナマイト1.3，黒色火薬46トン，雷管7,990千個，導火線8,029 km．

朝鮮浅野カーリット鳳山工場[30]
年 1938．資 1,500．投 1,642．能　爆薬カーリット3.3，導火線200 km，煙火10千個．従 250 (20 ないし 30)．生　なし．

日本窒素興南油脂工場[31]
年 1931．設　硬化油　貯油槽（10,000 m³）1基，(5,000 m³) 4基，(500 m³) 4基．脱酸槽（容量100トン）4基，硬化器（25 m³）9基，日窒連続式還元器．グリセリン　高圧用オートクレーブ（容量7 m³）16基，ルイベック式蒸留凝縮器2基．脂肪酸　圧搾機16基 (13,500トン/年)，フレーデルキング式蒸留器．ローソク　混合槽，鋳込機．石鹸　鹸化槽 (140 m³) 6基，押出機，切断機，自動型打機．珪酸ソーダ　電炉，高圧溶解槽 (9,000トン/年)．食用油脂　混和機，乳化機．能　硬化油36，グリセリン3，脂肪酸34，ローソク1，オレイン酸0.2，石鹸33．

---

29) 前掲，南坊，76, 98頁．
30) 前掲，日本産業火薬史編集委員会編，59頁．
31) 前掲，渋谷（朝鮮総督府殖産局）編，136頁，岩間，77-79頁．

朝鮮油脂清津工場

年1933．資20,000（15,000）．設　搾油機30基．能（月産）硬化油2，グリセリン0.05，石鹸1.0，ろうそく0.002，食用油脂2.0，潤滑油0.8．

朝鮮人造石油永安工場，阿吾地工場[32]

年1936．資90,000．

永安工場　年1932．投23,086（時価77,719）．設　航空機合板4.5千トンプレス1基．酸性油（メラニン）製造．能　半成コークス86，重油8,000kℓ，メタノール2，ホルマリン5，タール16，タールピッチ2，パラフィン0.4，軽油650kℓ，1号酸性油970kℓ，コーダ0.1，ヘキサメチレンテトラミン0.7，チッソライト粉2，チッソライト板0.5．従1,974（577）．生　合成板3，小型含浸紙0.3，ウロトロピン0.3．

阿吾地工場　年1936．敷390．投　工場143,105，鉄道3,274，林業633．設　鉄道用地94千坪（線路15km）．電力設備　発電機，変圧器．乾溜設備　ルルギ式低温乾溜炉（150トン/日）6基（他に4基建築中）．酸素設備　酸素分離器（2,000m³）5基（他に1基建築中），ターボンコンプレッサー2基（他に1基建築中）．ガス発生設備　ガス発生炉（径3.5m×高8.2m，4トン/時）6基．液化設備　5段ガス圧縮機（10,000m³/時）5基（他に建築中1基），内熱反応筒（外径2m，内径1.76m，長13m，耐圧200気圧）4基，合成筒（外径1.26m，内径1.0m，長10m，耐圧400気圧）4基．原料設備．製油設備．水素設備．触媒設備．煉炭設備．工作設備．能　液化油50，メタノール30［精メタノール40千m³，揮発油・軽油・酸性油25千m³，半成コークス210］．従3,000［4,000］（1,780）．生（4m³）粗メタノール17.1，精メタノール14.3，揮発油0.2，軽油3.2，酸性油2.6，重質油13.9．

朝鮮石油元山製油所[33]

年1935．資50,000（35,000）．敷320．投40,000［70,000］．設　原油連続蒸留装置　NNO式常圧720m³/日　1基，NNO式真空380m³/日

32）　前掲「特集　興南工場」29頁，佐々木保，93-95頁．
33）　前掲，日本石油，329-31頁．

1基. 潤滑油連続蒸留装置　NNL式260㎥/日　1基. 圧濾式脱蠟装置 濾過機7基. パラフィン製造装置　10トン/日. コントラクトリラン装置 80㎥/日. ヘックマン式真空蒸留装置　30㎥/日. アセトン・ベンゾール 脱蠟装置　600バーレル/日　1基. バリゾール脱蠟装置　400バーレル/日　1基. フルフラール抽出装置　300バーレル/日　1基. デュオソール抽出装置　1,000バーレル/日　1基（未完成）. NNC式分解蒸留装置 260㎥/日　1基. ゴム潤滑油製造装置　240トン/日. 油槽　230基, 200千㎥. 能 400千㎥. 従 1,638 (532).

日本炭素工業城津工場[34]
年 1940. 敷 83. 投 10,500. 設　1,500トン水圧機　2基, 600トン水圧機 1基, 焼成炉 24基, 黒鉛化炉 12基, 炉用変圧器　3,000 KVA　3基. 能 3.6. 従 495 (47). 生 電極 3.4.

朝鮮東海電極鎮南浦工場
年 1940. 資 10,000 (6,250). 敷 55. 投 14,262. 設　リードハンマー 1基, 焙焼炉 1基, 焼成炉 1基. 能　電極400トン/月. 従 500 (60). 生 電極 1.2.

日本窒素興南カーボン工場[35]
年 1935. 設　電極工場　成型機　2.0, 1.6, 1,500トンプレス各1基, 計 3基. 燃焼炉（600 KVA）48基. 黒鉛炉（2,000 kw）6基,（3,000 kw）11基,（8,000 kw）13基. アークカーボン工場. ミクロンミル 6基, 精密粉砕機 4基, 水圧機（圧力400トン）竪型, 横型　各1基. カーボン抵抗焼成炉 20基. 能（月産）人造黒鉛電極 200トン, 天然黒鉛電極 340トン, 黒鉛炭素電極 60トン, 映画用炭素棒 80千本, 医療用炭素棒 150千本, 製版用炭素棒 40千本, 炭素電刷子 2,250トン.

昭和電工平壌工場[36]
年 1944. 敷 1,500 [2,000]. 投 4,900. 従 89 (23).

王子製紙新義州工場[37]

---

34) 前掲, 日本カーボン, 39頁.
35) 前掲, 渋谷（朝鮮総督府殖産局）編, 109頁, 廣橋, 68頁.
36) 前掲, 昭電鎮南浦会編, 169頁,『想い出の平壌』刊行委員会編『想い出の平壌』全平壌楽浪会, 1977年, 287-88頁.
37) 前掲, 中村編, 43-44頁, 王子製紙（社史）, 第3巻, 263頁, 第4巻, 155頁.

年 1917. 投 20,000 [32,665]. 敷 210. 設 11トン木釜 2基, 抄造設備一式 (134インチ長網抄紙機 3基, パルプ製造設備). 能　パルプ 19, 洋紙 15. 生　パルプ 4.8, 洋紙 7.6 (1941年度　パルプ 15.3, 洋紙 14.9). 従 415 (60).

北鮮製紙化学工業吉州工場[38)]

年 1935. 資 20,000 (10,000). 投 37,000 [70,460] (王子製紙の投資額, 南朝鮮の群山工場分を含む). 設 14トン木釜 4基, 長網抄紙機 2基, パルプ製造設備. 能　パルプ 33, アルコール 10千石. 従 653. 生　パルプ 12.9 (1941年度 28.8), アルコール 3.7千石, ピッチ代用粘着剤 4.2.

西鮮製紙海州工場

年 1943. 資 500. 能 (計画) 手漉き高級紙 36千貫. 従 72 (4).

鐘淵工業新義州葦人絹パルプ工場[39)]

年 1939. 敷 105. 投 15,000. 能 (月産, トン) 板紙 240, パルプ 400. 従 450 (66). 生　人絹パルプ 0.4, 製紙パルプ 4.7, 特殊パルプ 1.2.

同・平壌人絹・スフ工場

年 1939. 投 35,000. 従 1,130 (410). 生　スフ 5,000千ポンド, 硫酸 10, 煉炭 25, 大麻綿 350.

大日本紡績清津化学工場

年 1939. 敷 320. 投 38,358. 従 1,997 (219) (京城工場分を含む). 生　人絹糸 1.1, 硫酸 4.9, 硫化ソーダ 0.16, 二硫化炭素 0.37, 無水芒硝 0.48.

小野田セメント平壌工場[40)]

年 1919. 敷 120. 投 19,000 (川内工場分を含む). 設　焚炭汽罐 (ハイネ水管式) 伝熱面積 270 m² 4基. 余熱汽罐 (バブコックアンドウイルコックス) 伝熱面積 730 m² 4基. 発電機 (ツェリタービン付) 6,000 kw 1基, 3,000 kw 1基. 空気圧搾機　40馬力 1基, 100馬力 1基. 石灰石削岩機 15馬力ドリル径 150 mm 2基. 石灰石積込機 (メンク電気ショベル) 2トン積 2基. 重油機関車　50馬力 1台. ディーゼル機関車　80馬力 1台. 石

---

38) 同上, 王子製紙, 第4巻, 150-54頁.
39) 鐘淵紡績株式会社「当社の在外財産概要」社内資料, 1970年.
40) 前掲, 小野田セメント (七十年史), 38-39, 104-05, 243-48頁, 同 (百年史), 207-11, 222-23, 386, 770, 801頁.

灰石運搬車 7トン積32台. 粘土粗砕機410×250 mm 1基, 1,000×750 mm 1基. 粘土粉砕機1,500×6,600 mm 1基, 2,150×6,150 mm 1基. 粘土乾燥機（ロータリー式）2,000×15,000 mm 1基. 粘土用篩別機3,000 mm 2基. 石灰石粗砕機1,067×3,353 mm 1基, 6番型300×1,120 mm 2基. 石灰石中砕機4番型203×864 mm 3基. 石灰石乾燥機（ロータリー式）2,500×20,000 mm 1基. 石灰石粉砕機2,440×7,980 mm 4基. 石灰石用篩別機3,000 mm 8基. 原料再粉砕機2,000×13,000 mm 2基. 原料貯蔵庫（鉄筋混凝土建）250トン収容14棟. 石炭乾燥機（ロータリー式）1,800×17,000 mm 2基. 石炭粉砕機1,520×4,500 mm 1基, 1,800×5,000 mm 2基. 篩別機 2,700 mm 2基, 3,000 mm 1基. 焼窯（ロータリーキルン）2,500-3,000×60,000 mm 2基, 3,000×60,000 mm 1基. 焼塊粗砕機650×450 mm 2基. 焼塊粉砕機1,800×5,000 mm 2基. 焼塊粉砕機2,150×7,980 mm 4基. 篩別機2,700 mm 2基, 3,800 mm 1基, 4,000 mm 3基. セメント貯蔵庫（鉄筋混凝土建）2,500トン収容12棟. 発電機. 能 320. 従 4,780 (270) （川内工場分を含む）. 生 190.

同・川内工場[41]

年 1928. 敷 100. 設 焚炭汽罐 伝熱面積535㎡ 1基. 余熱汽罐 伝熱面積1,063㎡ 2基. 発電機（ツェリタービン付） 3,600 kw 2基. 補助機関 100馬力1基. 空気圧搾機 65馬力1基, 150馬力1基, 300馬力1基. 石灰石削岩機R-39型25基. 電気削岩機 ドリル径25 mm 1基. 粘土粗砕機760×760 mm 1基, 90×650 mm 3基. 粘土調合機800×4,750 mm 1基. 粘土乾燥機（ロータリー式）2,000×15,000 mm 1基. 石灰石粗砕機280×1,000 mm 2基. 軟珪石粗砕機4番型200×865 mm 1基, 8番型508×1,727 mm 2基, 400×660 mm 1基. 石灰石乾燥機（ロータリー式）2,000×20,000 mm 4基. 石灰石粉砕機1,800×5,000 mm 2基. 石灰石用篩別機 4,000 mm 3基. 原料混合機（ロータリー式）2,000×7,000 mm 2基. 原料再粉砕機1,950×12,000 mm 2基, 2,000×12,000 mm 1基. 原料貯蔵庫（鉄筋混凝土建）4,500トン収容2棟. 石炭乾燥機（ロータリー式）2,000×20,000 mm 1基. 石炭粉砕機1,800×5,000 mm 3基. 篩別機3,000 mm 3基. 焼窯（ユナックス式ロータリーキルン）3,000-3,600×53,000 mm 1基, （レポール

---

41) 同上（七十年史）, 42-43, 79, 248-52頁, （百年史）, 386, 770頁.

式ロータリーキルン）3,750×35,000 mm 1基．成球機2,980×5,800 mm．焼塊置場（鉄筋混凝土建）6,000トン収容1棟．焼塊粗砕機650×400 mm 1基，700×690 mm 1基．焼塊粉砕機2,150×12,000 mm 4基．セメント貯蔵庫（鉄筋混凝土建）24,000トン収容1棟．能 400．生 230．

朝鮮小野田セメント古茂山工場[42]

年 1934．資 10,500（10,000）．投 9,101（南朝鮮の三陟工場分を含む）．設　余熱汽罐　伝熱面積1,063㎡4基，536㎡1基．発電機3,600 kw 2基．汽機（3相交流60サイクル）3,600 kw 1基．空気圧搾機　75馬力1基．削岩機BCRW型8基，トーヨーR-39型3基．粘土粗砕機750×600 mm 1基，粘土乾燥機2,250×15,000 mm 1基．石灰石粗砕機8番型460×1,730 mm 1基，9番型1基．石灰石中砕機915×1,070 mm 1基，1,678 mm 1基．石灰石乾燥機　2,500×11,200 mm 1基，2,250×20,000 mm 1基．篩別機径4,600 mm 1基．原料粉砕機　2,400×13,000 mm 1基．原料再粉砕機　2,000×14,000 mm 1基．原料貯蔵庫（鉄筋コンクリート建）2,700トン収容1棟．石炭乾燥機（ロータリー式）2,250×15,000 mm 2基．石炭粉砕機1,800×8,000 mm 2基．焼窯（ロータリーキルン）3,000-3,600×72,000 mm 1基，（コーベックスロータリーキルン）3,300-3,700×73,000 mm 1基．冷却筒（ニューコーベックス式）1,200×6,000 mm 13基．焼塊粗砕機356×620 mm 1基．焼塊粉砕機2,200×12,000 mm 1基，2,400×12,000 mm 1基．焼塊置場（鉄筋コンクリート建）8,600トン収容1棟．セメント貯蔵庫（鉄筋コンクリート建）16,000トン収容1棟．能 144．従 1,286（99）（三陟工場分を含む）．生 150（同）．

鴨緑江水力発電勝湖里クリンカー工場，水豊洞セメント工場[43]

勝湖里工場　年 1940．設　原料粉砕機2,600×18,000 mm 1基，焼窯（エコノミカル・ロングキルン）3,600×3,300×3,600×145,000 mm 1基．原料貯槽．

水豊洞工場　年 1939．設　焼塊粉砕機2,400×14,000 mm 2基．セメント貯蔵庫（鉄板製円筒型）容量5,750トン1棟．生（1943年12月-1945年3月）129.1（1940年度143.6，1941年度197.4，1942年度

---

42) 同上（七十年史），80，105-05，252-54頁，（百年史），361，386，770頁．
43) 同上（七十年史），109-111，256-68頁，（百年史），391-92頁．

175.5，1943年度 87.5)．

朝鮮セメント海州工場[44]

年 1936．資 14,000（8,000)．投 22,377［11,570]．能 390．従 1,452 (109)．生 236．

朝鮮浅野セメント鳳山工場[45]

年 1936．敷 25．資 6,000．投 16,237．設 焼窯 グレートクーラー付（ユナックス式ロータリーキルン）3,700×75,00 mm 1 基，アンダークーラー付 3,048×50,000 mm 2 基，原料粉末機 2,400×10,000 mm 2 基，ユニダンミル 2,400×14,000 mm 1 基，コンバインドチューブミル 1,678×7,620 mm 1 基，セメント粉末機 コンセントラミル 2,000×9,000 mm 2 基，コンバインドチューブミル 2,134×7,525 mm 1 基，2,134×6,705 mm 1 基，石炭粉末機 2 基，原料乾燥機 2 基，石炭乾燥機 2 基，発電機 ブラウンボベリー社製 5,000 kw 1 基，他 1 基．廃熱汽罐 3 基．能 360．従 1,045 (127)．生 260．

日本窒素興南製鉄所（セメント部門)[46]

能 47（増設工事中 46)．

日本マグネサイト化学工業城津工場（耐火煉瓦部門)[47]

年 1935．資 5,000．投 13,500．設 丸窯 8 基，反射炉 11 基，焙焼炉 13 基．能 マグネシア・クリンカー 30，軽焼マグネシア 12，マグネシア煉瓦 2.5，硅石煉瓦 3.0．従 1,576 (115)．生 マグネシア・クリンカー 20.3，軽焼マグネシア 10.0，マグネシア煉瓦 2.2，硅石煉瓦 2.2．

日本耐火材料本宮工場

年 1937．資 6,000（4,500)．投 9,209（南朝鮮の密陽工場・鉱山分を含む)．能 シャモット煉瓦 28.1．従 480 (46)．

朝鮮品川白煉瓦端川工場

年 1942．敷 30．資 4,500（3,375)［6,000（4,500)]．投 6,950［9,120]．設 連続式シャフトキルン 2 基，単独式 14 基，ジョークラッシャー 1 基，原燃料用エレベーター 2 基．能（月産）軽焼マグネシア・クリン

---

44) 前掲，宇部興産，94-98 頁．
45) 前掲，浅野セメント，444-46 頁，日本セメント（七十年史 本編)，154-56 頁．
46) 前掲「特集 興南工場」28 頁．
47) 前掲，中村編，361-62 頁．

カー2.0，軽焼マグネシア・クリンカー2.0．従288（20）［303（30）］．
生（月産）軽焼マグネシア・クリンカー0.5，軽焼マグネシア・クリンカー0.1．

三菱化成清津煉瓦工場[48]

年1943．敷14（建物4.7）．投6,626．設10トン電気炉2基，粉砕機11基，調合機10基，焼成炉8基，回転炉1基．能（日産，トン）コルハートブラック300，コルハートホワイト200，コルハートモルタル100，シャモット煉瓦700，シャモットモルタル100．従394（45）．生 耐火煉瓦8.5，モルタル煉瓦0.76．

日窒塩野義製薬興南工場

年1942．資2,000（1,500）．投2,000．能（月産，トン）セプトン30，固形セプトン10，スルファミン0.5．従190（55）．生（年産，トン）セプトン180，固形セプトン100，スルファミン0.6．

日本農産化工義州工場

年1942．資1,000．投950．設（日産，トン）フルフラール1．従51（6）．生（日産，トン）フルフラール1．

朝鮮活性白土工業元山工場

年1944．敷110．資1,080．設 ランカンアーボイラー（7×30インチ）2基，処理槽（6×6インチ）9基，水洗槽6基，イルタープレス20基，粉砕器 125馬力1基，ロータリーキルン（5×20インチ）2基，仕上げ粉砕器2組，厚上乾燥用ロータリーキルン（7×60インチ）蒸気式3基，電動機 600馬力．能（月産，トン）活性白土600，酸性白土400，化学用白土100．従40．

朝鮮研磨材料鎮南浦工場

年1944．資500．投590．従73．

朝鮮バリウム工業清津工場

年1944．資2,500．投2,500．設 硫酸バリウム製造設備一式．能 硫酸バリウム0.6，リトホン1.3，茫硝0.24．従40．生 硫酸バリウム0.02．

片倉工業咸興製糸工場

---

48) 前掲，旭硝子，251頁．

年 1928．敷 約10．設 繰糸機246台，生 15,100貫．

郡是工業新義州製糸工場

年 1944．投 550．生 500貫．

鐘淵工業鉄原製糸工場

年 1933．投 2,908．設 鐘紡式立繰機54台．生 6.3千貫．

東洋製糸沙里院工場，平壌工場

年 1929．資 11,600．

　　平壌工場　年 1926．投 3,540．能　生糸60．生　生糸15.8千貫．

　　沙里院工場　年 1929．投 1,480．能　生糸21．従 340（42）．生　絹糸・毛糸360千ポンド，洋服地179千m，生糸5.7千貫．

朝鮮メリヤス平壌工場

年 1943．資 1,000．投 159.7．従 123（9）．生　シャツ，ズボン等 15千ダース．

鐘淵工業朱乙亜麻工場[49]

年 1938．敷 162．投 2,000．設　ムーラン製線機44台，粗線機6台．精紡機10千錘．能　亜麻繊維223トン．従 335．生　製織亜麻450トン，ロープ30千ポンド．

帝国繊維亜麻工場

北朝鮮10工場．年 1935以降．投 4,900．設　亜麻製繊機394台．従 約2,500（南朝鮮の3工場分を含む）．生　亜麻繊維1.9．

東棉繊維工業新義州工場，鎮南浦工場

年 1941．資 16,000．投 29,510（京城工場分を含む）．

　　新義州工場　年 1942．設　紡機8,064錘，撚糸機384台，綿織機300台，大麻精練設備一式，ロープ機9台．能　大麻混紡（大麻・スフ）布100千反（1反30ヤード）．従 668（68）．生 67千反．

　　鎮南浦工場　年 1945．設　織機100台．能　絹・人絹布34千反（1反30ヤード）．従 113（2）．生 34千反．

　　（参考）京城工場　能　大麻混紡布，絹・人絹布277千反．従 996（40）．

朝鮮製綱清津工場

49）前掲，鄭安基（上），8頁，鐘淵紡績株式会社「当社の在外財産概要」，同「在鮮鐘紡鐘実事業場」社内資料, n.d.

年 1929．資 1,000．投 800（釜山工場分を含む）．能　ロープ（大麻，綿，マニラ）120千ポンド．従 181（27）（釜山工場分を含む）．

日本穀産工業平壌工場

年 1930．資 7,600．投 1,417［20,000］（取得価格4,088）．設　加工設備（磨砕工場，飼料工場，糖化工場，糖製油工場等），木工場，鍛冶作業場，製罐工場，機械工場．能　トウモロコシ加工50．従 1,142（102）．生 7.3（澱粉5.0，糖1.0他）．

朝鮮製粉鎮南浦工場，海州工場

年 1936．資 2,000．投 9,711．従 517（83）．生　小麦粉15.6，蕎麦粉2.6，トウモロコシ粉20.3（以上，投，従，生は京城，春川工場分を含む）．能（日産）鎮南浦工場　製粉1.0千バーレル，製パン8.5千斤，製麺250貫，海州工場　製粉0.5千バーレル，製パン2.5千斤．
（参考）京城工場　能（日産）製粉0.8千バーレル，製パン1.0千斤，製麺250貫．春川工場　製パン3.0千斤．

日本製粉鎮南浦工場，沙里院工場[50]

年（工場買収年）1936．生（原料挽砕高）小麦5.9，トウモロコシ6.6．
　鎮南浦工場　敷（買収時）2.6．能（日産）0.85千バーレル．生（原料挽砕高）小麦6.8．
　沙里院工場　敷（買収時）8.4．能（日産）0.75千バーレル．生（原料挽砕高）小麦6.6．

斎藤酒造平壌工場

年 1918．投 12,186．生 20,464石．

大同酒造平壌工場

資 500（280）．投 1,300．能　焼酎23千石．

日本窒素興南油脂工場（大豆食品部門）[51]

能　醤油3.0千石，大豆油1.3，大豆粕6.5，アミノ酸醤油9.6千石，味噌120千貫．

大日本塩業清川塩田

塩田総面積1,700町歩．投 93,500（塩田・船舶）．設　海水揚水機　35馬

---

50)　前掲，日本製粉，331，434頁，（資料・統計）8頁．
51)　前掲「特集　興南工場」28頁．

力プロペラポンプ 5 基，塩搬出用ガスシリンダー機関車 2 台，塩積出用ベルトコンベアー 1 基，艀（塩運搬船）27 隻．能　塩 102.0．従 1,358 (23)．生　塩 19.3（1943 年度 23.5）．

鐘淵海水利用工業朝鮮工場

年 1940．資 20,000（10,000）．投 15,000［24,000］．能（計画分を含む）塩 20，石膏 0.7，苦汁 6,000 kℓ，苛性ソーダ 0.2，液体塩素 0.18，晒粉 0.9．従 205 (19)．生（1945 年 5 - 6 月）塩 30 トン．

朝鮮燐寸新義州工場，前川工場

資 500（350）．投 7,110．設（台）マッチ製造機 132，軸木製造機 34，素地製造機 16，電動機 31．従 547 (15)（以上，投，設，従は平壌燐寸平壌工場と仁川工場分を含む）．

　　新義州工場　年 1917．敷 3.4．能（月産，千マッチトン，1 トンは並製小箱 600 ダース相当）マッチ軸木 2.5．

　　前川工場　年 1940．敷 3.0．能（同上）マッチ軸木 2.5．

　　（参考）仁川工場　敷 2.0．能（同上）マッチ 2.5．

　　平壌燐寸平壌工場　年 1936．敷 3.6．能（同上）マッチ 1.0．

資料 2

清津，羅津，雄基 3 港の貸与規定を示す旧ソ連の報告書

―――――――

報　告
ソ朝合弁株式会社，「Mortrans（海運）」について

　ソ朝の合弁海運株式会社，「Mortrans（海運）」は，1947 年 3 月 25 日のソ連対外貿易省と北朝鮮人民委員会間の合意にもとづいて設立された．
　株式会社「Mortrans」は，海運の管理・運営，北朝鮮の港湾と港湾施設の利用，海上輸送・交通の組織化を目的に設立された．
　会社の資本は 2,800 万朝鮮円で，ソ連側，朝鮮側がそれぞれ 1,400 万［円］ずつ出資している．
　ソ連対外貿易省は，30 年間に 4 隻の汽船－3 隻の貨物船と 1 隻の客船－を会社に貸与する．その賃貸料がソ連側の会社資本払込金となる．
　北朝鮮人民委員会は，会社に以下の港を 30 年間貸与する：清津港――日鉄の倉庫，用地，貨物港設備，工場用港を含む――，羅津港――すべての埠頭，倉庫，設備を含む――，雄基港――岸壁前面，倉庫，設備を含む――．港湾施設の賃貸料は，朝鮮側の会社資本納付金となる．
　さらに，会社の資本金予備として双方は 1,000 万朝鮮円を納入しなければならない．
　双方の合意にもとづいて，主としてソ連人の指揮官を含む一定数のソ連人・朝鮮人乗員を各船舶に配備する．
　会社資本の編成にかんする責務を果たすために，ソ連側は 1947 年に 3 隻の貨物汽船，「Poltava」，「Aldan」，「Ajvazovskij」を「Mortrans」に貸与した．
　客船は，1947 年には引渡されなかった．これは，配備できる適当な客船を極東船舶局が所有していなかったからである．
　朝鮮の貨物を運送するために貨物船隊の必要が増大したことから，1948 年に貨物船「Azov」が客船の代わりに引渡された．

ソ連側は 1948 年 8 月に，1,000 万朝鮮円を資本準備金として納入した．朝鮮側は，合意した自らの責務を 1947 年に完全に履行した．

　ソ連対外貿易相ミコヤン（Mikojan）同志の 1947 年 2 月 3 日付け指示（no.36/17）によって，「Dal'vneshtrans（極東対外運輸）」の自動車運輸部門の営業所が廃止された．同じ指示によって，「Mortrans」の会社資本への追加出資金として「Dal'vneshtrans」の資産が譲渡されることが提議された．

　これと均衡をとるために，「Dal'vneshtrans」と同額，すなわち 353 万円相当の浚渫船を「Mortrans」の資本として朝鮮側が提供することが提議された．

　「Mortrans」の支配人の報告によれば，その浚渫船を出資物件として受領することは，以下の理由から不適当である．

　　1．浚渫船は操業可能な状態にない；
　　2．浚渫船の操業は「Mortrans」社に損失を与えるであろう．

［以下，「Mortrans」の 1948 年活動実績（約 4 頁）略.］

船隊管理局長代理
A. Perederij
1949 年 3 月 7 日

　出所）ロシア外務省公文書館，fond 0102, opis 5, papka 13, delo 32, listy 1-6.

資料 3

朝鮮戦争開始前後の対北朝鮮技術援助の
実態を示す旧ソ連の報告書

───────────

朝鮮民主主義人民共和国にたいするソ連の技術援助について
報　　告

　産業の再建とその後の発展に向けた対朝鮮技術援助にかんするソ連とDPRK［朝鮮民主主義人民共和国］政府による1949年3月17日の協定締結は，朝鮮，ソ連人民間の経済協力の強化・発展を促進する強力な要因であった．

　協定にもとづいて，いくつかの製造企業——清津金属工場，自動組立工場，ゴム製品工場，製錬所など——の技術プロジェクトの作成にかんしてソ連側はDPRK政府に技術援助を与える責務を負った．同時にソ連側は，新たな製品——変圧器，電動機，鉄板切削具，時計用軸受切削具など——の製造工程の編成と開発を援助する責務を負った．

　ソビエト政府はまた，コークス炭，銅鉱，タングステン鉱，硫化鉄鉱などの鉱物を探索・試掘する地質調査隊を朝鮮に派遣することに合意したと言明した．

　技術援助にかんする協定上の責務遂行のために，ソ連側はDPRK政府の要請にしたがって技術プロジェクトの立案に着手した．1950年半ばに，ソ連の関連省庁が14件の援助を立案した．そのうちの2件は清津金属コンビナートと染料加工工場の建設であった．技術プロジェクトは完了し，承認を得るために朝鮮側に引渡された．

　探鉱作業と計画課題の策定にかんする技術援助のために，ソ連政府は1950年にDPRKに9名の専門家グループを派遣した．彼らは自動組立工場の建設とTNT［トリニトロトルエン］の製造場の創設に関連した準備作業を行なった．

1950年，65名のソ連の専門家が兵器工場の再建と操業再開の作業を完了し，また朝鮮人専門家による兵器と弾薬の製造技術の開発を援助した．

　協定にもとづいて，ソ連地質省とTechnoeksport（技術輸出局）は1950年に，探鉱作業のための地質調査隊を朝鮮に派遣することにかんして，DPRK重工業省と協約を結んだ．21名から成る調査隊が1950年4月に朝鮮に到着した．

　戦争開始と製造企業の破壊ののち，朝鮮政府はソ連政府に，一層の技術援助は時宜を得ていないと考えていると伝えてきた．彼らは，地質調査隊の探鉱作業と水豊水力発電所の再建調査作業を除いて，作業の開始を一時的に中止するように要請した．その結果，朝鮮に60ヘルツの周波数を適用することの妥当性にかんしてソ連側が行なった調査と，南浦港の浚渫作業が中止された．出力150kwの中波ラジオ放送局用機械設備の検分作業と納入も，中止された．放送局の設立は平壌地方で計画されていた．

　このように，米国が朝鮮で引起した戦争は，1949年3月17日の協定によって予定されたとおりにソ連側が自らの責務を果すことを妨げた．戦時期にソ連側が果し得たのは，朝鮮に地質調査隊を派遣すること，兵器工場2か所とラジオ放送局の建設の技術プロジェクトを作成すること，義肢製造場の設立を援助することに限られた．DPRKに派遣されたソ連の専門家は，朝鮮人の同志が上記の目的物の建設地を選定するのを助け，建設作業を始めるうえで技術指導を行なった．以下，ソ連人地質調査隊の作業の特徴を述べ，ソ連の専門家が兵器工場とラジオ放送局の建設計画の作成にどのような手助けをしたかを報告する．

［以下（「義肢生産の組織化」，「ソ連地質調査隊の活動」（約20頁），略．］

第95，96号施設（ob"ekt）の建設

　1949年3月17日の技術援助協定にしたがって，防衛産業省はソ連政府を代表して，DPRK政府に地下兵器工場2工場の建設援助を与えることを承諾した．ソ連側は，工場建設計画の作成，必要な機械設備の供給，技術工程の編成におけるソ連の専門家による援助を約束した．朝鮮政府の側は，すべての調査・準備作業と2つの施設の建設・掘削作業を行なう責務を負った．

　当初，2つの施設を江界地方に建設することが提案された．しかし後に

朝鮮側が第96号施設の建設地を，江界から60km離れた前川郡の中央部に移す決定を採択した．

　第95号施設の建設地は江界から4kmの場所にある．その建設には1,200人が従事している．掘削工事は1952年11月に始まり，3交代で行なわれている．計画では掘削量は1日に140㎥であったが，実際には190-200㎥が掘削されている．現時点では，主要製造場のトンネル工事については，全体の60％の掘削作業が遂行済みと評価してよい．いくつかの区画で始まったコンクリート工事は，手持ちのコンクリートの質が悪いために，停止している．［現在の］コンクリート製造設備の下では，地下補強のコンクリート工事は1954年6月までにはすべては完了しないであろう．

　掘削工事と同時に，労働者用の住宅──200戸──の建設とソ連の専門家用の住宅建設が行なわれている．

　建設現場では変電施設が組立てられ，電力需要を完全に満たしている．しかし建設設備は十分であるが，穴あけ機，自動車が不足している．設備の一部は故障している．建設労働者の質は低い．現場には高い教育を受けた専門家は1人もいない．

　第96号施設の建設地は前川面から13kmの距離にある．建設においては，1953年2月に始まった掘削工事に格別の関心が払われている．計画された工事の全量は，15.2万㎥である．1953年11月15日には，岩石6万㎥を破砕した．毎日，岩石100-120㎥が掘削されている．過去数か月に比べて掘削速度がやや落ちているのは，最も困難な作業──深部掘削が行なわれているためである．第95号施設のコンクリート工事は一時中止されている．150戸の住宅建設は工場から2kmの所で行なわれている．ソ連の専門家用の住宅2戸の建設が始まっている．

　建設工事用の電力，設備，労働力の供給は保障されている．それにもかかわらず，作業の促進には穴あけ機，コンクリートミキサー，岩石積載機，セメント・砂輸送用自動車の補充が不可欠である．

　鉄筋の供給は保障されていない．空中幹線用の鉄管，穴あけ機用ゴム管，電線その他の材料が不足している．両施設建設の隘路は，破砕した岩石を導坑から搬出することであり，それが掘削作業の遂行を困難にしている．自動車の不足はセメント，砂などの建設材料の輸送に困難をもたらしている．

朝鮮人は，第96号施設から2km離れた場所で，シュパーギン式自動小銃を製造する地下工場の建設を始めた．第96号施設とシュパーギン式自動小銃工場の建設作業は同じ建設組織が行なっている．第96号施設とシュパーギン式自動小銃製造工場の建設現場が近いことから，ソ連人専門家は，これら2つの施設を技術的に統合し，共通の補助作業場——ボイラー施設，機械施設，工具製造所——を設けることが適当であるとみなしている．これらは［現在］，両施設の主要建設棟の間に配置されている．

　重工業省の朝鮮人専門家との然るべき討議を経て，2工場の技術的統合にかんする決定が採択された．指摘すべきは，第96号施設の計画課題にかんする1952年6月の討議にさいして，ソ連側は，シュパーギン式自動小銃の製造地を第96号施設の敷地に移すことを提案し，この提案が朝鮮側によって拒絶されたことである．シュパーギン式自動小銃工場の建設は第96号施設のすぐ隣で始まったが，朝鮮人の説明では，現在この小銃を製造している工場の場所は地すべりの危険があるということである．

　今年の9月に，第95，96号施設建設の技術援助のために，ソ連の専門家3名が到着した．建設の監督のためには技師のRantsev同志とMatveev同志が到着した．第95，96号施設建設計画の主任技師，Ovander同志は，建設工事進行の視察と建設計画の達成に必要な技術材料の調達を行なうために到着した．

　ソ連の専門家は9月30日に第95，96号施設の建設現場に出かけた．Rantsev同志とMatveev同志は建設作業の実行状況を調査し，掘削作業の遂行と組織化に深刻な欠陥があることを明らかにした．彼らの意見にしたがって，第95号施設の建設に新しい掘削作業システムが導入された．岩石崩壊の危険がある所では，掘削作業は部分的に停止されていた．コンクリートとコンクリート工事の質が悪いことから，コンクリートの機械的準備が整うまで従来の円天井コンクリート固めを停止することが勧告された．ソ連の専門家は施工図の図面と見本を提示し，それが実際に採用された．

　第96号施設についても同様の提案がなされた．第96号施設の建設地では，第95号施設よりも掘削作業が顕著に劣った．掘削作業の達成率は全体の30-35％である．ソ連の技師たちは掘削作業の新たな組織化を提案したが，それは十分に実行されていない．コンクリート工事は掘削工事に遅

れをとっており，地すべりの危険をもたらしている．

　1953年11月6日の重工業省指導幹部の会議で，Rantsev同志とMatveev同志は，建設を促進するために次の方策の実行を提案した：

　　a/1954年1月1日からコンクリート工事をフルに行なうために，建設地に貨物自動車と機械を供給する．

　　б/第96号施設の掘削作業の組織変更を行なう．

　　в/建設に不可欠な技術書類を保障する；現場で各種の撹拌剤，セメント，コンクリートの試験研究を行なう．

　　г/建設地で，コンクリート工事の質の専門的な技術管理を行なう．

　ソ連人専門家の提案は省幹部によって承認された．

　以前に確定された計画課題——相互に2km離れた2か所の施設の総合的解決を含む——の変更に関連して，Ovander同志は新たな課題をただちに決定しなければならなくなった．これと関連して，補足的な測量図の作成という課題がかれに与えられた．これは，上下の計画を調整するためであり，また給水問題も含むものである．エネルギー・水・熱エネルギーの供給，送風機その他の問題が事前に決定された．同時に，シュパーギン式自動小銃製造工場と並んで建設中の第96号施設の統合計画問題も決定された．

　Ovander同志の意見によれば，第96号施設の計画調整のために，DPRKにソ連の計画専門家たちをただちに派遣することが適切である．かれらは，シュパーギン式自動小銃製造工場と第96号施設の統合から派生する諸問題の総合的解決に必要な作業を行なうであろう．

［以下，DPRKにおけるソ連の技術援助の執行にかんする記述と総括（6頁），略．］

大使館2等書記官
P. Petrov
1954年4月5日

　出所）　ロシア外務省公文書館，fond 0102, opis 10, papka 53, delo 22, listy 1-37.

資料 4

1950年7月の朝鮮民主主義人民共和国（DPRK）軍事委員会命令書

朝鮮語からの翻訳

第18号決定書
1950年7月17日 DPRK軍事委員会

ソウルの食糧状況にかんして

ソウルの食糧難を克服するために軍事委員会は以下のように決定する：

1. ソウルの食糧問題の解決のために次の人員から成る委員会を創設すること：
   委員長－リ・スンヨプ［李承燁］
   委　員－パク・チャンシク［朴昌植］
   　　　　キム・ファンジュ．

2. ソウル市臨時人民委員会，京畿道および江原道南部臨時人民委員会委員長は，当該地域の食糧在庫にかんする緊急調査を行う責務を負う．

   臨時人民委員会委員長に，人民軍が必要としない商品と食糧の交換を組織的に行うために，それらの商品の調査を行うことを命じる．

3. ソウル市臨時人民委員会委員長は，添付されている省と部局の申請書に従って，北朝鮮の企業と農村に500,000人の住民を市から後送する（organizovat' evakuatsiju iz goroda 500,000 chelovek v sel'skie mesta i na promyshlennye predprijatija Severnoj Korei）責務を負う．

   相，部局責任者，および道人民委員会・平壌市人民委員会委員長に，ソウル市臨時人民委員会委員長との合意の上で必要な労働者数

を収容することを命じる．
4．ソウル市臨時人民委員会委員長は，市から後送する住民の財産の完全なる管理を保障するための対策を立てる責務を負う．

朝鮮語からの翻訳

決定書
1950年7月24日 DPRK軍事委員会第19号

弾薬生産の強化にかんして

弾薬生産を強化するために，DPRK軍事委員会は以下のように決定する：
1．産業省副相は次の責務を負う：
a/添付書類にしたがって傘下工場で弾薬生産を組織すること．
2．1950年7月30日までに，出力20-25 kwの研磨・熔接設備5台を生産し，龍城の工作機械工場と平壌の農業機械工場に送ること．
3．作業場の設備能力を最大に利用して第65工場での生産を強化すること，さらに，設備の不均衡を克服するために，
a/産業省傘下の企業において旋盤8台，ボール盤9台，水平フライス盤4台，垂直フライス盤3台を動員すること．
6/弾薬生産用の工作機械を補充する必要を満たすために，工作機械生産の増大計画を作成し，1950年8月1日までにそれを国家計画委員会に提出すること．
II．産業省副相は，金属・金属製品・化学製品の分析に不可欠な工具・機械・設備（それらは弾薬の増産に必要だが国内では生産されていない）の必要量を国家計画委員会と商業省に申告する責務を負う．国家計画委員会と戦利品委員会の委員長は，ソウル市の教育施設，学術研究機関からそれらの物品を動員し，また軍需品を生産していない企業においても動員すること．
III．産業省副相は8月1日までに，弾薬用の包装材料明細書を林業局と国家計画委員会に提出する責務を負う．
IV．産業省副相と林業局長は1950年8月1日までに，所与の決定の実行

と関連して，木材と特殊包装材の搬送計画を交通省に提出すること．

　交通省に，これらの積荷の適時の搬送とそれら——とくに，弾薬を生産する第 65 工場その他の工場用の金属，コークス——を弾薬類として扱うことを命じる．

V．交通相と公共事業相は，その傘下企業（鋳造工場）で弾薬を生産する施策を立案し，この施策計画を 1950 年 8 月 1 日までに国家計画委員会に提出する責務を負う．

VI．産業省副相は 5 日ごとに，民間企業での弾薬生産にかんする報告を国家計画委員会委員長に提出する責務を負う．

VII．国家計画委員会委員長は，所与の決定の実行に向けた組織的統制を保障する責務を負う．

　注）　第 18 号決定書中，本文で言及した部分（第 3 項）については，かっこ内にロシア語原文を記した．本決定書は，K. Weathersby 博士がモスクワで収集した文書の中から 2000 年に発見された．朝鮮語の原文書は未発見であるが，朝鮮人民軍によるソウル住民の連行（拉致）命令を示す初の資料である．2001 年には韓国の新聞がこれを紹介した（『中央日報』2 月 1 日）．

　出所　ロシア外務省公文書館，fond 0102, opis 6, papka 22, delo 49, listy 157-60（前掲，木村「1945-50 年の北朝鮮…（3）」149-51 頁）．

資料5

朝鮮戦争中の地下兵器工場の状況報告

―――――

詳細報告書

1950年9月17日から19日に至る平安南道諸郡への出張について，在DPRKソビエト連邦大使館顧問 V. Ivanenko および大使館付 A. Shemjakin

第65工場

　この工場は，平壌から160里（70 km）離れた平安南道成川郡に立地している．

　山岳地帯．所々の低い丘は，松林によって覆われている．小さな松の木立．丘のひとつに第65工場が配置されていた．工場は，旧日本の鉛・錫鉱山の坑道内にある．作業場は数階に分かれて地中深く隠され，狭い通路によって相互に連結されている．

　第65工場――これは，現在兵器を製造するDPRKの唯一の大規模総合工場である．工場では次のものを製造している：弾薬筒，対戦車手榴弾，シュパーギン式自動小銃，82ミリ追撃砲．

　工場がこの場所に移転されたのは戦争開始後すぐ――1950年6月のことであった．

　秋の朝鮮人民軍の退却時に，水豊地域の鴨緑江岸に工場疎開が行なわれた．

　1950年12月に平壌が解放されたのち，工場は再びこの地に戻され（1950年12月14日），作業の展開が開始された．

　この大工場には近代的技術が装備されている．作業場――大きな地下室には，フライス盤，旋盤，研磨盤など多数の工作機械がある．稼動中の工作機械のうなりが作業場に満ちている．各工作機械は所狭しと並んでいる．設備の一部は日本製であり，他はソ連から運ばれたものである．いくつかの機械は機能を停止している．修理に必要な要員がおらず，また機械復旧

用の部品のストックがない．

　工場は国家計画を達成していない．しかし工場の副支配人が述べたように，総生産量は1950年秋の水準の180％となっている．

　工場では3,600人の労働者が働いている．その主要な構成員は若年者である：労働者の80％は民主青年同盟員であり，彼らはその組織から派遣されてここでの重要な任務についている．工場の労働党組織はその隊列に400人，すなわち全労働者のおよそ15％を数える．

　熟練労働者はほとんどいない：その一部は従軍し，一部は退却のさいに敵軍に連れ去られた．

　工場の技術者，技能者は22人である；事務員は150人である．工場にはソ連の専門家はいない．

　労働者は2交代制で働いており，早番の仕事は朝の8時に始まる．労働は地下の作業場で電灯の下で行なわれる．

　工場用の原料や半製品は，平壌から新義州へ自動車で運ばれる．これらの都市には，工場用積荷の搬送業務のために特別の発送取扱所が設けられている．工場の運送手段は，自動車12台（一部はガスエンジン車）と牛車60台である．運送手段は不足しており，工場の弱点である．

　労働者の基本給は月に1,200-1,300ウォンである；これにくわえて，出来高給，時間外手当，報奨金がある．労働者は平均して，月に2,000ウォンほどの賃金を得ている．事務員の賃金は月に1,200-1,300ウォンである．

　労働者はバラックや村の小さな家に住んでいる．住宅事情は困難をきわめている．

　彼らは工場の食堂で3度の食事をとる．その内容は，米が40％，トウモロコシ・コウリャン・野菜が60％である．労働者は食費を月300-400ウォンに抑えている．

　小窓のついた長いバラックが工場の食堂である．その中では労働者——青年男女と少数の年配労働者が床の上に，組になって座り，朝食をとっている．昼食はトウモロコシ粥と少しばかりの野菜であり，それは小さな金属製の箱に入っている．彼らはそれを持って仕事に行く．仕事が終わると夕食であり，彼らはそれを再び食堂でとる．

　「全般的な難局にもかかわらず，また労働者の栄養や工場の半製品・原料の状態が深刻であるにもかかわらず，労働者の士気は高く，愛国心旺盛

です。」と工場の副支配人が述べた。

　実際，工場労働者は緊張し，根気よく仕事をしている。主として若い労働者が工作機械を操作し，集中的に仕事をしている。くすんだ小電球が各工作機械の上に吊るされ，暗闇を照らしている。工作機械には労働者の姓名とノルマ遂行命令表が貼ってある。作業場には，「労働者たちよ，対戦車手榴弾の生産を増強させよう！」といったスローガンや，労働者にたいする一般的な指示が掲げられている。模範労働者の肖像が特別な表彰板に掲げられ，電球に照らされて工場の入口付近の坑道内に置かれている。

　やや遠くの壁には，現代の政治を主題とした絵や風刺画が，鮮やかに照らされて一列に並べられていた。それらは，朝鮮人民の隷属化を謀る米帝国主義者と李承晩一派を風刺したもので，工場の画工によって描かれていた。

　工場の政治・イデオロギー部門は，労働党の委員会と工場委員会が指導にあたっている。

　工場には，平壌の発送所から新聞が届けられている：『労働新聞』が80部，『民主朝鮮』が20部，『民主青年』が150部，『平南日報』が300部その他。

　工場の委員会と党書記局の下に図書室がある。工場には800席の集会所があり，そこには映画を上映できる古い映写機が2台あるが，残念ながら映画のフィルムがない。集会所は作業場と並んで地下にある。現在地下にはまた，岩をくりぬいて集会所のための新しい部屋が造られている。労働者のための講義が自主的に行なわれている。毎日，新聞を材料に労働者に情報が提供されており，そのために特別の休憩時間が導入されている。週に一度学習が行なわれている。現在のその主要な課題は，「朝鮮解放6周年について」という8月14日の金日成報告の学習である。

　中央からの芸能人の工場訪問は行なわれていない。ただ，9月17日にKOKSの芸能団が工場を訪問した。

　平壌の責任者，講師もまた，工場を訪れるのは非常に稀である。

　工場に不可欠であるラジオがない。KOKSの副委員長パク・イルヨン同志は9月17日の工場訪問の際，工場を支援すること，まず第一に送受信設備を工場に送ることを約束した。

　DPRKの主要兵器工場のひとつであるこの工場の運営を支えているの

は，労働党の政策である．

　工場の従業員たちは自主的に余暇活動を展開するには至らず，せいぜい踊りやバレーボールを楽しむ程度であることを指摘しておく．

　工場には，自分たちの芸術団は創設されていないし，またさまざまなサークル活動——合唱，音楽，演劇など——も展開されていない．

［第65工場の項は以上で終わり．報告書の残りの叙述30頁略．］

　注）　この報告書は視察期日を1950年9月…としているが，内容から判断して，1951年9月の誤記とみる．
　出所）　ロシア外務省公文書館，fond 0102, opis 7, papka 30, delo 54, listy 142-48（前掲，木村「1945-50年の北朝鮮…(3)」162-65頁）．

資料 6

戦前・戦後の継承関係からみた北朝鮮の工場

部門	起源	1990 年代の名称	備考
製鉄・製錬・機械	日本製鉄清津製鉄所	金策製鉄連合企業所	北朝鮮最大の製鉄所．1989 年の製銑能力 240 万トン，製鋼能力 40 万トン
	同・兼二浦製鉄所	黄海製鉄連合企業所	1989 年の製銑・製鋼能力各 113 万トン
	三菱鉱業清津製錬所	清津製鋼所	1989 年の製鋼能力 100 万トン
	三菱製鋼平壌製鋼所	千里馬製鋼連合企業所	1980 年代以前の名称は降仙製鋼連合企業所．1988 年の製鋼能力 76 万トン
	日本高周波重工業城津工場	城津製鋼連合企業所	北朝鮮屈指の特殊鋼工場．1989 年の特殊鋼・合金鉄生産能力 40 万トン
	朝鮮製鉄平壌製鉄所	大安重機械連合企業所	所在地は南浦市に編入．発電機・重機械製造
	朝鮮電気冶金富寧工場	富寧合金鉄連合企業所	フェロシリコン・フェロクロム製造
	三井軽金属楊市工場	北中機械連合企業所	北朝鮮最大のディーゼルエンジン工場
	日本鉱業鎮南浦製錬所	南浦製錬綜合企業所	北朝鮮最大の非鉄金属製錬所．1992 年の銅生産 3 万トン
	住友鉱業朝鮮鉱業所元山製錬所	文坪製錬所	北朝鮮東部地域最大の製錬所
	日本窒素興南工作工場	龍城機械連合総局	北朝鮮最大の工作機械工場
	鉄道局平壌工場	金鐘泰電気機関車綜合工場	北朝鮮最大の機関車製作工場
	同・清津工場	清津鉄道工場	貨車・客車の製造・修理
	同・元山工場	6 月 4 日車両綜合工場	〃
	北鮮製鋼所文川工場	文川鋼鉄工場・ベアリング工場	北朝鮮の重要ベアリング工場
	朝鮮神鋼金属新義州工場	楽元機械連合企業所	各種機械製作
	平壌兵器製造所	2・8 機械工場	1970 年代に慈江道前川郡に移転
	朝鮮造船工業元山造船所	元山造船所	1974 年に 3,750 トン級のトロール船を建造

	朝鮮商工鎮南浦工場造船部	南浦造船所連合企業所	北朝鮮最大の造船所
化学	日本窒素興南肥料工場	興南肥料連合企業所	北朝鮮最大の化学肥料工場. 1986年の硫安生産能力40万トン
	同・本宮工場	2・8ビナロン工場	1983年のカーバイド生産能力75万トン
	日窒燃料工業青水工場	青水化学工場	1981年のカーバイド生産能力20万トン
	三菱化成順川工場	順川石灰窒素肥料工場・順川ビナロン連合企業所	同15万トン
	朝鮮人造石油阿吾地工場	7月7日連合企業所	1983年のアンモニア生産能力6.5万トン
	王子製紙新義州工場	新義州パルプ工場	1984年のパルプ生産能力2.5万トン
	北鮮製紙化学工業吉州工場	吉州パルプ綜合工場	同1万トン
	鐘淵工業新義州葦人絹パルプ工場	新義州化学繊維連合企業所	葦パルプ製造. 1981年の苛性ソーダ生産能力4-5万トン
	大日本紡績清津化学工場	清津化学繊維工場	1983年の人絹・スフ生産能力2.5万トン
	小野田セメント平壌工場	勝湖里セメント工場	1988年のセメント生産能力95万トン
	同・川内工場	川内里セメント工場	同80万トン
	朝鮮小野田セメント古茂山工場	古茂山セメント工場	同42万トン
	朝鮮セメント海州工場	海州セメント工場	同100万トン
	朝鮮浅野セメント鳳山工場	2・8セメント連合企業所	同160万トン
繊維・食料品加工	片倉工業咸興製糸工場	咸興製糸工場	朝鮮緋緞連合企業所所属
	朝鮮富士瓦斯紡績新義州工場	新義州紡織工場	1981年の織物(ビナロン)生産能力5,000万m
	東洋製糸沙里院工場	沙里院紡織工場	同7,000万m
	同・平壌工場	平壌製糸工場	朝鮮緋緞連合企業所所属. 敷地面積10万m^2
	日本穀産工業平壌工場	平壌穀産工場	1979年の澱粉生産能力7.5万トン

注) 以上は網羅的なリストではない.一部の工場の起源は所在地から推定した.備考欄は,主として1980年代の特記事項である.生産能力は北朝鮮側のデータによる.生産実績はこれをかなり下回るとみるのが妥当である.

出所) 本文,世界政経調査会編『北朝鮮工場要覧 1967年版』同会,1967年,イ・サンジク,チェ・シルリム,イ・ソッキ『北韓の企業』産業研究院,ソウル,1996年.

あ と が き

　昨2002年秋は日本中が北朝鮮問題で大きくゆれた．小泉首相の訪朝・金正日国防委員長との会談，日本人拉致被害者8名の死亡発表と金正日の謝罪，拉致被害者5名の帰国……新聞やテレビは連日，これらのニュースであふれた．それは，塞がれていた水が一気に流れたごとくであった．日本国民の北朝鮮にかんする知識は従来の千倍，万倍に増え，金正日は人気タレント並の有名人となった．同時にかれの私生活はテレビのワイドショーや週刊誌の格好の題材となり，すっかり暴露されてしまった．

　にもかかわらず，北朝鮮については依然，多くの事実が知られていない．学術的観点から重要なそのひとつは，日本帝国の戦時体制と金日成・正日体制のつながりである．一般には両者は断絶したものと捉えられている．従来，金日成・正日は体制の正統性を根拠づけるためにこの断絶をつよく主張し，宣伝に努めてきた．共産主義国家が民主主義国家に優る点は政治宣伝の巧妙さである．この宣伝も奏功し，多くの人に真実として受けいれられた．本書は政治的意図をもって著したものではないが，上の断絶の問題を含め，結果的に多くの点で金日成・正日体制の虚偽を明らかにすることとなった．

　本書の議論から読者が感じたのは，拉致や強制連行といわれることが北朝鮮では珍しくなかったという点かもしれない．終戦後の日本人の抑留は事実上，拉致と変わらない．行動の自由を奪われ，有用な人間は狩り出され，そうでない人間は放置された．朝鮮戦争中には，ソウル住民の連行命令が出た．50万人というその数は，驚きに足る．北朝鮮政府は日本が戦時中に朝鮮人を徴用――いわゆる強制連行――したことを，あらゆる言葉で非難している．しかし金日成みずから，それと同じことを行なった．これはじつは，スターリンによる日本人抑留が示すように，北朝鮮のみならず共産主義国家あるいは全体主義国家に共通する性質であった．この点からみれば戦後，北朝鮮が日本人や韓国人を次々に拉致したことは，意外ではない．かれらは，かれらにとって当然のことを行なったにすぎないといえよう．

一般に知られていないもう一点は，戦後北朝鮮に残された日本人の運命であろう．森田芳夫氏の推算によると，終戦直前に北朝鮮には35万人を超える日本人が存在していた．直後にはこれに，満洲からの避難民（現代の用語では難民）が加わった．これら日本人のうち，1946年春までに2.5万人以上が死亡した．これにたいし，南の日本人はほぼすべて無事に故国に帰還できた．38度線は朝鮮人のみならず日本人をも分断し，南北間で運命を大きく分けたのである．この事実は戦後，おそらく1960年代ごろまでは日本でかなり広く知られていた．しかし時代とともに風化してしまった．ソ連兵による暴行，「泣いて特務に服した」婦人，飢えと病気，死を賭した38度線越え……現代の日本の中高生は外国人慰安婦については教わるが，こうしたことは知らない．北朝鮮でもっとも悲惨であったのは，咸鏡南道の富坪で狭い収容所に押し込められた避難民であった．森田氏はその様子をつぎのように記した（前掲，森田，456-57頁）．

　　〔昭和〕21年5月5日，慰霊祭が行なわれた際，収容所裏の埋葬地に三段の土をかさねた上の松の木に『嗚呼戦災日本人の墓』『この地に死亡した日本人1431名の冥福を祈り残留日本人これを建つ』と彫りこんだ．その日……追悼文を読みあげたとき，全生存者が声をあげて泣き，山野をゆるがすほどであったという……〔代表者は〕つぎの歌をよんだ……
　　息たえし同胞の衣服をはぎとりて羽織りてせめて寒さをふせぐ……
　　生き残る千五百のわれらなきぬれて千五百の同胞の慰霊祭をする
　　吾子ふたり非業に死にし引揚のかの思い出は消ゆることなし

　近代朝鮮の研究は近年，活発におこなわれている．しかし，上記のような事実に目を留め同情を示す研究者は多いとはいえない．その理由はよく分からないが，想像するに「植民地の日本人は，支配に協力し搾取に荷担した悪人である」という考えがあるためではないであろうか．この考えによれば，かれらが経験した終戦後の苦しみは悪人にたいする裁きであり，同情に値しない．ソ連占領軍の一見残虐な行為は非難さるべきではなく，むしろ正当である．
　本著者はこうした考え方はとらない．たしかに植民地の日本人の中には

不正・不道徳な手段で蓄財したり，権威を笠に着て現地住民に辛くあたる人たちがいた．しかし多くの日本人はそれぞれの立場で仕事に励み，まじめに暮らしていた．役所や会社の命令で内地から転勤し，与えられた職務を忠実に果そうとした．中には，本文で記した大村卓一・元朝鮮鉄道局長のように，人びとの尊敬を集める高潔な人物がいた．氏は一切の民族的差別をせず，だれにたいしてもきわめて謙遜に接した．終戦を迎えた満洲では誠に立派な態度で身を処し，まもなく病で没した．そのとき監視の中共軍兵士は，氏の人柄につよい感銘を受けたという．このような人物はいつの世でも稀ではあるが，植民地の日本人の中に他に探すことは可能である．

　植民地の日本人を非難の目でみる研究者はしばしば，現地の人たちとの生活格差を問題にする．しかしそれは，すべてではないにせよ，日本と朝鮮の一般所得水準の差や個人的な教育・就業経験の違いを反映していた．賃金格差には，異郷に暮らす追加的コストに見合う報酬も含まれていた．現地に溶けこまなかったのも，現在の途上国で日本人駐在員が独自の社会を作って暮らしているのと変わらない．北朝鮮の日本人がなぜ終戦後に残酷な仕打ちを受けねばならなかったのか，その正当な理由があるとは思えない．実際，南ではそのようなことはなかったのである．北朝鮮残留日本人はあきらかに，国際法を無視したソ連の占領政策の不幸な犠牲者であった．かれらに同情を寄せ，その運命を記録し記憶することは，日本人として大事なことであろう．これは，日本人がせずして他のだれかがしてくれることではない．どの民族もまず，自分たちの同胞の運命に関心を寄せ，記憶する．責務ともいえるこのことを，私たちは十分に果していないように思う．私は，戦争で大変な苦労を経験し，その後豊かさを築き上げてくれた父祖にたいし，戦後世代のひとりとして，深く感謝する．ここではとくに，愛する家族と財産を失いながら何らの慰謝や補償もなく，あるいは墓参もかなわず，悲しみを抱きつつ一生懸命に働いて戦後日本の復興に貢献した北朝鮮引揚者にたいし，心からの謝意と敬意を表したい．同時に，植民地の日本人の行為を断罪するのみで，その貢献に一切ふれない北朝鮮政府には，その態度を改めてもらいたいと願う．

　本書は実証的な学術書を目指しているが，上の意味で日本人が日本人の立場で書いたものである．議論が公平で偏りがない，これ以外はすべて誤りであるといったような考えはない．そもそもそのような議論はありえな

いであろう．ひとつの解釈，一面の分析として本書が何ほどか有益であるならば，著者として幸いである．

　本書の執筆は，統一を図るために木村が担当したが，内容は安部と木村の共同研究の産物である．安部は積年の朝鮮技術史研究をもとに，主に資料収集と研究のアイディアの案出・彫琢をおこなった．とくに前編で使用した情報の多くは，安部の収集による．それはかなりの量に上るようにみえるかもしれないが，満足すべき水準には遠い．10年前にこの研究に取組めば，より多くの情報——とくに引揚者証言——を得ることが可能であった．この点，自らの不明と怠惰を恥じる．植民地研究はこの10年間で大きく進展したが，未開拓の主題は山積している．今後一層の資料収集と議論の発展に努めたい．若い研究者が，特定の主題に偏ることなく幅広く研究をすすめてくれることも望みたい．後編のロシア語資料の大半は，K. Weathersby博士 (Woodrow Wilson International Center for Scholars) が独自にまたは木村との共同研究のために集めた．当初，博士も本書の執筆に加わる予定であったが，他の研究プロジェクトに多忙なことから，実現には至らなかった．とはいえ，博士の貢献は共著者に等しいほど大きい．博士の協力に深く感謝する．北朝鮮研究には旧ソ連の文書の発掘が不可欠である．これからもその探索を図り金日成・正日体制の内実を明らかにしてゆきたい．

　本書の刊行までには多数の方々のご協力を得た．とりわけ，戦中・戦後の北朝鮮における体験談を聞かせて頂いたり，貴重な資料や写真を提供して頂いた方々，資料の探索・閲覧にご協力下さった個人・機関には，（ごく一部ではあるが）以下にお名前を記して，厚く御礼申し上げる．高草木和歌子，北川英，宗像英二，鎌田正二，外城重男，田口裕通，村井和子，野崎正安，林健一，山田隆一，松尾茂，山田守士，永島スミ，内海洋一，林田秀彦，岩村長市郎，原剛，玉城素，林昌培，三谷康人，白井章善（カネボウ），大村淳郎（同），塚本勝一（平和・安全保障研究所），安秉直（福井県立大学），濱田耕策（九州大学朝鮮史学研究室），室岡鉄夫（防衛庁防衛研究所），宮本悟（神戸大学大学院），鄭雅英（大阪産業大学），三宅宏司（武庫川女子大学），浜口裕子（文化女子大学），河幹夫（厚生労働省），岩本卓也（外務省），花房征夫（北東アジア資料センター），田鉉秀（慶北大学），梁文秀（慶南大学），梁寧祚（韓国国防軍史研究所），学習院大学東洋

あとがき 275

文化研究所図書室,青山学院大学図書館,国立国会図書館,防衛庁防衛研究所戦史資料室,文化センターアリラン,東京大学総合図書館,同・経済学部図書室,同・社会科学研究所図書室,同・工学部図書室,東京都立日比谷図書館,米国議会図書館,同・国立公文書館,ロシア外務省公文書館,ロシア国立経済文書館.

　データの整理,ロシア語資料の翻訳,文章校正・索引作成には,大場祐之(青山学院大学大学院),土田久美子(同),金子百合子(東京大学大学院),松谷基和(同),瀬志本信太郎の諸氏を煩わせた.市岡修(専修大学),岡村誠(広島大学)の両氏は友人として著者の仕事に関心を寄せ,励ましを下さった.小山光夫氏は前回同様に編集の労をとり,craftsmanship あふれる本を作って下さった.松下国際財団からは寛大な財政援助を得,青山学院大学国際政治経済学会からは出版助成を受けた.青山学院大学国際政治経済学部は,自由闊達で研究に最適な条件を与えて下さった.同僚諸賢からは学内セミナーで貴重なコメントを賜った.木村ゼミナールの学生たちは本書の刊行を期待してくれた.これらすべての方々に心から感謝する.

　安部は,研究という名目の浪費を長年寛恕してくれた妻・淳子に深く感謝し,本書を捧げる.木村は,支えてくれた妻・陽子に深い謝意を表する.母・久子は,前著を出版したとき随喜の涙を流してくれた.今は病床に伏し,喜んでくれることができない.しかしどこかで分かってくれることを信じ,本書を再び母に捧げる.

　2003 年 5 月

著者を代表して

木 村 光 彦

参 考 文 献

新聞・雑誌（発行者）
『労働新聞』（朝鮮労働党），『化学工業協会誌』（同会），『火薬協会誌』（同会），『北朝鮮研究』（国際関係共同研究所），『北東アジア』（同），『港湾』（港湾協会），『殖銀調査月報』（朝鮮殖産銀行），『朝鮮鉱業会誌』（同会），『大陸東洋経済』（東洋経済新報社京城支局），『東洋経済新報』（東洋経済新報社），『燃料協会誌』（同会）

文書資料
内務省（朝鮮総督府）『在朝鮮企業現状概要調書』未公刊，朝鮮事業者会，1946年，1～51（学習院大学東洋文化研究所蔵，マイクロフィルム）
ロシア外務省公文書館所蔵文書，fond 0102, opis 3, papka 6, delo 23, （以下，fond/opis/papka/delo），0102/5/13/32，0102/6/22/49，0102/7/30/53，0102/10/53/22，018/2/1/2，018/8/6/79，0480/2/2/7，0480/4/14/47，07/22/36/37，07/22/233/37
Dokumenty o Sovetsko-Korejskom Ekonomicheskom Sotrudnichestve, 1949-70 g. g.（ロシア国立経済公文書館所蔵ソ連・北朝鮮経済協力文書集成，全10巻，ナウーカ書店，東京，n. d.）
韓国外務部「ソ連資料」（朝鮮戦争関連の未公刊文書，1994年にロシア大統領から韓国大統領に渡されたロシア語文書の韓国語版，n. d.）
鄭在貞・木村光彦編『1945-50年北朝鮮経済資料集成』全17巻，東亜経済研究所，ソウル，2001年（朝鮮戦争中に米軍が捕獲した北朝鮮の内部文書，米国国立公文書館蔵）
国史編纂委員会編『北韓関係史料集V 法制編（1945-1947年）』同会，果川，1987年（同上）
翰林大学校アジア文化研究所編『北韓経済関係文書集』2，同所，春川，1997年（同上）
Headquarters, US Army Forces in Korea, *Intelligence Summary Northern Korea*（『駐韓美軍北韓情報要約』翰林大学校アジア文化研究所資料叢書4，同所，春川，1989年）

日本語文献
社史・社内資料（社名50音順）
和田壽次郎編『浅野セメント沿革史』浅野セメント株式会社，1940年
臨時社史編纂室編『社史 旭硝子株式会社』旭硝子株式会社，1967年
百年史編纂委員会編『宇部興産創業百年史』宇部興産株式会社，宇部，1998年
成田潔英『王子製紙社史』第3巻，王子製紙社史編纂所，1958年，第4巻，同，

参考文献

1959 年
王子製紙山林事業史編集委員会編『王子製紙山林事業史』同会, 1976 年
小野田セメント株式会社創立七十年史編纂委員会編『回顧七十年』同会, 1952 年
財団法人日本経営史研究所編『小野田セメント百年史』小野田セメント株式会社, 1981 年
片倉工業株式会社考査課編『片倉工業株式会社三十年史』同課, 1951 年
片倉製糸紡績株式会社考査課編『片倉製糸紡績株式会社二十年史』同課, 1941 年 (社史で見る日本経済史, 第 8 巻, ゆまに書房, 1998 年)
鐘淵紡績株式会社「在鮮鐘紡鐘実事業場」鐘紡社内資料, n. d.
鐘淵紡績株式会社「当社の在外財産概要」鐘紡社内資料, 1970 年
鐘紡株式会社社史編纂室編『鐘紡百年史』同社, 大阪, 1988 年
鐘紡製糸四十年史編纂委員会編『鐘紡製糸四十年史』鐘淵紡績株式会社・鐘淵蚕糸株式会社, 大阪, 1965 年
グンゼ株式会社編『グンゼ 100 年史』同社, 大阪, 1998 年
社史編纂委員会編『郡是製紙株式会社六十年史』同社, 綾部, 1960 年
「神鋼五十年史」編纂委員会編『神鋼五十年史』同委員会, 1954 年
日本経営史研究所編『光洋精工 70 年史』光洋精工株式会社, 大阪, 1993 年
塩野義製薬株式会社編『シオノギ百年』同社, 1978 年
品川白煉瓦株式会社社史編纂室編『創業 100 年史』同社, 1976 年
木村安一編『芝浦製作所六十五年史』東京芝浦電気株式会社, 1940 年
清水建設百年史編纂委員会編『清水建設百五十年』同社, 1953 年
社史編集室編『昭和電工五十年史』昭和電工株式会社, 1977 年
昭和軽金属株式会社アルミニウム社史編集事務局編『昭和電工アルミニウム五十年史』昭和電工株式会社, 1984 年
昭和飛行機工業株式会社編『昭和飛行機四十年史』同社, 1977 年
信越化学工業株式会社社史編纂室編『信越化学工業社史』同社, 1992 年
住友金属工業社史編纂委員会編『住友金属工業六十年小史』同委員会, 大阪, 1957 年
日本社史全集刊行会『日本社史全集　住友軽金属工業社史』常盤書院, 1977 年
住友林業株式会社社史編纂委員会編『住友林業社史』上巻, 同社, 1999 年
大同製鋼株式会社編『大同製鋼 50 年史』同社, 名古屋, 1967 年
塩谷誠編『日糖六十五年史』大日本製糖株式会社, 1960 年
井上幸次郎編『大日本紡績株式会社五十年記要』大日本紡績株式会社, 1941 年
「朝鮮窒素火薬株式会社興南工場史」旭化成火薬 30 年史編集委員会編『旭化成火薬 30 年史』旭化成火薬工業株式会社, 1964 年
設立 50 周年記念社史編纂室編『帝国酸素の歩み』帝国酸素株式会社, 1981 年
帝国製麻株式会社編『帝国製麻株式会社五十年史』同社, 1959 年
東海電極製造株式会社編『東海電極製造株式会社三十五年史』同社, 1952 年
東京芝浦電気株式会社総合企画部社史編纂室編『東京芝浦電気株式会社八十五年史』同社, 1963 年
社史編纂委員会編『創業百年史』同和鉱業株式会社, 1985 年

参 考 文 献

飛島建設株式会社編『飛島建設株式会社社史』上，同社，1972 年
株式会社トーメン社史制作委員会編『翔け世界に　トーメン 70 年のあゆみ』同社，
　　1991 年
創業百年史編纂委員会編『西松建設創業百年史』同社，1978 年
日清製粉株式会社社史編集委員会編『日清製粉株式会社史』同会，1955 年
社史編纂委員会編『ニチボー七十五年史』ニチボー株式会社，大阪，1966 年
日本板硝子株式会社社編『日本板硝子株式会社五十年史』同社，大阪，1968 年
社史編集委員会『日本カーボン 50 年史』日本カーボン株式会社，1967 年
日本化薬株式会社社編『火薬から化薬まで——原安三郎と日本化薬の 50 年』同社，
　　1967 年
日本カーリット 50 年史社史編集室編『日本カーリット 50 年史』日本カーリット株
　　式会社，1984 年
日本社史全集刊行会『日本社史全集　日本軽金属三十年史』常盤書院，1977 年
日本鋼管株式会社編『日本鋼管五十年史』同社，1962 年
日本鉱業株式会社五十年史編集委員会編『日本鉱業株式会社五十年史』同社，1957 年
日本高周波鋼業株式会社編『日本高周波鋼業二十年史』同社，1970 年
日本水産株式会社『日本水産 50 年史』同社，1961 年
日本製鉄株式会社社史編集委員会編『日本製鉄株式会社史』同社，1959 年
日本製粉社史委員会編『日本製粉株式会社七十年史』同社，1968 年
日本石油史編集室編『日本石油史』日本石油株式会社，1958 年
社史編纂委員会編『七十年史　本編』日本セメント株式会社，1955 年
企画本部社史編纂室『日本曹達 70 年史』日本曹達株式会社，1992 年
日本窒素肥料株式会社文書課山本登美雄編『日本窒素肥料事業大観』日本窒素肥料
　　株式会社，大阪，1937 年
日本窒素肥料株式会社『社報』第 49 号，1942 年 2 月 1 日
日本窒素肥料株式会社『職員名簿　昭和一七年一月二十日現在』日本窒素肥料社内
　　資料
社史編纂委員会編『日本油脂三十年史』日本油脂株式会社，1967 年
ダイヤモンド社編『日本坩堝——坩堝史とともに生きる』同社，1968 年
間組百年史編纂委員会編『間組百年史　1889-1945』同社，1989 年
中谷熊楠『朝鮮の林兼事業要覧』林兼社内資料，1959 年
臨時五十周年事業部社史編纂部『日立製作所史 2』日立製作所，1980 年
富士紡績株式会社社史編集委員会編『富士紡績百年史』上，同社，1997 年
松下電器産業株式会社編『松下電器五十年の略史』同社，大阪，1968 年
三井鉱山株式会社『男たちの世紀　三井鉱山の百年』同社，1990 年
三井造船株式会社編『三十五年史』同社，1953 年
三菱社誌刊行会編『三菱社誌　三十八』東京大学出版会，1981 年
三菱化成工業株式会社総務部臨時社史編集室編『三菱化成社史』同社，1981 年
三菱鉱業セメント株式会社総務部社史編纂室編『三菱鉱業社史』同社，1976 年
三菱製鋼社史編纂委員会編『三菱製鋼四十年史』同社，1985 年

明治鉱業株式会社社史編纂委員会編『社史　明治鉱業』同社，1957年
湯浅蓄電池製造株式会社編『湯浅35年の歩み』同社，大阪，1953年
ユニチカ社史編集委員会編『ユニチカ百年史』同社，大阪，1991

　　学術書・論文，一般単行本，報告，回顧録他（著者名50音順，外国人名は日本語読み，論文の掲載頁は省略）
秋津裕哉『わが国アルミニウム製錬史にみる企業経営上の諸問題－日本的経営の実証研究』冬青社，1994年
阿部薫編『朝鮮功労者銘鑑』民衆時報社，京城，1935年（復刊，日本図書センター編『朝鮮人名資料事典』第3巻，日本図書センター，2001年）
安秉直「日本窒素における朝鮮人労働者階級の成長に関する研究」『朝鮮史研究会論文集』第25号，1988年
安藤豊禄『韓国わが心の故里』原書房，1984年
飯田賢一編『技術の社会史』第4巻，有斐閣，1982年
飯村友紀「北朝鮮農法の政策的起源とその展開――『主体農法』の本質・継承を中心に」『現代韓国朝鮮研究』第2号，2003年
飯盛里安「朝鮮に於けるモナズ石の産出及び其分布」『理化学研究所彙報』第21輯4号，1942年
飯盛里安・吉村恂・畑晋「大同江及び清川江に於けるモナズ石の産出並に其分布」『理化学研究所彙報』第14輯5号，1935年
井口東輔『現代日本産業発達史Ⅱ　石油』現代日本産業発達史研究会，1963年
石南国『韓国人口増加の分布』勁草書房，1972年
石黒英一『大河　津田信吾伝』ダイヤモンド社，1960年
磯谷季次『わが青春の朝鮮』影書房，1984年
磯野勝衛『本邦軽金属工業の現勢（アルミニウムとマグネシウム）』産業経済新聞社，1943年
市村清『闘魂ひとすじに　わが半生の譜』有紀書房，1966年
伊藤盛二編「工藤宏規　業績とその人」『野口研究所時報』第7号別冊，1958年
井上由雄『敗戦日記　大同江』流動出版部，1971年
岩間茂智「油脂工場」『化学工業』第2巻1号，1951年
上野直明『朝鮮・満州の想い出――旧王子製紙時代の記録』審美社，出版地不明，1975年
上野廸夫編『回想の羅津』満鉄羅津駅駅友会，1986年
牛島正達「今にして思えば」十九寿会編『あれから50年冠帽峰の残り雪－羅南中学校十九期思い出の記』政経北陸社，金沢，1995年
海老原義男「窒素に入社して五十年（遺稿）」「日本窒素史への証言」編集委員会編，第二十七集，1986年
遠藤鐵夫「朝鮮における鉄鋼業の思い出　近代的製鉄事業勃興の頃」友邦協会『朝鮮の鉄鋼開発と製鉄事業　朝鮮近代産業の創成（1）』同会，1968年
大河内一雄『幻の国策会社　東洋拓殖』日本経済新聞社，1982年

参考文献

大塩武『日窒コンツェルンの研究』日本経済評論社，1989年
大島幹義「龍興工場」『化学工業』第2巻1号，1951年
太田曾我夫「北鮮国営清津製鉄所として発足」清津脱出記編纂委員会編『清津脱出記』同会，1975年
大槻利夫「北朝鮮よりの引揚記録」未公刊，n. d.
大村卓一追悼録編纂会編『大村卓一』同会，1974年
岡本達明・松崎次夫編『聞書水俣民衆史　第五巻　植民地は天国だった』草風館，1990年
奥村正二『製鐵製鋼技術史』伊藤書店，1944年
小此木政夫編著『北朝鮮ハンドブック』講談社，1997年
『想い出の平壌』刊行委員会編『想い出の平壌』全平壌楽浪会，1977年
海軍省『海軍省年報　昭和十四年度』同省，1939年
化学工業時報社編『化学工業年鑑　昭和十八年版』同上，1942年
垣内富士雄『茂山鉄鉱山視察報告書』未公刊，1960年
笠原直造『蘇聯邦年鑑　1940年版』日蘇通信社，1940年
鎌田正二『北鮮の日本人苦難記——日窒興南工場の最後』時事通信社，1980年
神谷不二編『朝鮮問題戦後資料』第1巻，日本国際問題研究所，1976年
刈谷亨「火薬工場」『化学工業』第2巻1号，1951年
刈谷亨「日本窒素の火薬事業」「日本窒素史への証言」編集委員会編，第八集，1979年
川合彰武『朝鮮工業の現段階』東洋経済新報社京城支局，京城，1943年
河合和男・尹明憲『植民地期の朝鮮工業』未来社，1991年
韓国国防軍史研究所編（編集委員会訳）『韓国戦争史　第1巻　人民軍の南侵と国連軍の遅滞作戦』かや書房，2000年
北川勤哉「青水工場の記」「日本窒素史への証言」編集委員会編，第三集，1978年
北山恒「興南肥料工場」『化学工業』第2巻1号，1951年
木野崎吉郎「地質学上から見たる朝鮮の稀元素資源」『朝鮮鉱業会誌』第27巻1号，1944年
木村繁『原子の光燃ゆ　未来技術を拓いた人たち』プレジデント社，1982年
木村光彦『北朝鮮の経済　起源・形成・崩壊』創文社，1999年
木村光彦「1945-50年の北朝鮮産業資料」(1)-(5)『青山国際政経論集』第50号，第51号，第52号，2000年，第53号，2001年，第59号，2003年
木村光彦「1950-51年の北朝鮮経済資料」『青山国際政経論集』第57号，2002年，（続），第58号，2002年
木村光彦・安部桂司「北朝鮮兵器廠の発展——平壌兵器製造所から第六十五工場へ」『軍事史学』第37巻4号，2002年
木村光彦・金子百合子「1959年の北朝鮮・ソ連科学技術協力にかんする資料」（上），（下）『青山国際政経論集』第55号，第56号，2002年
木村光彦・土田久美子「1956年の北朝鮮農業資料」(1)『青山国際政経論集』第60号，2003年

姜在彦編『朝鮮における日窒コンツェルン』不二出版，1985年
金学俊（李英訳）『北朝鮮50年史――「金日成王朝」の夢と現実』朝日新聞社，1997年
金大虎（金燦訳）『私が見た北朝鮮核工場の真実』徳間書店，2003年
金日成『金日成著作集』第5巻，外国文出版社，平壤，1981年
金日成『金日成著作集』第14巻，外国文出版社，平壤，1983年
金日成『金日成著作集』第15巻，外国文出版社，平壤，1983年
薬袋進編『美林連天――小林準一郎翁回想録』小林林業所，1981年
久保賢編『在鮮日本人薬業回顧史』在鮮日本人薬業回顧史編纂会，出版地不明，1961年
慶應義塾大学日本経済事情研究会編『日本戦時経済論』経済学全集　第63巻，改造社，1934年
京城日報社『朝鮮年鑑別冊　朝鮮人名録』同社，京城，1942年
高青松（中根悠訳）『金正日の秘密兵器工場――腐敗共和国からのわが脱出記』ビジネス社，2001年
コーヘン（Cohen, J. B）（大内兵衛訳）『戦前戦後の日本経済』上，岩波書店，1951年
小島精一編『日本鉄鋼史』昭和第二期篇，文生書院，1985年
小寺源吾翁伝記刊行会編『小寺源吾翁伝』同会，大阪，1960年
後藤續「日本窒素の思い出（遺稿）」「日本窒素史への証言」編集委員会編，続巻第二集，1988年
小西秋雄「日本高周波城津工場の終戦と引揚――四十年前の思い出を語る」未公刊，n. d.
小林会『思い出の小林鉱業』同会，1994年
昆吉郎「工作工場」『化学工業』第2巻1号，1951年
佐々木勝蔵編『鮮米協会十年史』鮮米協会，1935年
佐々木保「永安工場および阿吾地工場」『化学工業』第2巻1号，1951年
佐々木祝雄『三十八度線』全国引揚孤児育英援護会，神戸，1958年
佐藤晴雄『京図線及背後地経済事情』鉄道総局，奉天，1935年
佐藤源郎「タイ国ウラン鉱概査報告について」『原子力委員会月報』第2巻3号，1957年
佐山二郎『工兵入門』光人社，2001年
沢井実『日本鉄道車輛工業史』日本経済評論社，1998年
資源庁長官官房統計課編『製鉄業参考資料　昭和18年－昭和23年』日本鉄鋼連盟，1950年
柴田健三「北鮮における石炭化学工業」『燃料協会誌』第267号，1952年
下川義雄『日本鉄鋼技術史』アグネ技術センター，1989年
下田将美『藤原銀次郎回顧八十年』大日本雄弁会講談社，1950年
渋谷禮治編『朝鮮技術家名簿』朝鮮工業協会，京城，1939年（復刊，芳賀登・杉本つとむ・森睦彦・阿津坂林太郎・丸山信・大久保久雄編『日本人物情報大系』第78巻　朝鮮篇8，皓星社，2001年）

渋谷禮治（朝鮮総督府殖産局）編『朝鮮工場名簿　昭和十六年版』朝鮮工業協会，京城，1941年

壯司武夫監修，鍋倉昇『国民兵器読本』山海堂出版部，1943年

昭和塾友会編『回想の昭和塾』同会，1991年

昭電鎮南浦会編『思い出の鎮南浦』同会，横浜，1983年

白石宗城「白石宗城」手稿，n. d.

新緑会編『鴨緑江　特別号　平北・新義州地区居留民在住四十年の記録』同会，横浜，1996年

杉森久英『アラビア太郎』集英社，1983年

鈴木音吉「九年間の興南生活断片（その一）」，「同（その二）」「日本窒素史への証言」編集委員会編，第二十八集，第二十九集，1986年

鐸木昌之「朝中の知られざる関係：1945-1949－満州における国共内戦と北朝鮮の国家建設」『聖学院大学論集』第3巻，1990年

須藤秀治「朝鮮に於ける火薬関係工業界動静」『火薬協会誌』第3号，1941年

世界経済研究所『北朝鮮の経済——1949-50年の建設状況』同所，1950年

世界政経調査会編『北朝鮮工場要覧　1967年版』同会，1967年

全経聯（全国経済調査機関聯合会朝鮮支部）編『朝鮮経済年報　昭和十五年版』改造社，1940年

鮮交会『朝鮮交通回顧録　工務・港湾編』同会，1973年

鮮交会『朝鮮交通回顧録　別冊終戦記録編』同会，1976年

鮮交会『朝鮮交通史』同会，1986年

千藤三千造『日本海軍火薬史』日本海軍火薬史刊行会，1967年

千藤三千造編『機密兵器の全貌』原書房，1976年

続日本ソーダ工業史編纂委員会編『続日本ソーダ工業史』日本ソーダ工業会，1952年

高橋泰隆『日本植民地鉄道史論　台湾，朝鮮，満州，華北，華中鉄道の経営史的研究』関東学園大学，大田，1995年

田代三郎「青水，南山工場」『化学工業』第2巻1号，1951年

田代三郎「興南研究部のこと」「日本窒素史への証言」編集委員会編，第三集，1978年

田中四郎「終戦前後の清津と私達の引揚げ」清津脱出記編纂委員会編『清津脱出記』同会，1975年

田中宏『新編日本主要産業大系　水産篇　大洋漁業』展望社，1959年

玉井寧「静電選鉱法と興南野研時代の私」「日本窒素史への証言」編集委員会編，第二十八集，1986年

俵田翁伝記編纂委員会編『俵田明伝』宇部興産株式会社，宇部，1962年

朝鮮銀行調査部『朝鮮ニ於ケル軽金属工業』同行，京城，1944年

朝鮮事情研究会編『朝鮮の経済』東洋経済新報社，1956年

朝鮮総督府『朝鮮総督府施政年報　大正十年度』同府，京城，1922年

朝鮮総督府『朝鮮総督府施政年報　昭和二年度』同府，京城，1929年

朝鮮総督府『朝鮮総督府統計年報　昭和十五年度』同府，京城，1942年

参 考 文 献

朝鮮総督府『朝鮮総督府施政年報　昭和十六年度』同府，京城，1943年
朝鮮総督府学務局社会課『工場及鉱山に於ける労働状況調査』同府，京城，1933年
朝鮮総督府財務局「第86回帝国議会説明資料・三冊ノ内三」近藤釼一編『朝鮮近代史料　朝鮮総督府関係重要文書選集　太平洋戦下の朝鮮 (5)　終政期──生産・貯蓄・金融・輸送力・労働事情』友邦協会朝鮮史料編纂会，巖南堂書店，1964年
朝鮮総督府殖産局『朝鮮の石炭鉱業』同局，京城，1929年
朝鮮総督府殖産局『朝鮮工業の現勢』同局，京城，1936年
朝鮮総督府殖産局鉱山課編『朝鮮の有煙炭鉱業』朝鮮鉱業会，京城，1935年
朝鮮総督府殖産局鉱山課編『朝鮮の無煙炭鉱業』朝鮮鉱業会，京城，1936年
朝鮮総督府殖産局鉱山課編『朝鮮鉱区一覧　昭和十五年七月一日現在』同府，京城，1940年
朝鮮総督府専売局『朝鮮の塩業』同局，京城，1937年
朝鮮総督府専売局『朝鮮総督府専売局第拾八年報　昭和十三年度』同局，京城，1939年
朝鮮総督府農林局『朝鮮の林業』同局，京城，1940年
朝鮮電気事業史編集委員会編『朝鮮電気事業史』中央日韓協会，1981年
朝無社社友会（回顧録編集委員会）編『朝鮮無煙炭株式会社回顧録』前編，同会事務局，福山，1978年
鎮南浦会編『よみがえる鎮南浦』同会，1984年
通産省『商工政策史』第21巻，化学工業（下），商工政策史刊行会，1969年
塚本勝一『北朝鮮──軍と政治』原書房，2000年
角田吉雄「研究開発余話」「日本窒素史への証言」編集委員会編，第十一集，1980年
鄭安基「戦時植民地経済と朝鮮紡績業」（上），（下）『東アジア研究』（大阪経済法科大学アジア研究所）第32号，2001年，第33号，2002年
鄭雅英『中国朝鮮族の民族関係』現代中国研究叢書XXXVII，アジア政経学会，2000年
鄭有真（外務省国際情報局訳）「北朝鮮軍需産業の実態と運営」外務省部内資料（原文『北韓調査研究』第1巻1号，1997年）
東洋経済新報社編『朝鮮産業年報』同社，1943年
徳住宮蔵「鎮南浦製錬所概要」『朝鮮鉱業会誌』第6号，1941年
徳野真士「平安北道鉱業状況」『朝鮮各道鉱業状況』朝鮮鉱業会，京城，1930年
徳野真士「平安南道鉱業状況」『朝鮮各道鉱業状況』朝鮮鉱業会，京城，1930年
トルクノフ（Torkunov, A. V.）（下斗米伸夫・金成浩訳）『朝鮮戦争の謎と真実』草思社，2001年
内藤八十八編『鮮満産業大鑑』事業と経済社，京城，1940年
長島修『日本戦時企業論序説　日本鋼管の場合』日本経済評論社，2000年
長島修「日本帝国主義下における鉄鋼業と鉄鋼資源」（上），（下）『日本史研究』第183号，第184号，1977年
永島敬三編『南満陸軍造兵廠史』同廠同窓会，相模原，1993年

参考文献

永塚利一『久保田豊』電気情報社，1966年
中野仁「興南マグネシウム工場記」「日本窒素史への証言」編集委員会編，第十一集，1980年
中村資良編『朝鮮銀行会社組合要録』東亜経済時報社，京城，1940年（復刊，ヨガン出版社，ソウル，1986年）
中安閑一伝編纂委員会編『中安閑一伝』宇部興産株式会社，宇部，1984年
南坊平造『火薬ひとすじ』未公刊，1985年
西済『製紙つれづれ草』未公刊，1958年，（続編），未公刊，1961年
西澤勇志智『新稿 毒ガスと煙』内田老鶴圃，1941年
西東慶治「北鮮の産業と港湾其の将来性に就いて」(1)-(3)『港湾』第17巻2‐4号，1939年
二宮書店編『詳細現代地図』同社，1999年
日本銀行統計局『明治以降本邦主要経済統計』同局，1966年
日本産業火薬史編集委員会編『日本産業火薬史』日本産業火薬会，1967年
日本タール工業会編『タール工業五十年史』同会，1951年
「日本窒素史への証言」編集委員会編『日本窒素史への証言』同会，第一集－第三十集，1977-1987年，続巻第一集－第十五集，1987-1992年
日本兵器工業会『兵器製造設備能力表 昭和16，17，19年』未公刊（防衛庁防衛研究所蔵）
日本油脂工業会『油脂工業史』同会，1972年
任赫『現代朝鮮の科学者たち』彩流社，1997年
燃料懇話会編『日本海軍燃料史』上，原書房，1972年
野田経済研究所編『戦時下の我が化学工業』同所出版部，1940年
萩野敏雄『朝鮮・満州・台湾林業発達史論』林野弘済会，1965年
白峯（金日成伝翻訳委員会訳）『金日成伝 第三部 自立経済の国から十大政綱発表まで』雄山閣出版，1970年
畑晋・新美幸親「朝鮮海月面のフェルグソン石」『理化学研究所彙報』第21輯11号，1942年
畠山秀樹『住友財閥成立史の研究』同文館，1988年
原朗・山崎志郎編『軍需省関係資料 第5巻 軍需省局長会報記録』現代史料出版，1997年
平松茂雄『中国と朝鮮戦争』勁草書房，1988年
廣田鋼蔵「アンモニア合成法の成功と第一次大戦の勃発」『現代化学』1975年2月号
廣橋憲亮「本宮工場」『化学工業』第2巻1号，1951年
福島英朔「帝国燃料界の将来と朝鮮無煙炭の使命」平壌商工会議所『平壌無煙炭資料集成』平壌調査資料第19号，同所，平壌，1942年
藤井光男『戦間期日本繊維産業海外進出史の研究』ミネルヴァ書房，1987年
平壌商工会議所調査課「平壌無煙炭概観」平壌商工会議所『平壌無煙炭資料集成』平壌調査資料第19号，同所，平壌，1942年
防衛庁防衛研究所戦史室『戦史叢書24 陸軍軍需動員(1) 計画編』朝雲新聞社，

1967 年
朴橿（許東粲訳）『日本の中国侵略とアヘン』第一書房，1994 年
穂積真六郎「朝鮮茂山鉄鉱の開発と清津製鉄所建設回顧談」手稿，友邦協会，1965 年
穂積真六郎「朝鮮産業の追憶 (1)　総督府鉄鋼行政のハイポリシー」友邦協会『朝鮮の鉄鋼開発と製鉄事業　朝鮮近代産業の創成 (1)』同会，1968 年
堀和生『朝鮮工業化の史的分析』有斐閣，1995 年
前野茂『ソ連獄窓十一年』全 4 巻，講談社，1984 年
松尾茂『私が朝鮮半島でしたこと　1928-1946 年』草思社，2002 年
松木善信編『平和への遺言』北朝鮮地域同胞援護会（清津会），1995 年
松本俊郎『「満洲国」から新中国へ　鞍山鉄鋼業からみた中国東北の再編過程 1940-54』名古屋大学出版会，名古屋，2000 年
丸井遼征「金属工場」『化学工業』第 2 巻 1 号，1951 年
丸井遼征「電解工場勤務二十年」「日本窒素史への証言」編集委員会編，第十集，1980 年
満鉄経済調査会第 5 部『朝鮮阿片麻薬制度調査報告』未公刊，1932 年
三島康雄・長沢康昭・柴孝夫・藤田誠久・佐藤英達『第二次世界大戦と三菱財閥』日本経済新聞社，1987 年
溝口敏行『台湾，朝鮮の経済成長』岩波書店，1975 年
溝口敏行・梅村又次編『旧日本植民地経済統計──推計と分析』東洋経済新報社，1988 年
三井文庫編『三井事業史』本篇第 3 巻中，同文庫，1994 年
三ツ谷孝司「興南の風土と燐酸工場の建設運転」「日本窒素史への証言」編集委員会編，第七集，1979 年
宮田親平『毒ガスと科学者』文芸春秋社，1996 年
宮塚利雄・安部桂司「北朝鮮の塩事情に関する考察」『社会科学研究』（山梨学院大学社会科学研究所），第 24 号，1999 年
宮本悟「北朝鮮における建国と建軍－朝鮮人民軍の創設過程」『神戸法学雑誌』第 51 巻 2 号，2001 年
宗像英二『未知を拓く──私の技術開発史』にっかん書房，1991 年
森田四季男「製錬工場」『化学工業』第 2 巻 1 号，1951 年
森田芳夫，手書きノート，no.14，1948 年 7 月，no.16，1948 年 12 月
森田芳夫『朝鮮終戦の記録　米ソ両軍の進駐と日本人の引揚』巌南堂書店，1986 年
森田芳夫・長田かな子編『朝鮮終戦の記録　資料編』全 3 巻，巌南堂書店，1980 年
安井國雄『戦間期日本鉄鋼業と経済政策』ミネルヴァ書房，1994 年
山内三郎「麻薬と戦争──日中戦争の秘密兵器」『人物往来』1965 年 9 月号
山口定「平安北道朔州郡外南面銀谷金山（金・珪石・コルンブ石鉱床）調査報文」『朝鮮鉱床調査要報』第 13 巻 1 号，1939 年

参　考　文　献

山口不二夫「王子製紙朝鮮工場の操業管理と原価計算の展開　1935年-1943年」
　　（上）『青山国際政経論集』第60号，2003年
山本洋一『日本製原爆の真相』創造，1976年
山家信次「火薬関係学界及研究進歩」『火薬協会誌』第3号，1941年
友邦協会『朝鮮の鉄鋼開発と製鉄事業　朝鮮近代産業の創成(1)』同会，1968年
横地静夫「朝鮮窒素肥料株式会社永安工場事業概要に就いて」『燃料協会誌』第
　　148号，1935年
横溝光暉編『朝鮮年鑑　昭和二十年度』京城日報社，京城，1944年
吉岡喜一『野口遵』フジ・インターナショナル・コンサルタント出版部，1962年
吉田敬市『朝鮮水産開発史』朝水会，下関，1954年
吉田豊彦『軍需工業動員ニ関スル常識的説明』偕行社，1927年
李升基（在日本朝鮮人科学者協会翻訳委員会訳）『ある朝鮮人科学者の手記』未来
　　社，1969年
林栄成「戦時期朝鮮国鉄における輸送力増強とその『脱植民地化』的意義」『社会
　　経済史学』第68巻1号，2002年
脇英夫・大西昭夫・兼重宗和・富吉繁貴『徳山海軍燃料廠史』徳山大学綜合研究所，
　　徳山，1989年
和田春樹『朝鮮戦争全史』岩波書店，2002年
『海軍燃料沿革』第2篇煉炭事業，出版者不明，1935年
「稀元素展覧会説明書」『朝鮮鉱業会誌』第27巻2号，1944年
「希元素総覧」『朝鮮鉱業会誌』第27巻3号，1944年
「極東国際軍事裁判記録　検察側証拠書類　第82巻』未公刊，京城，在朝鮮米軍軍
　　政部本部財政局長室提出資料（東京大学社会科学研究所蔵，同所「日本近代
　　化」研究組織編）
『金日成略伝』外国文出版社，平壌，2001年
「鉱業技術研究委員会報告事項」『朝鮮鉱業会誌』第26巻7号，1943年
「昭和16年度に於ける重要なる燃料関係事項」『燃料協会誌』第21巻232号，1942
　　年
「新兵器の強化と希有元素金属」『大陸東洋経済』1943年11月15日号
『朝鮮軍概要史』未公刊，n. d.（宮田節子編『15年戦争極秘資料集』15，不二出版，
　　1989年に収録）
「朝鮮重要鉱物緊急開発調査団」『朝鮮鉱業会誌』第26巻7号，1943年
「朝鮮の亜麻と製麻業」『殖銀調査月報』第60号，1943年
「特集　興南工場」『化学工業』第2巻1号，1951年
「忘れかたみ」（小林藤右衛門の葬儀記録）未公刊，n. d.

韓国・朝鮮語文献（가나다順）
国防部戦史編纂委員会編『国防史』1，同会，ソウル，1984年
金仁鎬『太平洋戦争期朝鮮工業研究』図書出版新書苑，ソウル，1998年
大韓重石社史編纂委員会編『大韓重石七十年史』大韓重石鉱業株式会社，慶尚北道

達城郡，1989年
社会科学院歴史研究所『朝鮮全史』第24巻，科学・百科事典出版社，平壌，1981年
李大根『解放後−1950年代の経済：工業化の史的背景研究』三星経済研究所，ソウル，2002年
イ・サンジク，チェ・シルリム，イ・ソッキ（이상직，최신림，이석기）『北韓の企業』産業研究院，ソウル，1996年
李鍾奭『北韓−中国関係　1945-2000』図書出版中心，ソウル，2001年
鄭在貞『日帝侵略と韓国鉄道　1892-1945』ソウル大学校出版部，ソウル，1999年
朱益鍾「日帝下平壌のメリヤス工業にかんする研究」ソウル大学校経済学科，学位論文，1994年
チェ・チンヒョク（최진혁）「中国東北地域の革命運動発展に果した朝鮮共産主義者の役割」中国延辺大学創立50周年記念学術会議報告，1999年

中国語文献

中共中央党史資料編集委員会編『中共党史資料』第十七輯，中共党史資料出版社，北京，1986年

欧語文献

Cumings, B., *The Origins of the Korean War II, The Roaring of the Cataract 1947-1950*, Princeton University Press, Princeton, 1990

Goncharov, S. N., Lewis, J. W. and Xue, L., *Uncertain Partners: Stalin, Mao, and the Korean War*, Stanford University, Stanford, 1993

Grunden, W. E., "Hungnam and the Japanese Atomic Bomb: Recent Historiography of a Postwar Myth," *Intelligence and National Security*, Vol. 13, No. 2, 1998

Jeon, Hyun Soo, "Sotsial'ino-ekonomicheskie Preobrazovanija v Severnoj Koree v Pervye Gody posle Osvobozhdenija (1945-1948 gg.)," Ph. D. Dissertation, Moscow State University, 1997

Molony, B., *Technology and Investment-The Prewar Japanese Chemical Industry*, Council on East Asian Studies, Harvard University Press, Cambridge, Mass., 1990

National Technical Information Service, US Department of Commerce, *Development of the National Economy and Culture of the Democratic People's Republic of Korea 1946-57: Statistical Handbook*, US Joint Publications Research Service, Washington, DC, 1960

Park, Soon-won, *Colonial Industrialization and Labor in Korea-The Onoda Cement Factory*, Harvard University Asia Center, Harvard University Press, Cambridge, Mass. , 1999

Pauley, E. W., *Report on Japanese Assets in Soviet-Occupied Korea to the*

President of the US., mimeo. , 1946

Rhee, E. V., *Socialism in One Zone: Stalin's Policy in Korea*, Berg Publishers, Oxford, 1989

Timorin, A. A., "Korejskaja Narodnaja Armija v Vojne 1950-1953 gg. i posle nee (Istorija i Sovremennnost')," Kuznetsov, O. J. ed., *Vojna v Koree 1950 -1953 gg.: Vzgljad cherez 50 Let*, ROO Pervoe Marta, Moscow, 2001

Vanin, J. V., *SSSR i Koreja*, Nauka, Moscow, 1988

Weathersby, K., "Soviet Aims in Korea and the Origins of the Korean War, 1945 -1950: New Evidence from Russian Archives," Cold War International History Project, Working Paper no. 8, Woodrow Wilson International Center for Scholars, Washington, DC, 1993

Weathersby, K., "To Attack or Not to Attack? Stalin, Kim Il-sung, and the Prelude to War," *Cold War International History Project Bulletin* 5, Woodrow Wilson International Center for Scholars, Washington, DC, 1995

Weathersby, K., "Making Foreign Policy under Stalin, The Case of Korea," Paper Presented for the Conference, "Mechanisms of Power in the Soviet Union," Copenhagen, 1998

Weathersby, K., *Stalin's Last War: The Soviet Union and the Making of the Korean Conflict 1945-1953*, forthcoming

Weathersby, K., "Memoranda," n. d.

事 項 索 引
会 社 等 索 引
人 名 索 引

凡　例

- 本文，資料および注における重要事項，会社・工場・鉱山・事業所・研究所名，人名を挙げる．漢字はすべて日本語読みである（地名など当時の日本語読みが不明な場合は，音読みを基本として推定した）．
- 参考文献に挙げた著編者名・書名は採録しない．
- 注から採録した場合は，頁番号のあとにnを付す．
- 表については，5-1，5-2，5-6，(付) 1-1，同 1-3，同 1-5，7-3，7-5，8-2，9-3 の会社・工場・鉱山・事業所名のみ採録し，頁番号のあとに t を付す．

事 項 索 引

ア 行

アークカーボン　65
　——工場　65,246
アーク式電気製鋼高周波炉　169
亜鉛　12,20,36,146,171,200,227-28,230
　——・カドミウム加工設備　171
　——作業場　185
　——酸化物（設備）　171
　——製錬　36,162
　——電解設備　35-36
　電気——　146,162,200,235
秋田鉱山　122,124
秋田鉱専　122
阿吾地　11-12,43,62,115,127,159,161,175,177,208
麻　46,84-85,209
葦　67
　——パルプ　68,68n,213
亜硝酸アルコール　→アルコール
アセチレン　49,54-56,76,174,242
　——工場　53-54
アセチレンブラック　54,56,176,242-43
　——工場　53
　——設備　176,242
アセトアルデヒド　55,127n,243
アセトン　54,174,176,242
圧延機　30,168-70,188-89,233
　薄型——　25,182
　小型——　168,182-83,233
　線材——　189,233
圧延材　30,169-70
　——生産　168,189
圧延設備　24,27,95,129
圧延ローラー　170

亜砒酸　162,235
阿片　77,77n
　——取締令　77n
亜麻　84-85,162,252
　——工場　85,162
亜硫酸パルプ　→パルプ
アルカロイド　77-78
アルコール　67,88-89,100,106,162,177,247
　——飲料工場　180
　亜硝酸——　58
　エチル——　158,174,176
　メチル——　62
アルセ煉炭　→煉炭
アルミ食器　172
アルミナ　33,37,39,42,74,127,236-38
　——セメント　159
　——電解炉　39
アルミニウム　28,36-40,42,47,69,99,106,112,127,151,173,190,195,236-38
　——工場　39,42,144,161,171-72
　——製造研究命令　38
　——セメント　→セメント
　弗化——　35
鞍山　14,45
安州　10,66,155,223,228
安全装備　186
安全マッチ　→マッチ
安東　118
アンモニア　49,53,57,153n,176-77,192,241-42
　——工業　57
　——（の）合成法　51
硫黄　12,25,178
　——分　8-9,11,177
イギリス（英）　61,73,126

事項索引

遺産　　x, 137, 149-50, 165, 212-13
石綿スレート　　74
イソオクタン　　55-56, 243
イタリア（伊）　　31, 51, 68n, 125-26
　──式　　68
一港一造船所　　47
鰯油　　57, 59-60, 99
インゴット　　32, 38, 47
印刷インク　　54
インド　　215, 216n
殷栗　　25
ウィルプット式副産物回収炉　　24
薄型圧延機　　→圧延機
ウラジオストック　　147
ウラン　　215-16, 216n
　──原鉱　　215
　──233　　215-16
　──235　　216
　天然──　　216
　銅──雲母　　216
　燐灰──石　　216
ウロトロピン　　58, 177, 245
雲山　　115
雲松　　28
雲峰水力発電所　　115t
雲母　　20, 227, 229-30
永安　　12, 43, 61-62, 175, 177
映写機　　183, 267
液体塩素　　→塩素
エチレン　　54
エチルアルコール　　→アルコール
エルー式
　──弧光型電気炉　　→電気炉
　──製鋼炉　　188
　──電気製鋼炉　　169, 188
　──電気炉　　→電気炉
塩安　　53, 241-42
塩化カリ　　40
塩化石灰　　→石灰
塩化石灰設備　　→石灰
塩化バリウム　　21, 228
塩化マグネシウム　　→マグネシウム
エンゲル式精米機　　87

塩酸　　41, 53, 177, 237, 242
　──設備　　177
　──モルヒネ　　→モルヒネ
塩素　　53, 176-77, 237, 241
　──設備　　176
　液体──　　53, 91, 242, 254
塩素酸カリウム　　177
塩素酸ナトリウム　　59
塩田　　40, 42, 90-91, 159, 236, 253
遠北　　52
オイルタンク　　144
黄色（爆）薬　　→爆薬
鴨緑江　　30, 41, 49, 56, 65-67, 71, 89,
　　100, 113-14, 118, 121, 126, 137, 265
黄燐マッチ　　→マッチ
大型起重機　　191
大型電動機　　183
大倉財閥　　42
大阪帝大　　122, 124, 158, 160
オーストリア　　101
オンドル　　7, 67

カ　行

カーナリット　　40
ガーネット　　36
カーバイド　　8, 34, 49, 51, 53-56, 63,
　　65, 71, 99, 126, 146, 161-62, 176, 202,
　　213n, 234, 242-43
　──・カリウム　　177
　──・シアナミド工場　　176
　──設備　　176, 242
　──・炭化水素化合物工場　　176
　──炉　　54, 56, 159, 161, 243
　粉──　　53
カーリット工場　　58, 244
海軍　　6, 46, 55-56, 58-59, 61-62, 69,
　　85, 99, 143, 217
　──軍縮　　24
　──航空本部　　79
　──警備艇　　209
海州　　32, 34, 37, 44-45, 47, 58, 72, 75,
　　83, 172, 175, 177, 179, 182, 183t, 209

事項索引　　　　　　　　　　　　　　　　　　　　295

──機関区　44
──港　120t, 121
价川　9, 14, 18, 25, 40, 226, 229
回転窯　70-72
会寧　10-11, 67, 92, 223, 226, 229
開発成果　211
開放型電気炉　→電気炉
海綿鉄　→鉄
開瀝　25
──炭　27, 32-33
過塩素酸アンモン　58
過塩素酸ナトリウム　59
化学機械工場　173
化学研究所　213n
化学工場　43, 53, 61, 142, 175-77, 191, 208
化学コンビナート　95, 129, 175, 213
カザレー式アンモニア合成塔　53, 241
カザレー塔　175-76
カザレー法　51
過酸化水素　55-56, 56n, 143
貨車　19, 44, 53, 133, 228, 232, 240
加水分解アルコール工場　→アルコール
ガス液　61
カステンベシッカー機　71
ガス発生装置　177
下聖　14, 25
苛性アルカリ溶解設備　176
苛性ソーダ　37, 51n
活性炭　77, 79
褐炭　5, 10-11, 62, 119, 167
褐簾石　65, 230
稼動率　55, 186-87, 194, 210
カドミウム　162, 171, 235
金沢高工　124
過熱冷却装置　172-73, 182
カネラリヤ　68
華北産　39, 64
釜石　14
紙　67, 179, 181
　　──・ビスコース工場　181
　　製──　65, 67-68
　　製──機　181-82, 194

火薬　49, 51, 51n, 57 - 59, 60n, 61 - 62, 79, 99, 207-09
　　──委員会　57
　　黒色──工場　57, 244
　　無煙──　58
　　綿──工場　58, 243
　　SU──　58
　　TNT──　209
ガラス　79
　　──工場　179, 182, 209
　　──食器　176
　　有機──　54
樺太　25, 66, 162
加里長石　96
カリ肥料　→肥料
過燐酸石灰　241,
　　──設備　177
過燐酸肥料　→肥料
瓦　178
咸鏡線　19, 44, 117t, 125
咸鏡北道　10-13, 49, 62, 71, 75, 85, 138
還元鉄　→鉄
咸興　10, 45, 84, 87, 93, 207
韓国　ix-x, 126, 196, 207, 264
　　──軍　212
　　──統監府　6
艦艇　24, 210
乾電池　53, 131, 176
艦砲射撃　143
官吏　122
官僚　17, 148
顔料　87
生糸　67, 82-83, 164, 252
機械化　10, 58, 81, 167, 184, 186
飢餓輸出　→輸出
機関車　8, 44, 133, 143, 228, 231 - 32, 240, 247, 253
機関銃　→銃
企業城下町　29
基金献納運動　210
希（土）元素　12-13
義州水力発電所　115t
技術　viii, x, 6, 8, 14, 20, 23, 25, 27, 30 -

　　　　34, 37-39, 41, 49, 53-56, 58-59, 62, 67
　　　　-68, 70, 73, 79, 84, 89, 95, 101, 105-
　　　　07, 106n, 114, 118, 120, 125, 127, 134,
　　　　152, 154-55, 158-61, 164, 167, 173,
　　　　176-79, 181-84, 190, 194, 199, 213,
　　　　216, 257-58, 260-61, 265
　　　――援助　257-58, 260-61, 273
　　　――援助協定　258
　　　――水準　167, 173, 183
　　　――専門学校　160-61, 185
　　　――プロジェクト　257-58
　技術者　ix, 31, 49, 55, 57, 61-62, 64,
　　　　68, 77, 89, 95, 105-06, 114, 122, 124-
　　　　25, 128, 151-55, 161, 171-72, 174-75,
　　　　178-79, 184, 186, 194, 207, 209, 213,
　　　　266
　　　――精神　107, 165
　　　　朝鮮人――　68, 152, 181-82
　　　　日本人――（技能者）　105, 107,
　　　　123, 126, 150-55, 160-61, 165, 194,
　　　　211
希硝酸設備　→硝酸
北朝鮮
　　　――共産党　→共産党
　　　――工業技術総連盟日本人部　155
　　　――人民委員会　→人民委員会
　　　――中央銀行　212n
　　　――臨時人民委員会　→人民委員会
吉州　10, 28, 39, 66-67, 74, 96, 181,
　　　　183t, 223, 227, 229-31
議定書　199
絹織機　→織機
揮発油　62-63, 245
客車　133, 240
九州帝大　122, 124, 159
九龍里　36
岐陽　41, 177
業億　28
共産党　141
　　　――員　138-39, 141
　　　――軍　208-10
　　　　北朝鮮――　159
　　　　中国――　208-09

京図線　118, 120
京都帝大　63, 122, 124, 159, 215
巨晶花崗岩　216
虚川江　113-15, 126
　　　――水力発電所　115t
魚雷　197
　　　　特攻――　56n
桐生高工　122, 124
キルン　33, 71-72, 193
　　　　ユナックス――　72
　　　　レポール――　71, 126, 248
　　　　ロータリー――　31, 33, 74, 248-51
金　12, 15, 21, 36-37, 95, 141, 146, 172,
　　　　197, 199-200, 221, 226, 228, 231, 235-
　　　　36
　　　――塊　199
銀　12, 15, 21, 36-37, 95, 146-47, 172,
　　　　200, 221, 226, 228, 231, 235-36
金化　21, 28, 52, 77, 227-28
金山整備令　14
金属圧縮機　173-74
金属工場　7, 17, 43, 170, 183t, 189
金属切削機　173-74
金属船　174, 182, 191
金千代　88
金日成政権　viii, 150, 205, 210-11
金日成綜合大学　160
銀龍　14, 25
空気分解塔　175
空軍機　196-97
空襲　101, 149
苦汁　38-41, 237, 254
　　　　生――　40, 91, 236-37
九谷　75
靴　94, 181
掘削機　213
靴下　83-84
熊本高工　124, 160
グリコール工場　33, 54
グリセリン　57-59, 61, 99, 106, 106n,
　　　　127, 174, 213n, 244-45
グリッド　181
クリンカー　71-73, 236

事 項 索 引

クルップーレン式　170
クレオソート　63
クロード　176, 241-42
────塔　176-77
クロールキシン消毒液　76
軍靴　209
軍艦　39
軍事委員会　262-63, 273
軍事工業　ix, 12, 99, 112, 211
軍事顧問団　196
軍事動員　212
軍需　27, 47, 77n, 85, 96
────会社法　28
────工場　79, 82, 100, 100n, 209
────省　41, 65, 80
────品生産　209
恵音島　28
京義線　116, 117t, 118
軽金属　35, 37-38, 63-64, 96, 99, 108
京元線　116, 117t, 118
恵山線　116, 117t
芸術団　268
京城　20, 27, 32, 41, 59, 67, 69, 73-74, 76, 78, 80, 85, 115-16, 118, 129-32, 134, 141, 148, 229
────高工　124
────帝国大学　12, 127
蛍石　12, 17, 28, 36, 40, 96, 127, 226-27, 229-31
────スパー　146
珪石　12-13, 28
────煉瓦　→煉瓦
警備隊　139, 210
刑務所　107, 138
　平壌────　46
軽油　63, 245
鯨油　59
ゲージ　118
毛織物　83
ケシ　77, 77n
決死隊　144
原価低下　184
建国工場委員会　139

建材工業　151, 166, 178-79, 185, 187, 193
元山　5, 33, 36, 44, 47, 53, 63, 70, 79, 79n, 87, 90, 101, 116, 119-21, 137, 142, 145, 148n, 162, 174
────北港　5, 8, 120t, 121
────港　9, 120, 120t
────造船所　209
兼二浦　14, 18, 23-25, 27-29, 40, 44, 59, 62, 95, 168, 183t
建設労働者　259
原燃料　→燃料
原爆製造　215-17
憲兵隊　143
研磨材　79
研磨盤　232, 265
原油　63, 162, 195, 245
原料　5, 6, 8-10, 13, 16, 18, 21, 23-25, 27, 28, 30-33, 36-41, 49, 51-52, 54-69, 71-75, 79-82, 84-85, 89-90, 94, 99, 108, 127, 129, 132, 148, 162, 164, 171-73, 177-78, 181, 190-91, 190n, 194-95, 208, 216, 230, 237
江界　12, 20, 22, 30-31, 37, 42, 92-93, 114, 227-29, 258-59
紅海　90
鋼塊　25, 30, 108n, 171, 232-34
黄海線　117t
光学兵器　79, 131, 209
江華島　28
硬化油　57, 60-61, 244-45
交換部品　178, 181, 186
工業生産総額　107, 185
合金鉄　→鉄
工具鋼　28, 146
工芸作物　181
高原炭　34
工作機械　43-45, 47, 100, 129-30, 132-33, 144, 174, 191, 233, 238, 240-41, 263, 265, 267, 269
鉱山（用）機械　23, 45, 47, 99, 129, 131, 133-34, 173-74, 240
鋼材　24, 28, 45, 99, 108n, 232-33

江西　30, 41, 75, 182, 228
合成ゴム　49, 56, 243
高周波電撃法　27
工手養成所　128
合成繊維　49, 61
降仙　29-30, 169, 183, 183t, 188
交通省　264
江東　8, 11
興南　33, 36, 38, 43, 49, 52, 55-56, 58-59, 65, 96, 101, 115, 125, 127, 143n, 144, 148n, 152, 160-61, 172-73, 175-76, 183t, 185, 191, 200, 208, 216-17, 238
──技術員養成所　160
──港　52, 120-21, 120t, 144, 147, 148n
──工業学校　158
──工業技術専門学校　160
──工業大学　158, 160
合板　62, 245
──船　54
鉱夫　6, 8, 151, 167, 221
工兵　208
──器材　134
──部隊　100, 134
神戸高工　124
坑木　93, 100
コウリャン　266
コークス　5, 28, 56, 61, 63, 168, 170-71, 182, 195, 264
──炭　5, 10, 25-27, 33, 108, 190, 195, 257
──炉　24, 185, 187, 189, 231-32, 241
　半成──　62, 245
　ピッチ──　41, 63-64
コールタール　61, 63, 208
コーンオイル　180
小型圧延機　→圧延機
小型熔鉱炉　→熔鉱炉
黒鉛　12, 17-18, 37, 40, 63, 96, 200, 229-31, 236
──塊　146

──精鉱　146
──炭素　65, 246
──電極　41, 170, 237
　人造──　63-65, 246
　天然──　64-65, 246
　土状──　64-65, 229
　燐状──　37, 228-31
国策会社　15, 19
国産兵器　206
黒砂　20, 203, 215, 227
──精鉱　202
黒色火薬工場　→火薬
黒色染料　177
国民党　208, 208n
黒嶺　8
ゴスバンク　212n
国家液体燃料政策　61
国家計画委員会　263-64
国家試験射撃行事　207
粉カーバイド　→カーバイド
コバルト　12, 28
──製錬設備　37
胡麻油　89
小麦粉　88, 253
ゴム靴　94
ゴム被覆電線　183
米　86-88, 199-200, 266
　精──　9n, 86-87, 199
古茂山　71, 162, 179
コルハート煉瓦　→煉瓦
コロンブ石　16, 36, 96, 216, 229
コンクリート　173, 249, 259-61
──工事　259-61
琿春図們橋　118
混紡　68, 84-85

サ　行

財政原則　184
西頭水水力発電所　115t
サイドカー　196
載寧　18, 22, 25, 227, 231
債務　199

事項索引　　　　　　　　　　　　　　　299

　　――償還条件　200
佐賀関　35
崎戸　25
酢酸　126n, 158, 174, 176,
　　――繊維　→繊維
炸薬　59, 127, 208, 208n
柘榴石　215-16
雑穀　88
殺虫剤　79n
サハリン　162
晒粉　53, 91, 242, 254
酸化アルミニウム　→アルミニウム
酸化マグネシウム　→マグネシウム
産業報国隊　101
産金奨励政策　21
酸素　57, 175-77, 242
　　――ガス　177
　　――工場　75, 175, 177
三峰橋　118
シアナミド・カリウム設備　176
シアン化カルシウム　175
塩　40, 90-91, 253, 254
　　製――　90-91
　　精製――　90
　　粗製――　91
　　天日――　91
自給自足　31, 90, 132
自給度　108
軸受鋼　28, 99
市場原理　112
自走砲　196
磁鉄鉱　→鉄
自転車　183
指導幹部　184, 261
自動車　7, 183, 197, 256, 259, 261, 266
　　――修理工場　173-74
自動短銃　→銃
地主　148
シベリア　138n, 148n, 161
　　――鉄道　125, 190n
　　　東――　190n
社外工　101
遮湖港　19

車軸　170, 240
写真機　183
借款　197
シャモット　73-74
沙里院　11, 66, 83, 180
車両　70, 125, 130-31, 133, 196
　　――不足　154
　　――部品　33
ジャワ　78
上海　8
銃　130, 207, 208n
　　機関――　207-08
　　自動短――　207
重火器　197
朱乙　75, 85
重工業省　258, 260-61
重晶石　12, 21, 226, 228
秋水　55
重石　12, 15, 35
銃砲火薬類取締令　57
重油　63, 245
熟眠剤　77
熟練工　132, 153
熟練労働者　94, 175, 178-79, 184, 194,
　　266
樹脂　66
　　人造――設備　177
　　石炭酸――　62
　　尿素――接着剤　54
受信機　131
シュパーギン式自動小銃　260, 265
　　――製造工場　260-61
手榴弾　207
　　対戦車――　207, 211, 258, 263-64
潤滑油　63, 245
順川　54, 76n, 93, 175-76, 192
硝安　49, 58
　　――工場　57
蒸気ハンマー　169, 188, 232-33
商業省　263
焼結炉　162, 235
勝湖里　59, 70, 95, 178
　　――窯業技術学校　159, 161

300　　　　　　　　　　　　　事　項　索　引

松根油　68
硝酸　49,57,244
　——アンモニウム　49
　——アンモニア設備　176,243
　——バリウム　21,228
　希——設備　176
　濃——　176,244
抄紙機　66,246,247
小銃　130,199,203,260
城津　27,29,34,37,64,73,96,115,
　137,168,170,183,187-88
　——港　18,66,120t
焼成窯　70,77
消石灰　41,71
小藤石　79,96
昭徳　28
消毒薬　77,209
消費単位規準　178
醤油　89,253
襄陽　14,28,33,228
上陸用舟艇　197
蒸留酒　180
昭和十八年度鉄鋼特別増産陸軍対策要綱
　32
食塩　53,59,86,90-91
　——電解工業　57
　——電解工場　176
　——の水銀法電気分解　53
触媒　51–52,55,62,79–80,127,176,
　243
植物油工場　180
植民地工業化　vii-ix,95,112
　——論　vii,ix
食用油　89
食糧　8,31,146,148,151,154,262
食料品工業　81,86,108
織機　82-84,180-82,193,252
　絹——　83,182
　綿——　182,252
ジルコン　12
陣営号　159
新義州　7,22,36,40,45,61,67,80,82,
　85,87,89,91–94,96,100,116,118,

　137,145,175,177,180-81,266
　——港　121
新京　118
真空管　131
人絹　51,65,68-69,164,193
　——製造技術　67,152
　——パルプ　→パルプ
　——パルプ工場　→パルプ
仁川　60,85,93,130-31,211-12
新倉　8
人造黒鉛　→黒鉛
人造樹脂設備　→樹脂
人造石油　10,12,61
　——振興計画要綱　61
人造繊維工場　→繊維
人造燃料工場　→燃料
人造蜜　180
親日（的）朝鮮人　140,148
新浦　90
人民委員会　138-41,155,158,161,262
　——委員長　154,158,262
　北朝鮮——　196,205n,207,255
　北朝鮮臨時——　154,159
　ソウル市臨時——　262-63
　臨時——　140,165,196,262
人民義勇軍　212
人民軍　128,145,197,206,210,212,
　262,264n,265
　——人　207
　——将校　207-08
人民政治委員会　139-40
水加ヒドラジン　→ヒドラジン
水銀　12,58,126n,178
　——整流器　42,144,237-38,242
　——法電解　90
水酸化アルミニウム　→アルミニウム
スイス　78,126
水性ガス　61-62
水素　51,54,127,175-77,241
垂直フライス盤　→フライス盤
水平フライス盤　→フライス盤
水豊　42,71,114-15,265
　——水力発電所　115t,258

事項索引　　　　　　　　　　301

──ダム　42,56,92,100,114,126,
　213
水利工事　155
水力資源　31,49
スウェーデン　127
スーチャン　190n
スコポラミン　78
錫　12
ステパン・ラージン号　147
ストロンチウム　21
スフ　68-69,85,247,252
ズングン　25
製塩　→塩
制御装置　183
生気嶺　10,28,75
成興　15
──鉱山工業技術専門学校　161
製材業　91
生産管理　178
生産物原価　184
製紙　→紙
制式爆薬　→爆薬
清酒　88-89
清松　28
清津　14,28,31-32,44,47,57,60,69,
　74,76,85,90,94,96,115,118-20,
　137,142-44,170,174-75,177,181,
　189-90,205-06,206n
　──機関車庫　143
　──港　26,120,120r,255
　──西港　120,206
青水　43,56,92,99,118,142,175-76,
　208,213n
精製塩　→塩
生石灰　71
清川江　91,215
西鮮工業地帯　96
製銑電撃炉　188,233
製銑炉　32
静電気法　216
精紡機　85,180,252
精米　→米
精米工業　86

青龍　28
製錬炉　168
　予備──　24,30,188,231
　ゼーダベルグ式　39,242-43
赤衛隊　140-41
石炭　5,10,25,32,41,49,53,61,69,
　71,95-96,106,153n,162,167,179,
　182,205,272
　──化学　49,213
　──酸　208
　──酸樹脂　→樹脂
　──燃焼設備　177
石油精製工場　162
石灰　13,22,178,242
　──窯　53,242
　──石　13,25,28,49,53-54,56,70-
　72,96,226,231,242
　──窒素　→窒素
　──焙焼炉　176
　塩化──　40
　塩化──設備　176
設計図　126,212
石鹸　57,59-60,76,162,175,210,244-
　45
　洗濯──　202
設備搬出　145
瀬戸　75
セプトン液　76
セメント　8,33,51,70-73,96,101,
　126,161,166,178-79,185,193,195,
　200,202,259,261
　──工場　32,47,72,159,178-79,
　193
　アルミニウム──　178
セリウム　21,215-16
弗化──　65
繊維
　──工場　83,180-81
　──工業　51,81,108,164
　酢酸──　68
　人造──工場　181
銑鋼一貫工場　26
銑鋼一貫生産体制　24

潜航艇　129
線材　169
　——圧延機　→圧延機
戦車　197,203,206,210
　T-34型——　196
尖晶石　215
染色工場　84
潜水艦基地　205
前川（郡）　94,259,269
戦争経済　112,211
全ソ輸出入公団技術輸出局　212n,258
仙台高工　122,124,160
洗濯石鹼　→石鹼
銑鉄　→鉄
戦闘機　55,197,206
　YAK（ヤク—）-9型——　196
川内里（工場）　174,179,191
専売制　77n
旋盤　43,232,237,240,263,265
鮮満一如　132
戦利品　146-48
　——委員会　263
染料　21,61,209
　——加工工場　257
倉庫　146,149,182,255
造船所　47,129,173-74,191,209
送電　14,52,115,211,228
総督府　→朝鮮総督府
ソウル　212,262-64
　——市臨時人民委員会　→人民委員会
ソーダ　49
　——工業　37
　——石灰法　37,53,58,76,90-91,146,158,177,191,202,237-38,241-42,254
　——灰　41,176,242
　　——作業場　185
粗合金　172
祖国解放戦争　207
粗製塩　→塩
ソ朝合弁株式会社　255
粗銅　→銅
ソ連　vii,ix-x,11,137,140,144,148,148n,153n,162,166-68,186-97,199-200,202-03,205-06,208-10,212n,213n,215,255-58,260-61,265
　——軍　viii,137-46,138n,145n,148-52,151n,162,166,196,206,206n,211
　　——将校　151,192n
　　——司令部　137,140,146,150,152-53,155,161
　　——民政部　138
　——国民　148
　——国立銀行　212n
　——人アドバイザー　207
　——製　206
　　——兵器　196
　——政府　199,257,258
　——船　190n
　——占領軍　viii,165
　——対外貿易省　199,206,255
　——第25軍　137,162
　——地質省　258
　——の専門家　167-68,182-84,258-60,266
　——領事　148

タ　行

タール工場　63
タール製品　61
大安里　30
第1次大戦　24,35,66,78
代価　196-97,199-200,205-06,210
耐火材工場　168,170,187
耐火材料　73,176
耐火煉瓦　→煉瓦
大韓帝国　vii
大豆加工　53
大豆粕　60,89,253
大豆油　57,60,89,99,253
　満洲——　59
体制の相違　211
対戦車手榴弾　→手榴弾
対ソ輸出　200,210,212

事項索引

大東　28
大東亜共栄圏　13
大同江　5,23,25,29,31,35,46,78-79,90,114-15,215
ダイナマイト　14,58,60,99,127,143,244
　――工場　58,244
　不凍――　54
対日理事会　161
大麻　68,84-85,252
　――ロープ　86
代用資源　106-07,213
台湾　78
高島　25,28
多獅島　42,100,115,
　――港　100,120t,121
脱色剤　77
炭化カルシウム　49
炭化水素化合物工場　175-76
弾丸　23,46,96,100,207-08
　――鋼　30-31
　――製造　46,208
タングステン　12,12n,15-16,18,21,28,96,107,162,226,229,231,235
弾性ゴム　176
端川　12,14,19,28,39,55,74,85,226-27,229-30
　――港　74,120t
炭素電極　65,146,236-37
炭素棒　65,216,246
タンタルニオブ　12
　――精鉱　146
弾薬　207,211,258,263-64
　――生産　263-64
　――筒　265
チオエーテル　174
地下　46,101,212,259,265-67
　――工場　41,46,260
　――兵器工場　x,212n,258,265
蓄電池　132
地質　167,185
　――調査隊　257-58
チタン鉄鉱　→鉄

地中海　90
窒化鉛　58,127,244
窒化炉　176,242
窒素　49,51,54,133n,176-77,242
　――工場　53
　――炉　54,242
　石灰――　49,53-54,65,175,192,241-42
中興　25
中国　vii,25,28,60,73,91,113,206,210,212-13
　――共産党軍　→共産党
鋳造機械工場　173-74
長項製錬所　21
長春　118
長津江　113-14,126
　――水力発電所　14,115t
潮汐発電　115
チョウセンアサガオ　78
朝鮮軍　26,28,46,77,132
朝鮮軽金属製造事業令　38
朝鮮工業協会　122
朝鮮重要鉱物緊急開発調査団　13
朝鮮人技術者　→技術者
朝鮮人民軍　→人民軍
朝鮮人労働者　128,145,167
朝鮮戦争　vii-x,197,212,213n,216,257,265
　――論　vii-viii
朝鮮総督府　6,7,11-13,16-18,19-21,24,26,28,33,36,38-43,46,49,57-58,66,68-69,71,77n,79-81,85,89-90,92-93,105,108,113,115-16,121-22,125,127,131-32,221
　――営林署　92
　――殖産局長　66
　――殖産局山林課員　66
　――専売局　77n,89,107
　――鉄道局　10-11,14,44,80,100,107,125,130,133
　――令　15,19
　――令大麻需給調整規則　85
朝鮮煙草専売令　89

事項索引

朝鮮民主主義人民共和国　196, 199, 257, 262
朝鮮臨時建国委員会　139
朝・ソ経済文化協定　197, 199, 212n
徴発　146, 151
朝陽　9, 28
直接還元法　38
青島　41
鎮南浦　34-35, 40-42, 47, 64, 79, 83, 85, 87, 91, 96, 100, 115, 119, 148n, 170
　——港　5, 9, 32, 116, 119, 120t, 145
通信機器　197
つるはし　167
抵抗器　131
定州　83, 227
低周波電気製鉄　32
低周波電撃炉　27
低燐銑　25
　——炉　25, 231
鉄　12, 95, 158, 168, 197, 233, 238
　——合金工場　168, 170
　——合金炉　170, 189, 233
　——鉱石　14, 18, 26, 28, 31-33, 96, 168, 223, 226, 228, 231
　——鉱石直接還元工場　170, 189
　——製品　171
　海綿——　34
　還元——　30, 70, 189
　合金——　30-31, 200, 233
　磁——鉱　13, 215, 228, 231
　銑——　24-25, 27, 32-34, 45, 72, 108n, 161, 168, 170-71, 195, 200, 232, 234-35
　チタン——鉱　36, 215-16
　バンド——　171
　硫化——（鉱）　19, 36, 52, 55, 68-69, 72, 178, 224-26, 228, 257
鉄原　82-83, 216, 229-30
鉄鉱石　→鉄
鉄鋼船　47, 130, 159
鉄山郡　202-03, 216
鉄道局　→朝鮮総督府鉄道局
鉄道網　119

テフノエクスポルト　212n, 258
電解槽　41-42, 171-72, 175-76, 182, 191, 237, 241-42
電解ソーダ　53
　——設備　41
電解ニッケル　→ニッケル
添加剤　79
電気亜鉛　→亜鉛
電気石　96, 215
電気化学工業　49, 64
電気還元炉　32
電気機械工場　182
電気機関車　157, 231
電気起重機　174
電気銅　→銅
電気鉛　→鉛
電気冶金工場　168-69, 187
電気冶金炉　169, 188
電球　131, 267
電気熔鉱炉　→熔鉱炉
電気揚水機　91
電極　28, 41, 61, 63-64, 96, 99, 166, 168, 170, 176, 237-38, 246
　——工場　168, 170, 187, 237, 246
電気炉　27, 29, 30-33, 39, 43, 53, 130, 146, 175-77, 233-36, 240-42, 251
　開放型——　188, 233
　エルー式——　31, 129, 133, 233-35
　エルー式弧光型——　29, 188, 233
甜菜　78
電信電話局　142
電池照明灯　167
電動機　65, 131, 232, 251, 254, 257
天然ウラン　→ウラン
天然黒鉛　→黒鉛
天日塩　→塩
澱粉　87, 106, 106n, 164, 180, 202, 253
　——・糖コンビナート　180
トウモロコシ——　213n
デンマーク　71
転炉　162, 235
　ベッセマー——　169, 188
電炉　33-34, 139, 242, 244

事項索引　　　　　　　　　　　　　　　　305

電話機　131
電話局　142
電話線　142
ドイツ（独）　10, 19, 24, 31, 34, 51, 56, 61-62, 67, 71-73, 87, 89, 99n, 101, 125-26, 148, 148n, 206
　——軍　55
　——産　52
　ナチス——　68n
銅　12, 15, 25, 36-37, 95, 172, 227, 230-31, 235-36
　粗——　35, 146, 162, 171-73, 235
　電気——　172
動員体制　211
銅ウラン雲母　→ウラン
東海北部線　117t
導火線　59, 208n, 244
　——工場　58, 244
東京工業試験所　37
東京高工　124
東京工大　122, 124-25, 158
東京帝大　17, 49, 62, 68, 124-27, 158-59
東京農大　122
東京薬学校　77n
東南アジア　52, 127
東北帝大　122
トウモロコシ　67, 79, 87-88, 253, 266
　——栽培　213n
　——食　213n
　——澱粉　→澱粉
　——粥　266
塔路　25
毒ガス吸収剤　77
徳島高工　124
特殊鋼　23, 25, 27, 30, 45, 63, 99, 99n, 148, 178, 208
徳山　6, 61-62
禿魯江水力発電所　115t
土状黒鉛　→黒鉛
土地改革　184
特攻魚雷　→魚雷
徒弟講習所　160

トマトサーディン　90, 90n
豆満江（図們江）　113-14, 118
トラクター　183
トリウム　215-16, 216n
トリエステ　68n

ナ　行

内燃機関　47
内務省　ix, 126, 210, 221, 228
長岡高工　122, 160
流れ作業　132
名古屋高工　124
ナチスドイツ　→ドイツ
ナフタリン　63
鉛　12, 20, 36, 96, 132, 146-47, 172, 200, 208, 226-28, 230, 235-36, 265
　——原鉱　162
　——工場　172
　——酸化物　172, 176
　——室式硫酸設備　→硫酸
　——製錬　36-37, 184, 235
　——能力　184
　——炉　162
　——砒酸塩　172
　電気——　172
南渓　28
南山　43
南浦　170-71, 174-75, 177, 179-80, 182, 183t, 185, 209, 258
南陽　28
　——図們橋　118
西平壌操車場　→平壌
日米戦争　vii, 13, 38, 87, 95-96
日露戦争　vii, 77n, 116
ニッケル　12, 16, 172-73, 208, 229, 235, 243
　——電解工場　36
　電解——　172, 190, 208
日清戦争　81, 86
日窒式連続製造炉　53
日中戦争　38, 69, 73-74, 76, 83, 85
ニトリル弾性ゴム設備　176

日本軍（陸軍）　77n, 137, 140, 142,
　　144, 151n, 208n
日本人技術者（技能者）　→技術者
日本人資産　148
日本大　122, 124, 158
日本帝国　vii, ix, 18, 28, 49, 53, 67, 71,
　　82, 106, 108, 112, 133, 138, 195, 207,
　　210-11, 213, 213n, 215
尿素　54
　——石膏　54
　——樹脂接着剤　→樹脂
二硫化炭素　68-69, 247
糠油　89
布　85, 181, 252
　綿——　164-65, 193
粘結剤　67-68
粘結炭　5
燃焼炉　176, 246
燃料　6-8, 36, 49, 54-55, 61-62, 69, 72,
　　79, 89, 99 - 100, 106n, 108, 124, 146,
　　159, 162, 168, 171, 175, 215, 243, 271
　原——　33, 171, 182, 200, 250
　人造——工場　175, 177
　輸入——　182
濃硝酸　→硝酸
ノズル　143
ノルマ　267

ハ　行

ハーバー・ボッシュ法　51
灰岩　62
排水坑　186
配電盤　131, 143
バイヤー法　37
破壊薬　208
白岩　28
白川　78
爆撃機　197
　IL（イリューシン）-10型——
　　196
迫撃砲　130, 197, 207
　82ミリ——　265

爆弾　23, 46, 100, 130
白茂線　117t
爆薬　14, 21, 49, 58 - 59, 63, 208, 209n,
　　213n
　黄色——　208
　制式——　59
　八八式——　59
　K 2——　58
　K 3——　58
爆雷　58-59
艀船　48
八八艦隊計画　24
八八式爆薬　→爆薬
発煙硫酸　→硫酸
白金　12, 143
　——グリッド　178
　——電極板　143
バッセー（製鉄）法　8, 33
発電能力　115-16, 211
発破研究所　57
浜松高工　122, 124, 160
パルプ　65-66, 164, 179, 181, 246-47
　——・厚紙コンビナート　181
　——・製紙工場　181
　——廃液　67, 106
　亜硫酸——　66
　グラウンド・——　66
　人絹——　31, 66-67, 247
　人絹——工場　66
ハンスギルグ法　38
半成コークス　→コークス
礬土頁岩　37, 39, 40, 42-43, 106, 112
バンド鉄　→鉄
販売価格　184
東アジア　213
東シベリア　→シベリア
東ヨーロッパ　148-49
引揚げ　126-27, 161, 211
ピクリン酸　208
被甲　208
飛行機　23, 39, 207, 210
ビスコース　68, 193
ビスマス　172

事項索引　307

ピッチ　40,63,119
　──コークス　→コークス
非鉄金属工場　171-72,182,183t,184
ヒドラジン　56,58
　──工場　55
　水加──　55
非粘結炭　5
火の玉運動　26
秘密協定　197,205
氷晶石　236
肥料　45,49,51-53,138,200
　カリ──　52
　過燐酸──　19,54
美林　46
広島高工　124,159
フィリピン　37
フェノール　208
フェルグソン石　216
フェロクロム　169,171
フェロシリコン　28,58,170,200
フェロジルコン　34
フェロタングステン　28,35,146,169,189
フェロバナジウム　28,171
不均衡　171,181,190,263
福井高工　124
複線化　118
釜山　7,68n,76,83,86,118,129,133
撫順（炭）　25,66,119
赴戦江　49,52,95,113
　──水力発電所　115t
浮選剤　182
ブタノール　54-55,242-43
仏印炭　53
普通鋼　45,208
弗化アルミニウム　→アルミニウム
弗化セリウム　→セリウム
仏領インドシナ　8
不凍ダイナマイト　→ダイナマイト
葡萄糖　87,180
富寧　14,34,170,229
　──水力発電所　34,115t
浮遊選鉱設備　15,36

フライス盤　232,263
　垂直──　263
　水平──　263
ブラジル　215
プラスチック　49,177,182
プラチナグリッド　176
フランス（仏）　6,76,126
フルフラール　76,79n,251
プレス　65,174,233,242,245-46,251
　──機　43,169,188
分塊ロール機　183
粉炭　5-6
文登　28
文坪　36,43,172,183,183t
　──港　9
ベアリング　132
平安南道人民政治委員会　137,139-40
兵器　viii,43,99,129-30,134,196-97,199-200,205-07,209-12,258,265
　──供与　197,199,205
　──庫　142
　──工業　23,99,207
　──工場　28,46,211-12,258,265,267,273
　──修理所　207
　──生産　207-08
　──製造設備　197
　──用鋼　99,211
米軍　ix,46,101,137,149,166,202,207,211-12
平元線　5,9,100,117t
米国（米）　vii,14,24,38,58,61,87,106,114,126-27,137,144,213,258
閉鎖冶金サイクル式　168
平壌　5-7,9,18,30,32,39-41,44-47,55-56,68,70,78,81,83-84,86-89,94-96,100,115-16,118,120t,127,137-38,140,153,174-75,177,180-81,207,258,262-63,265-67
　──火力発電所　145
　──刑務所　→刑務所
　──炭田　7-8,13
　──変電所　→変電所

――無煙炭　→無煙炭
西――操車場　44
平南日報　267
平炉　24-25,34,95,142,168,182,188,231
ベークライト　62
ヘキソーゲン　58,127
ペグマタイト　216
ベッセマー転炉　→転炉
ベニヤ板　68,92
ベリリウム　21,146
――精鉱　146
ベルギウス法　61
変圧器　131,143,236-38,241,243,245-46,257
ベンゾール　63,232
変電器　144
変電所　115,131,142-43,232-33,237-38
平壌――　115
ボイラー　10,41,55,176,237-38
――施設　260
防衛産業省　258
硼砂　79,100,131
――工場　209
鳳山　10,59,72,162,223,227,231
紡織機　→織機
紡績機　83,181-82
砲弾　207
防腐剤　80
飽和器　175,191,241
ボーキサイト　37,43,106
ボール盤　232,263
ボール・ベアリング　158,183
北鮮工業地帯　96
北倉　54
北中　42,172
保山港　5,228
補償　114,148
北海道帝大　122,124,158
ポット式人絹紡出法　68
ホルマリン　62,177,242,245
本宮　43,53,65,73,93,101,115,158,175-76,191-92,200,208,238
ホンゲイ炭　53,56

マ　行

マーガリン　89
マグネサイト　12,15,38-39,41,73-74,96,178,227,230
――鉱　12,28,39
――煉瓦　→煉瓦
マグネシア　41,73
軽焼――　40,236,250
マグネシア・クリンカー　38,73,236,250
硬焼――　74
軽焼――　74,250
マグネシウム　99,101,190-91,195,236-38
塩化――　38,238
酸化――　38
無水塩化――　38,238
枕木　80,93,100,118
マセック煉炭　→煉炭
マッチ
安全――　93
黄燐――　93
馬洞　59,72,179
豆炭　8
麻薬　209
マンガン　25
満洲(国)　vii,8,11,14,26,30,37-38,40,43,45,56,60,67,72,74,77n,78,86-88,91,100,108,108n,112,114-15,118-20,137,145n,148n,149,149n,172,195,206,208,213
――経済　108
――事変　vii,85
――大豆油　→大豆油
満浦　92-93,118
――線　100,116,117t
味噌　89,253
三井　42,46,61,96,99
密山　26

事項索引　　309

三菱　　14,24,47,49,87,95-96,99,125
水俣病　　126n
南朝鮮　　ix-x,9,12n,16,18,21,28,39,
　　44,58,60,76,81,85,107,114-15,
　　119,122,129,151,161,172,195,211,
　　227,229-30,247,249-50,252
明礬石　　37,39,127
民需　　47,84,100,211
　　――工場　　100,100n,209
民主青年（同盟）　　266-67
民主朝鮮　　267
無煙火薬　　→火薬
無煙炭　　5-9,13,18,23,27-28,31,33-
　　34,40,53,55-56,63-65,70-72,95,
　　100,106,162,167-68,182,234
　　――製鉄　　23
　　平壌――　　5-6,48,79,119
無電台　　143
明治専門　　122,124
明川　　10,28,223
メタノール　　62,99,177,242,245
メチルアルコール　　→アルコール
メッサーシュミット　　55
メリヤス　　83-84,184
綿織物　　180
　　――工場　　180
綿火薬工場　　→火薬
棉作　　81,83,164
綿織機　　→織機
明太　　90
綿布　　→布
綿リンター　　58
モーター　　144
木材　　7,80,89,93-94,100,106,174,
　　264
　　――加工機　　173
　　――糖化法　　89
木造船　　47,174,240-41
木炭　　8,58,93
　　――車　　213
木片　　177
茂尻　　25
モナザイト　　ix,12,20-21,202-03,
　　205,215-16,216n,272
　　――原鉱　　16,203,215
モナズ重砂　　216
モナズ石　　96,202
モリブデン　　12n,16,96,107
モルヒネ　　77n
　　塩酸――　　77n

ヤ　行

ヤールー川　　113
焼玉エンジン　　47
冶金工場　　168,171,187
薬品工業　　75
やし油　　59
安田　　22
屋根用鉄板　　172,235
山神社　　141
山梨高工　　122
有煙炭　　5,8,10-11,28,72,162
雄基　　90,96,118-19,137,205,255
　　――港　　120,120t
有機硝子　　→ガラス
有機物工場　　175,177
遊仙　　11,28
誘導炉　　29
油脂　　49,57,79
　　――工業　　57
　　――設備　　175
輸出　　ix,16,67,86,88,100,168,171-
　　72,200,202,
　　――可能性　　178
　　――実績　　200,202
　　――割合　　200,202
　　飢餓――　　210
ユナックスキルン　　→キルン
輸入　　8,21,28,52,55,72,78-79,90-
　　91,94,106,112,168,171,173,178,
　　181,195,200
　　輸入燃料　　→燃料
ユングマン練習機　　47
熔鉱炉　　24,26,31,33,35-36,73,127,
　　142,145,158,161,168,170,182-83,

310　　　　　　　　　事 項 索 引

　　　　187,189,231-32,234-36,240
　小型──　9,23,25,27,33-34,151,
　　168,170,188-89,231-32
　電気──　170,173,182,189
養蚕　81
洋紙　66,94,246-47
熔接機　238
容量　14,25,34,75,168-70,182,187,
　　189,231-33,243-44,249
横浜高工　122
米沢高工　122
予備製錬炉　→製錬炉

ラ 行

雷管　58,60,208n,244
　──工場　58,244
楽元　40,82
　──機械工場　213
落葉松　66,118
羅興　34,170
ラジオ　183,267
　──放送局　142,258
羅津　96,118,120,137,205,255
　──港　120,120t,206,255
　──使用にかんする協定　206n
落花生油　89
羅南　77n
陸海軍　30,59,78,99
陸軍　30,32,36,40,42,46,75,77n,
　　100n,129,215-16
　──航空支廠　89,100
　──航空本部　47
　──省財務局　32
　──所有地　24
　──兵器行政本部　130
　──兵器工場　212
リグニン　40
利原　14,19,28,33-34,226-27
理研コンツェルン　27,39
リチウム鉱　96
略奪　146,148
硫安　49,52-53,58-59,63,126,161,

　　202,232,241
　──作業場　185
　──製造技術　152,158
　──法　37
硫化ソーダ　68,247
　──工場　69
硫化鉄鉱　→鉄
龍岩浦　36,172
龍興　101,115
硫酸　18,33,41,49,51-53,55,68-69,
　　132,164,208,232,241-42,247
　──アンモニウム　49
　──カリ　52
　──工場　35,63,68-69,126
　──バリウム　21,80,251
　鉛室式──設備　175
　発煙──　176
龍山　40,116,130,132-34
流筏　92
硫燐安　52,241
　──設備　175,241
糧穀　210
緑柱石　12,230
旅順工大　122,124,159
燐　25,215
燐灰ウラン石　→ウラン
燐灰石　20,55
燐鉱石　12,52,55,227
燐酸設備　175
臨時工　101
臨時軍用鉄道監部　44,116,133
臨時人民委員会　→人民委員会
燐状黒鉛　→黒鉛
累進的出来高払い賃金制度　184
累進的割増賃金制度　184
累進賃金制　184
ルーブル　200,212n
ルッペー　31
ルビー　175
ルルギ式乾溜炉　62
レーヨン　69
瀝青炭　5,8,10,119
レポールキルン　→キルン

煉瓦　25,73
　珪石――　75,170
　コルハート――　74
　耐火――　28,70,73,75,99,131,166,251
　耐火――工場　32,34,75,187,232
　マグネサイト――　170
連京線　118
連合国総司令部　161
レン（製鉄）法　8,31
煉炭　6-8,53,56,67,82,95,119,140,164,243,247
　――凝固剤　68
　アルセ――　159
　マセック――　69
蓮頭坪ダム　114
レン炉　31,189,234
ロウソク　162,244-45
労働移動　186
労働者問題　167
労働新聞　159,267
労働生産性　167,184,187,194
労働党　266-68
労働力不足　186

ロータリーキルン　→キルン
ロートエキス　78
ロープ　85-86,252
ローラー　168-70
呂号乙薬　55

ワ　行

若山　28

B29　55,137
IL（イリューシン）-10型爆撃機　→爆撃機
K2爆薬　→爆薬
K3爆薬　→爆薬
M精鉱　ix,200,202-03,205,208,215,272
SU火薬　→火薬
T-34型戦車　→戦車
TNT　257
　――火薬　→火薬
V2ロケット　55
YAK（ヤクー）-9型戦闘機　→戦闘機

会社・工場・鉱山・事業所・研究所名索引

ア　行

阿川組　117
阿吾地鉱業所　222
浅野カーリット　59
浅野セメント　59, 72, 74, 229, 231
　　──佐伯工場　72
　　──清津スレート工場　74
浅野同族会社　59
旭化成　127
旭硝子　21, 54, 74
朝日軽金属　8, 41, 103t, 156t, 158, 194
　　──岐陽工場　41, 44, 101, 191, 237
旭電化工業　19, 41
　　──尾久工場　41
安治川亜鉛　115
麻生鉱産　11
尼崎製鋼所　127
尼崎製鉄（所）　25, 32, 127
荒井組　9n, 117
安岳鉱業所　230
鞍山製鉄所　14
安州炭鉱　10, 141, 156t, 223
安突鉱山　16
石川島造船　118
市村鉱業　228
乾汽船　228
乾鉱業　228
岩村鉱業　12
殷興里鉱山　225
院坪鉱山　229
植村製薬　78
　　──白川工場　78
宇部興産朝鮮鉱業所　18
宇部セメント　18, 72, 121
宇部窒素工業　18
ウルフ社　88

雲山鉱山　15, 140, 159, 223
雲龍鉱山　228
永安鉱業所（鉱山）　223
永柔鉱山　19
遠北鉱山　15, 52, 141, 224
王子製紙　60n, 65n, 65‐67, 68n, 104t, 145, 156t, 164t, 247
　　──新義州工場　65, 193, 246, 270
　　──苫小牧工場　66
　　──豊原工場　67
王子造林　65n
鴨緑江水力発電（鴨緑江水電）　71, 104t, 126, 193
　　──勝湖里クリンカー工場　71, 249
　　──水豊洞セメント工場　71, 249
鴨緑江パルプ工場　156t
鴨緑江木材　92
鴨緑江林産　92
　　──新義州製材所　92
大倉土木　117
大阪鉄工所　72
大阪窯業セメント　72
大林組　58, 92
大原鉱業　228
大宮鉱山　157t
沖電気　131
　　──永登浦工場　131
屋井乾電池京城工場　132
小野田（セメント）　53, 70‐72, 95, 101, 104t, 126, 128, 157t, 159, 163t
　　──川内工場　44, 53, 70‐71, 193, 248, 270
　　──平壌工場　70, 139, 150, 156t, 193, 247, 270
御宮（おんのみや）鉱山　224

会社・工場・鉱山・事業所・研究所名索引　　　　　　　313

カ　行

海軍火薬廠　127
海軍燃料廠　9,107
　　　――鉱業部　7
　　　――平壌鉱業部　6
海軍煉炭製造所　6
カイザー・ウィルヘルム研究所　51n
海州セメント工場　163t,270
海州鉄工所　47
价川鉄山（鉱山）　16,18,202t
佳銀鉱山　228
鶴崗炭鉱　26
鶴南鉱山　230
鹿島組　117
下聖鉄山（鉱山）　14,18,202t,223
片倉組　81
片倉工業　81-82,157t,163t,164t
　　　――咸興製糸工場　81,251,270
片倉製糸紡績　81-82
鐘淵海水利用工業朝鮮工場　91,105t,254
鐘淵工業　9,32,47,91,93,102t,104t,105t,145,156t,157t,163t,164t,228
　　　――朱乙亜麻工場　85,252
　　　――新義州葦人絹パルプ工場　67,193,247,270
　　　――鎮南浦煉炭工場　9
　　　――鉄原製糸工場　82,252
　　　――東馬鉱業所　68,228
　　　――平壌人絹・スフ工場　68,247
　　　――平壌製鉄所　31,75,141,234
　　　――平壌煉炭工場　9
　　　――満浦合板工場　93
鐘淵実業　15,31-32,34
鐘淵西鮮重工業海州造船所　47,103t,191,240
鐘淵朝鮮水産　90
鐘淵紡績（鐘紡）　31-32,67-68,68n,81-2,85,90,96,129
　　　――平壌技術研究所　68
　　　――武藤理化学研究所　67

華北窒素肥料工業　127
神島化学平壌工場　68
臥龍鉱山　19,226
　　　――北鉱山　222
川崎重工　20
咸鏡北道石炭管理局　159
咸興鉱山　225
咸興合同木材　93
　　　――咸興製材所　93
　　　――長津江製材所　93
　　　――本宮製材所　93
咸興製糸工場　157t,163t,164t,270
咸興炭鉱　11
咸興鉄工所　157t
咸興鉄道局　157t
関東機械製作永登浦工場　134
関東電化工業　41
　　　――渋川工場　41
丸山鉱山　26
完豊鉱山　227
菊根鉱山　216
箕州鉱山　15,35,140,224
義州鉱山　226
北朝鮮臨時人民委員会
　　　――化学工業管理局　156t
　　　――交通局　156t
　　　――産業局　154,159
　　　――石炭管理局　156t,159
　　　――逓信局　156t
　　　――電気総局　156t
　　　――保健局　156t
北村硫黄合剤工場　156t
吉州鉱業所　223
吉州パルプ工場　158,164t
吉州パルプ綜合工場　270
吉良鉱山　224
吉林人造石油　127
亀鳳鉱山　224
弓心炭鉱　11,223
久宝鉱山　231
業億鉱山　229
岐陽化学工場　156t,158,183t,194
協同油脂　60-61,99

極東石綿鉱業　75
　──海州スレート工場　75
金崋（化）鉱山　15,201t,224
金策製鉄連合企業所　269
金鐘泰電気機関車総合工場　269
銀精鉱山　226
銀峰鉛山（鉱山）　20,227
銀谷鉱山　98t,201t,216,225
銀龍鉱山　223
クームヒン　80
　──新義州工場　80
久原鉱業　14,35
栗本鉄工所　45,240
クルップ社　31,72,189
呉海軍工廠　25,62
訓戎炭鉱　10-11
郡是工業　82,84,164t
　──新義州製糸工場　82,251
恵山鉱業　69,228
桂生鉱山　224
京城電気会社金剛山電鉄　117t
京城土木　117
京城紡織　129
鶏林炭鉱　11
希有金属精錬研究所　20
元山北港　5,8,117t,120t,121
元山造船（所）　202t,209,269
兼二浦鉱山　223
兼二浦製鉄所　→日本製鉄兼二浦製鉄所
元灘炭鉱　222
検徳鉱山　201t,224
興亜産鉱　228
江界鉱山　227
江界水力電気　30
黄海製鉄所　157t,158,161,190n,201t
黄海製鉄連合企業所　190n,269
江界電気総局　156t
工業技術院　127
高原鉱業所　9
高原鉱山　226
江商　84
厚昌鉱業　228
高城鉱業所　227

厚昌鉱山　228
高祥鉱山　225
興津（こうしん）鉱山　226
合水鉱業所　39
降仙製鋼　201t
　──連合企業所　269
広長鉱山　225
江東炭鉱　8,222
合同油脂　60
興南火薬　201t,202t
興南製錬　201t
興南（地区）人民工場　157t,158,161
興南肥料（連合企業所）　201t,270
神戸製鋼　19,40,52,62,127
光洋鋼機　132
光洋精工　132
　──富平工場　132
古乾原炭鉱　10,11
小倉陸軍造兵廠　32
黒嶺炭鉱　8,222
五徳鉱山　228
寿重工業　228
寿鉄山　228
小林鉱業　15,17-18,79,130,226
古茂山セメント工場　270
金剛山特種鉱山　228

サ　行

斎藤酒造　88
　──平壌工場　88,253
斎藤精米鎮南浦工場　86
載寧鉱山　223
栄工作所　45
三一製薬　156t
三共メリヤス工場　84
三神炭鉱　141,151
三成金山（鉱山）　17,226
三成鉱業　156t,157t,226
　──龍岩浦製錬所　35-36,145,190,235
三和鉱山　225
ジーメンス社　10,114

会社・工場・鉱山・事業所・研究所名索引

塩野義製薬　76
慈城鉱山　225
品川白煉瓦　19,28,73
芝浦製作所　52,114n,131
　――鶴見工場　114n
柴田組　117
柴田鉱業　40,229
慈母城鉱山　224
清水組　114
下川鉱業所　9
下川製作所龍山工場　134
笏洞鉱山　231
沙里院炭鉱　10,141,223
沙里院紡織（工場）　162,163t,164,
　164t,209
沙里院農事試験場　157t
従南鉱山　228
朱乙鉱業所　223
順安鉱業　229
順川石灰窒素肥料工場・順川ビナロン連
　合企業所　192t,270
勝栄鉱山　227
将峴鉱山　229
昭興鉱業　229
勝湖里セメント工場　159,163t,270
昌城金山　10
城津工業　157t
城津製鋼（所）　158,200,201t
城津製鋼連合企業所　269
昌道鉱山　21,157t,225,228
昭陽鉱業　229
襄陽鉱業所　228
承良鉱業所　222
昭和精工　132
　――永登浦工場　132
昭和製鋼所　31,45,149n
昭和電工　39,42,65,99,229
　――平壌工場　65,246
昭和飛行機工業　46
城山農業　8
信越化学工業　40-41
新延鉱業　157t
新延鉱山　226

新延鉄工所　45
新義州化学繊維連合企業所　270
新義州柞蚕　82
新義州製材合同　88,92
新義州製糸（工場）　164,164t
新義州製紙工場　164t
新義州繊維工業　82
新義州選鉱場　225
新義州鉄工所　45
新義州紡織工場　156t,163t,270
新義州パルプ工場　270
新興鉄道　117t
仁川陸軍造兵廠　28,32,46,130,132
　――第1製造所　130
新倉炭鉱　8,156t,222
新村鉱山　227
新豊里鉱山　20
遂安鉱山　224
水豊発電所　142-43,157t,159
菅原電気　229
鈴木商店　16,20,68n
スミス社　71
住友機械製作所　69
住友金属工業　33,37
住友鉱業　17,36-37,43,102t,145-46,
　151,226
　――朝鮮鉱業所元山製錬所　36,43,
　151,138,190,235,269
住友合資　17,93
　――咸興製材工場　93
　――順川製材工場　93
住友本社　15
青鶴鉱山　202t,230
青岩鉱山　14,223
成興鉱山　162,224
清松鉱山　229
正昌ゴム工業　94
清津化学繊維工場　270
清津金属工場　257
清津製鋼所　269
清津製鉄所　→日本製鉄清津製鉄所
清津造船（鉄工所）　48,202t
清津鉄道工場　269

清津紡織　164t
青水化学（工場）　159, 192t, 201t, 270
西鮮化学　42
成川鉱山　226
西鮮合同電気　91, 156t, 159
西鮮重工業　47
西鮮製紙海州工場　67, 247
西鮮中央鉄道　8, 117t
西倉鉱山　227
西北製紙工場　156t
正路社　156t
銭高組　117
仙岩鉱山（鉱業所）　65, 203, 216, 225
戦時金融公庫　42
宣川鉱山　202t, 226
宣川選鉱場　225
川内里セメント工場　161, 163t, 201t, 270
千里馬製鋼連合企業所　269
宣龍鉱山　224
双龍鉱山　98t, 230
楚豊鉱山　227
蘇民鉱山　226
ソ連軍標識灯台管理所　157t
ソ連陸軍病院薬局　156t

タ 行

大安重機械連合企業所　269
第五海軍燃料廠　6-7, 68, 95, 140, 145, 151, 221
　　──平壌鉱業所　6
大正製薬　77n
大成無煙炭鉱　11
大蔵鉱山　225
大東靴下工場　84
大東鉱業　9, 34, 156t
大同鉱山　14
大同酒造　164t
　　──平壌工場　253
大同醸造　164t
大同製鋼　30, 64
大日本塩業　40-41, 91, 105t, 159
　　──清川塩田　91, 253
大日本人造肥料　54
大日本製糖　78, 100, 193
大日本紡績　11, 67-69, 96, 100, 104t, 157t, 164t, 223, 228
　　──清津化学工場　68-69, 143, 193, 247, 270
　　──清津人絹工場　11
大日本燐鉱　19-20
大宝炭鉱　141, 151, 222
大楡洞鉱山　15, 224
大洋漁業　90
太陽産業　20, 40
太陽レーヨン　69n
　　──咸興工場　69
大陸科学院　125
大陸重工業釜山工場　134
台湾製糖　83
多獅島鉄道　45, 117t
田村鉱業　229
端川鉱山　18, 52, 223, 226
端豊鉱山　19
端豊鉄道　117t
丹緑鉱山　201t, 216
秩父鉱山　36
秩父セメント　72
中外鉱業　20, 35, 37, 227
　　──海州製錬所　37, 190, 227, 236
中外製作所　45, 191, 240
中台里鉱山　157t
長城鉱山　225
長津江水電　126
朝鮮浅野カーリット　59, 104t
　　──仁川工場　59n
　　──鳳山工場　59, 59n, 244
朝鮮浅野セメント　72, 104t, 163t
　　──鳳山工場　72, 139, 193, 244, 250, 270
朝鮮アスベスト　229
朝鮮編織　84
　　──平壌工場　84
朝鮮鰯油肥製造業水産組合聯合会　60
朝鮮雲母開発販売　20, 227

会社・工場・鉱山・事業所・研究所名索引　　317

朝鮮塩化工業　91
　──鎮南浦工場　91,155
朝鮮鴨緑江水力発電　→鴨緑江水力発電
朝鮮小野田（セメント）　70-71,104t,126
　──古茂山工場　71,193,249,270
朝鮮化学工業　54
朝鮮化学工場　156t
朝鮮化学順川工場　139
朝鮮化工機龍山工場　134
朝鮮活性白土工業　79
　──元山工場　79,251
朝鮮火薬　45,58,104t,209
　──海州工場　58,140,191,244
朝鮮機械製作所　129,211
　──仁川工場　129
朝鮮協同油脂　60
朝鮮銀行　15
朝鮮軽金属　8,64,99,102t,156t
　──鎮南浦工場　39,139,236
朝鮮京東鉄道　17
朝鮮研磨材料　79
　──鎮南浦工場　79,251
朝鮮鉱業開発　16,36,122
朝鮮鉱業振興　14-16,20,28,224
朝鮮合同炭鉱　11
朝鮮合同木材　93
朝鮮コバルト鉱業　229
朝鮮鑿岩機製作所京城工場　133
朝鮮山皮鉱開発　229
朝鮮品川煉瓦　74
　──端川工場　59,187,250
朝鮮車両機械工作　132
朝鮮重化学工業　40-41
朝鮮重機工業　130
　──永登浦工場　130
朝鮮重工業　129
　──釜山造船所　129
朝鮮商工　45,103t,158
　──鎮南浦工場　45,48,191,240
　──鎮南浦工場造船部　48,191,209,270
　──平壌工場　45,240

朝鮮殖産銀行　15,21,27,47,129,231
朝鮮神鋼金属　40,100,102t,145,156t
　──新義州工場　40,237,269
朝鮮人造石油　62,99,103t,117t,126-27,157t,222
　──阿吾地工場　61-62,127,143,245,270
　──永安工場　61-62,127,143,143n,245
朝鮮水電　113,126
朝鮮水力電気　62
朝鮮住友軽金属　43,103t,145,157t
　──元山工場　43,93,139,146,238
朝鮮住友製鋼　33,102t,
　──海州工場　32,234
朝鮮精機工業富川工場　133
朝鮮製鋼　85
　──清津工場　85,252
朝鮮製鋼　156t
朝鮮製鋼所仁川工場　133
朝鮮製紙　65
朝鮮製鉄　30,102t,145
　──平壌製鉄所　23,30,64,187,190,233,269
朝鮮製糖　78
朝鮮製粉　87
　──海州工場　87,253
　──鎮南浦工場　87,253
朝鮮精米　86
　──海州工場　86
　──鎮南浦工場　86,89,193
朝鮮製薬工場　157t
朝鮮製錬　21,227
　──長項製錬所　21
朝鮮石炭工業　62
朝鮮石油　63,79,79n,99,104t,162
　──元山製油所　63,245
朝鮮セメント　8,32-33,47,72,121,163t
　──海州工場　72,193,249,270
　──海州鉄工所　47
朝鮮セメント平壌工場　156t
朝鮮造船工業　47,103t,157t

会社・工場・鉱山・事業所・研究所名索引

──元山造船所　47,191,209,241,269
朝鮮造船工場　157t
朝鮮造船鉄工所　48
──清津造船所　48,191
朝鮮送電　126
朝鮮総督府営林署　92
──新義州製材所　92
──仲岸製材所　92
朝鮮総督府専売局　89
──咸興工場　89
──平壌工場　89
朝鮮総督府鉄道局工場　11,44,103t,130,145
──海州工場　44
──京城工場　133
──元山工場　44,145,240,269
──清津工場　44,240,269
──釜山工場　133
──平壌工場　44,240,269
朝鮮総督府燃料選鉱研究所　37,127
朝鮮耐火煉瓦　75
朝鮮大同製鋼京城工場　134
朝鮮窒素（肥料）　12,16,33,36-39,52-53,63,71,90,93,120,122,126-127
朝鮮窒素火薬　54,57-59,99,103t,122,126,208
──興南工場　57,243
朝鮮中央電気製作所　132
朝鮮鋳造京城工場　134
朝鮮電気興業　7,18
朝鮮電気製錬釜山工場　134
朝鮮電気冶金　28,34,102t
──富寧工場　34,187,234,269
朝鮮電業　6,92,126
朝鮮電極　156t
朝鮮電工　40,42,99,103t
──鎮南浦工場　42,60,65,99,144,187,238
朝鮮電線京城工場　134
朝鮮東海電極　64,104t,145,156t
──鎮南浦工場　64,187,246
朝鮮東京芝浦電気仁川工場　131

──仁川万石工場　131
──富平工場　131
朝鮮特殊化学　79
──平壌工場　78,193
朝鮮ナショナル電球　131
朝鮮日産化学　55,145
──鎮南浦工場　20,54,191,242
朝鮮バリウム工業　80
──清津工場　80,251
朝鮮富士瓦斯紡績　82,156t,163t
──新義州工場　82,270
朝鮮藤沢薬品　77
──金化工場　77
朝鮮平安鉄道　117t
朝鮮兵器製造所　46
朝鮮報国鉱業　229
朝鮮紡織　83
──繰綿工場　83
朝鮮マグネサイト開発　15,19,26,41,74,117t,227
朝鮮松下乾電池　131
朝鮮松下電器永登浦工場　131
朝鮮松下無線　131
朝鮮燐寸　91,93-94
──新義州工場　93,254
──前川工場　93,254
朝鮮無煙炭　6-9,11,19,95,99-100,121,159
朝鮮無水酒精　40,89,100,145
──新義州工場　89,191
朝鮮メリヤス工業　84
朝鮮メリヤス合名　83
朝鮮メリヤス平壌工場　83,252
朝鮮有煙炭　10-11
朝鮮郵船　47,129
朝鮮油脂　60,80,211
──清津工場　60,143,245
朝鮮理研金属　40,42,145
朝鮮燐灰石開発組合　19
朝鮮林業開発　65n
朝鮮燐鉱　19,99,227
朝鮮燐状黒鉛　37,229
──城津工場　37,236

会社・工場・鉱山・事業所・研究所名索引　　　　319

朝鮮煉炭　　　7,19
朝鮮渡辺鋳工　　23n
朝ソ海運　　206
朝窒水産工業　　90
朝無社　→朝鮮無煙炭
朝陽鉱業　　9,156t
鶴見製作所　　71
帝国圧縮瓦斯　　76
　──順川工場　　76n
　──平壌工場　　76,191
帝国興産　　230
帝国酸素　　76
帝国人造絹糸（人絹）　　68
帝国製麻　　69n,85
帝国繊維　　69n,85,105t
　──亜麻工場　　85,252
帝国マグネサイト　　74,230
　──吉州工場　　74,230
鉄原製糸（工場）　163t,164,164t,201t
鉄山鉱山　　201t,202
電気製鋼所　　64
東亜煙草会社　　89
東亜窯業　　75
　──朱乙陶器工場　　75
東一鉱山　　227
東海工業　　21
東海電極製造　　64
東京工業試験所　　37
東京芝浦電気　　19-20,114,114n
東京電気　　114n
東京砲兵工廠　　46,96
東興靴下工場　　84
東拓　→東洋拓殖
東拓鉱業　　7,11,18,226
東邦鉱業　　20,37,227
東邦炭鉱　　12
東馬鉱業所　→鐘淵工業
東棉繊維工業　　85,105t,145,156t,163t
　──新義州工場　　85,193,252
　──鎮南浦工場　　85,193,252
同友物産社　　94
東洋アルミニウム　　42
東洋雲母鉱業　　230

東洋金属　　40
東洋軽金属　　42,47,64,99
東洋商工　　45
　──新義州工場　　45,191,240
東洋製糸　　81,83,96,99,105t,145,
　　　　　　157t,163t,164t,209
　──沙里院工場　　83,193,252,270
　──平壌工場　　83,193,252,270
東洋製錬所　　140,156t,161
東洋拓殖（東拓）　　11,18-19,30,34,
　　　　　47,63,83-84,89,129
東洋電線京城工場　　134
東洋紡　　129,229
東洋棉花　　85
東洋棉花工場　　156t
東洋油脂化学工場　　157t
徳山炭鉱　　8,222
徳川炭鉱　　8,156t
徳本鉄工所　　157t
徳山海軍燃料廠　　6,55,61-62
禿魯江発電所　　157t
飛島組　　114

　　　　ナ　行

中川鉱業　　21,227
南渓鉱山　　201t,230
南川鉱山　　15,227
南浦化学工業管理局　　156t
南浦製錬（綜合企業所）　　201t,269
南浦造船（所）　　158,209
南浦造船所連合企業所　　270
南満造兵廠　　62
南洋アルミニウム　　42
南陽塩田　　159
南陽水利組合　　156t
西松組　　113-14,117
日建鉱山　　225
日産化学　　54-55,54n,60n,80
日産農林工業　　94
日窒公司新義州工場　　61,193
日清製粉　　87,131
日清紡績　　132

日電興業　230
日曹朝鮮鉱業　21
日窒　→日本窒素
日窒鉱業開発　15-16, 36, 102t, 157t, 203, 216, 225
　　——興南製錬所　35-36, 190, 216, 235
日窒ゴム工業　56, 126
　　——南山工場　56, 243
日窒塩野義製薬　76
　　——本宮工場　76, 251
日窒燃料工業　55, 99, 103t, 126, 142, 156t, 157t, 159
　　——青水工場　56, 243, 270
　　——龍興工場　55, 127, 143, 243
日窒マグネシウム　28, 38-39, 102t, 236
日鉄鉱業　13, 15, 18, 226
日本板硝子　80
日本カーボン　28, 63, 64
日本カーリット　59
日本化学工業　54
日本化成　41, 54
日本火薬　20, 58, 60n
日本橋梁　118
日本金属　17
日本金属化学　20, 227
日本軽金属　41
日本希有金属　230
日本原子力研究所　128
日本原鉄　32, 102t
　　——清津工場　32, 190, 234
日本鋼管　32, 33, 102t, 145, 234
日本鉱業　8, 13-15, 35, 52, 54n, 60n, 96, 102t, 156t, 159, 223
　　——鎮南浦製錬所　35-36, 95, 140, 145, 150, 190, 235, 269
　　——日立製錬所　35
日本鉱産　21, 227
日本高周波（重工業）　9, 15, 27-28, 32, 47, 64, 73, 99, 99n, 102t, 124, 157t, 158, 208, 228-29
　　——城津工場　23, 27, 99, 101, 132,
143-44, 150, 155, 187-90, 232, 269
日本コーンプロダクツ　87
日本黒鉛鉱業　230
日本穀産工業　79, 87, 96, 105t, 145, 164t
　　——平壌工場　87, 96, 193, 252, 270
日本産業（日産）　60
日本産金振興　16
日本車輛製造　133
　　——仁川工場　133
日本水産　90
日本製鋼所　18
日本精工　20
　　——京城工場　134
日本製鉄　13-14, 18-19, 24-26, 62, 102t, 128-29, 133, 157t, 189, 208, 213
　　——兼二浦製鉄所　23-24, 44-45, 62, 75, 122, 124, 139, 145, 158, 161, 187, 190n, 231, 269
　　——清津製鉄所　13, 23, 26, 44, 62-63, 75, 121, 138, 144, 158, 161, 187, 189-90, 231-32, 269
日本製粉　88
　　——沙里院工場　88, 193, 253
　　——鎮南浦工場　88, 193, 253
日本石油　63
日本曹達　21, 42
日本耐火材料　28, 73
　　——本宮工場　73, 141, 187, 250
日本炭素工業　28, 64, 104t, 187
　　——城津工場　64, 246
日本窒素（日窒）　12, 43, 49, 53, 76, 79n, 89, 99, 101, 103t, 106n, 125-29, 128n, 133, 156t, 222
　　——鏡工場　126
　　——九龍里製錬所　36, 235
　　——興南カーボン工場　65, 216, 246
　　——興南工作工場　107, 191, 238, 269
　　——興南製鉄所　33, 72, 234, 250
　　——興南（肥料）工場　8, 18, 20, 33, 36, 39, 43, 52-53, 71, 73, 101, 106, 127, 138, 144, 150, 155, 160, 208-209,

会社・工場・鉱山・事業所・研究所名索引　　321

　　　　241, 270
　　——興南油脂工場　　59, 89, 244, 253
　　——電気技術部　　216
　　——本宮工場　　53-55, 58, 207, 241,
　　　　270
　　——延岡工場　　52-53, 126-27
　　——水俣工場　　52, 55, 127
日本窒素火薬　　57, 60n, 127
日本ヂルコニウム　　20
日本電気　　37
日本電気冶金　　34, 230
日本電球　　131
日本特殊窯業　　230
日本農産化工　　79, 157t
　　——義州工場　　79, 251
日本ベンベルグ絹糸　　127
日本マグネサイト化学工業　　19, 34,
　　　73, 104t, 124, 230
　　——城津工場　　34, 73, 187, 235, 250
日本マグネシウム金属　　38-39, 122
日本無煙炭製鉄　　34, 145
　　——海州製鉄所　　34
　　——鎮南浦製鉄所　　34
日本油脂　　60, 60n
日本炉材製造清津工場　　26
寧越炭鉱　　9
能美漁業　　60
野口研究所　　106n, 127
野崎鉱業　　37

　　　　ハ　行

バーデシュ社（BASF社）　　51, 51n
萩原商店　　67
白石鉱山　　225
間組　　114, 117-18, 143, 157t
長谷川石灰　　22, 72
発銀鉱山　　141
林兼商店　　90
原商事　　230
東朝鮮鉱業　　230
東満洲鉄道　　117t
彦島製錬所　　17

日立製作所　　20, 52, 62, 65, 79, 131-32
　　——仁川工場　　79, 131
被服製造組合　　84
百年鉱山　　18, 226
百年山タングステン鉱山　　227
百花染色工場　　84
美栗鉱山　　227
弘中重工（弘中商会，弘中商工）　　130
　　——京城工場　　130
　　——富平工場　　130
広畑製鉄所　　14
ビンゼン研究所　　125
富士瓦斯紡績　　82-83
伏木板紙　　79
伏木鉱山　　224
藤沢薬品　　77
藤田組　　16, 52, 228
藤田鉱業　　16
富士炭鉱　　11
富士電機　　20, 52
不二農場　　42
物開鉱山　　17, 226
釜洞鉱山　　225
富寧合金鉄連合企業所　　269
富寧水力発電所　　34
ブライトニット社　　19
古河電気　　41
文川鉱山　　225
文川炭鉱　　222
文川鋼鉄工場・ベアリング工場　　269
文登鉱業　　230
文登鉱山　　230
文坪製錬（所）　　201t, 269
文礼鉱山　　227
平安鉱山　　229
平壌化学工場　　164t
平壌火力発電所　　145n
平壌穀産（工場）　　202t, 270
平壌製糸工場　　163t, 164t, 270
平壌兵器製造所　　46, 96, 100-01, 103t,
　　　107, 207, 212, 269
平壌兵器補給廠　　46
平壌燐寸平壌工場　　93-94, 254

平北重工業　145,191
　——新義州工場　45
平北造船　156t
平北鉄道　117t
平北労働新聞　159
宝光鉱業　231
鳳山炭鉱　10
寶而鉱山　79
鳳泉無煙炭鉱　9,64
芳林鉱山　226
北青鉱山　231
北青鉄山　231
北鮮合同木材　67,93
　——会寧製材所　92-93
北鮮産業　60
　——清津工場　60,193
北鮮酸素工業　76
　——清津工場　76,191
北鮮製鋼所　44,103t,157t,191
　——文川工場　44,191,240,269
北鮮製紙化学工業　65-66,104t,157t,158,164t
　——吉州工場　66,144,193,247,270
北鮮製薬　77n
北鮮製油　60
北鮮拓殖鉄道　14,26
北鮮炭鉱　11
北鮮薬品　77n
北鮮硫炭　69
北中機械連合企業所　269
北斗鉱山（鉱業所）　39,225
北陸組　9n
北陸土木　117
北海道製鉄　18
ポリジウス社　71
本宮化学（工場）　183t,192t,201t,202t,208
本渓湖製鉄所　14

マ　行

マックス・プランク研究所　51n
松下電器　131

松本組　114
馬洞鉱業　231
満洲鴨緑江水力発電　→鴨緑江水力発電
満洲重工業　30
満洲製粉　88
満洲特殊鋼　30
マンカヤン鉱山　37
満鉄　→南満洲鉄道
　——中央試験所　27
三池紡績　83
三上鉱業　231
三木合資　117
三井軽金属　42,103t,156t
　——楊市工場　42,64,190,238,269
三井鉱山　15-16,18,36,42,46-47,103t
　——朝鮮飛行機製作所　46-47,145,191,240
三井造船　71,89
三井物産　45,60,63,83,88
　——造船部　52
三井油脂　60
　——清津工場　60
密山炭鉱　26
三菱化成　21,41,54-55,104t
　——順川工場　54,139,150,191,242,270
　——清津煉瓦工場　74,187,251
三菱鉱業　7,13-15,18-19,25,96,102t,133,144,213
　——清津製錬所　8,31,74,187,189,234,269
三菱鋼材　29-30
三菱神戸造船所　24
三菱重工　29-30,129
　——長崎製鋼所　29
　——平壌工場　29
三菱製鋼　29-30,101,102t,130,145,156t,208
　——仁川製作所　130,211
　——平壌製鋼所　23,29-30,64,99,130,139,187-88,190,213,233,269
三菱製鉄　7,13-14,23-24

会社・工場・鉱山・事業所・研究所名索引

――兼二浦製鉄所　7,18,24
三菱電機　20,132
　　――仁川工場　132
三菱長崎造船所　24
三菱マグネシウム工業　41,102t
　　――鎮南浦工場　40,237
密陽鉱山　73
南満洲鉄道（満鉄）　38,117t,118,120-21,125
民主朝鮮社　156
明治鉱業　7,10-11,141,156t,223
明川鉱山　224
茂木本店　126
茂山鉄鉱開発　13,26,144,223
茂山鉄山（鉱山）　13-14,201t,213,223
持越金山　20

ヤ 行

安川電機　20,52
安田鉱業所　22
八幡製鉄所　14,19,24,118
山一証券　12
山下黒鉛鉱業　11
山十製糸　83
山神組　90
湯浅蓄電池製造　132
　　――京城工場　132
鷹洞鉱山　224
横山工業　129

ラ 行

楽元機械工場　213
楽元機械連合企業所　269
楽山鉱山　224
藍田炭鉱　9
陸軍兵器廠平壌出張所　46
理研（理化学研究所）　27,34,37-39,67,106,215
理研金属宇部工場　41
利原鉱山　226-27

利原鉄山　19,27,34,102t,124,227
　　――遮湖製鉄所　34,234
理研特殊製鉄　34,102t
　　――羅興工場　34,187,235,
理研坩堝　231
龍渕鉱山　224
龍山工作　132
　　――永登浦工場　132-33
　　――仁川工場　132-33
　　――龍山工場　132
龍城機械連合総局　269
龍登鉱業所　9
龍門鉱業所（炭鉱）　157t,223
龍陽鉱山　19,74,227
良洞鉱山　227
嶺台炭鉱　141
レール・リキード社　76
ロッシュ社　72,78

ワ 行

輪西製鉄所　14

American Magnesium Metals　38
Corn Product Refining　87
IG社　62
Mortrans　206,255-56
NZ工場　55
Oriental Consolidated Mining Company　15

2・8機械工場　269
2・8セメント連合企業所　270
2・8ビナロン工場　270
3月25日ベアリング工場　207
6月4日車両綜合工場　269
7月7日連合企業所　270
65工場　205t,207-08,212,263-265,268
95号施設　212n,258-60
96号施設　212n,258-60

人名索引

朝岡登　159
浅野総一郎　59
浅野八郎　59
荒井初太郎　9, 9n
安藤豊禄　126, 159
飯盛里安　215
池田紀久男　159
池田好比古　159
稲垣多四郎　77n
今井頼次郎　159
岩崎久弥　125
岩村定親　91
岩村長市　12
宇垣一成　7, 17
植村雄吉　78
遠藤鐵夫　127
大草重蔵　158
大河内正敏　27, 67
大島義清　62
大林繁生　159
大村卓一　125, 125n
岡野正典　158

カールソン（Carlson）　59, 59n
カザレー（Casale）　51, 52n, 101, 125
片倉兼太郎　76
加藤五十造　159
加藤平太郎　86
金子直吉　68n
刈谷亨　127
河村一男　158
河村驤　25
北川勤哉　159, 161n
キム・ファンジュ　262
金策　208
金東一　68
金日成　vii – ix, 150, 154, 155n, 158, 160, 196–97, 199–200, 205–12, 206n, 213n, 267
草間潤　158
工藤宏規　126
久保田豊　92, 126
小磯国昭　46
小杉謹八　9
後藤𢭐　158
小林五夫　160
小林栄男　17, 79, 130
小林藤右衛門　17
コルクレンコ（Korkulenko）　152

斎藤久太郎　86, 88
斎藤実　7, 66
佐々木光次　48
佐野正寿　158
柴山藤雄　160
シュティコフ（Shtykov）　197
白石宗城　125
白倉清二　159
杉山繁男　159
鈴木音吉　160
スターリン　ix, 137, 148–49, 149n, 196–97, 200, 206
須田一男　159
曺晩植　137

高草木伊達　158, 160
高草木和歌子　160
田川常次郎　132
滝本英雄　159
多田栄吉　94
田村茂　158
チスチャコフ（Chistiakov）　137, 149
津田信吾　31
寺内正毅　24

人名索引

中川湊　21
長久伊勢吉　60
中沢良夫　63
中島小市　158
中村新太郎　215
中村精七郎　45
成田亮一　158, 160
新納清　159
野口遵　49, 51 - 52, 57, 59, 61 - 62, 95, 101, 113, 125-26
野田卯太郎　83

ハーバー（Haber）　51, 51n, 52n
パク・イルヨン　267
長谷川和三郎　22
原安三郎　20
ハンスギルグ（Hansgirg）　33, 38
弘中良一　130
ブース　90n
福島　68
藤原銀次郎　66, 66n
古川周　125
古川兼秀　138n
ベルギウス（Bergius）　61n
ポーレー（Pauley）　144
朴憲永　197
朴昌植　262
ボッシュ（Bosch）　51, 52n, 61n
本多繁喜　159

馬越恭平　83
松尾武記　159
三浦義明　158
三木芳男　160
ミコヤン（Mikojan）　256

溝口敏行　107
三宅熊太郎　82
ムッソリーニ　68n
宗像英二　127
村山力蔵　57
メッツナー　51n
メンシコフ（Men'shikov）　197
毛沢東　196, 212

安田清吉　158
安田豊治　22
柳原醇　160
山下太郎　54, 54n
山本条太郎　83
山本悌二郎　83
吉田一六　158
米村武雄　159

李升基　213n
李承晩　267
李承燁　262
ロマネンコ（Romanenko）　138

若松志広　158
和田豊治　83

Ivanenko, V.　265
Matveev　260-61
Ovander　260-61
Perederij, A.　256
Petrov, P.　261
Rantsev　260
Shemjakin. A.　265
Weathersby, K.　206n, 264n

Military Industrialization in North Korea

—— From Japan's War to Kim Il-sung's War ——

by

Mitsuhiko Kimura

School of International Politics, Economics and Business
Aoyama Gakuin University

and

Keiji Abe

Former Director of Tsukuba Management Office, Organization for Promoting Chemical Technological Strategy of Japan

Chisenshokan, Tokyo

2003

CONTENTS

Forward ···vii

Part I
1910–1945

Chapter 1. Mining ··5
  1. Coal ···5
  2. Other Minerals···12

Chapter 2. Metal and Machinery Industry ·····························23
  1. Iron Works ··23
  2. Metal Refining and Light Metals ······························35
  3. Machinery, Casting, Arms Production and Shipbuilding··········43

Chapter 3. Chemical Industry ··49
  1. Fertilizers, Carbide and Related Products ······················51
  2. Gun Powder and Oil Fats···57
  3. Coal Tar, Artificial Oil, Oil Refining and Electrodes ············61
  4. Paper, Pulp and Artificial Fiber·································65
  5. Cement, Firebricks and Ceramics ·······························70
  6. Others ··75

Chapter 4. Textile, Food Processing and Other Industries ············81
  1. Textile ··81
  2. Food Processing ··86
  3. Others ··91

Chapter 5. Summary ··95
  1. Business Enterprise···95
  2. Technology ···101

330   CONTENTS

   3. Aggregate Statistical Data ··107
   4. Conclusion ···108

Appendix 1. Electrical Power, Railways and Sea Ports ················113
   1. Electrical Power ···113
   2. Railways ··116
   3. Sea Ports ···119

Appendix 2. Engineers ···122

Appendix 3. Industrialization in Southern Korea ·······················129

Part II
1945–1950

Chapter 6. Collapse of the Japanese Empire and
      Material Damage ··137
   1. Invasion of the Red Army and Standstill of the Operation
      of Business ···137
   2. Damage to Industrial Facilities ···142
   3. Damage to Finished and Half-finished Products ·················146
   4. Conclusion ···148

Chapter 7. Reconstruction of the Industry (1) ·····························150
   1. Attempts to Restart the Operation at Factories ··················150
   2. Japanese Engineers ···151
   3. Production Levels ···161
   4. Summary ···165

Chapter 8. Reconstruction of the Industry (2) ·····························166
   1. What Russian Documents tell ··167
   2. Discussion ···186
   3. Conclusion ···194

Chapter 9. Preparations for the War ··196

CONTENTS

1. Purchase of Soviet Arms ···196
2. Domestic Production of Military Supplies····························207
3. Conclusion ··210

Epilogue ···211

Appendix 4. The "M" Concentrate and Uranium Ores ···············215

Data Appendix 1. Summary Data on Major Japanese Mining and Manufacturing Companies and Factories in Northern Korea in 1944-45··221
Data Appendix 2. A Russian Document Containing a Provision on Leasing Ports of Ch'ongjin, Rajin and Unggi····················255
Data Appendix 3. A Russian Document on Soviet Technical Aid to North Korea around 1950 ··257
Data Appendix 4. Two Decrees of the Military Committee of DPRK in July 1950 ···262
Data Appendix 5. A Report on an Underground Arsenal during the Korean War ··265
Data Appendix 6. Major Contemporary Factories in North Korea Inherited from the Japanese Empire····················269

Acknowledgement ···271
Bibliography ··277
Index ···291

ABSTRACT

This book discusses industrialization in North Korea from the Japanese colonization of Korea in 1910 to the outbreak of the Korean War in 1950, focusing an attention on military preparations between 1940 and 1950. A main conclusion is as follows:

After 1910, Japanese pushed industrial development in northern parts of the Korean Peninsula. Development of military industrialization was particularly remarkable in 1940-1945, more widespread and rapid than has been conventionally thought. As a result, North Korea was converted into a modern industrial area outstanding by Asian standards. After the collapse of the Japanese Empire in August 1945, the Soviet troops removed the Japanese industrial equipment and brought it back home but not in a great amount. So, the government of Kim Il-sung inherited most of that equipment which could be used for preparing for the war. He obtained strategically important goods including arms from the Soviet Union in exchange for gold, steel, fertilizers, cement and other products, which were dug from or manufactured at former Japanese mines or factories. He also strongly committed to expanding a base of domestic production of arms such as machine guns, ammunition and mortars and other necessities for the military. Thus, Kim Il-sung took over the Japanese investments in military industrialization up to 1945 and on this material basis, started his war in 1950.

木村光彦（きむら・みつひこ）
東京都生まれ．北海道大学，大阪大学，ロンドン大学で学ぶ．名古屋学院大学，帝塚山大学，神戸大学に勤務．現在，青山学院大学国際政治経済学部教授．開発経済学専攻．
〔業績〕『1945-50年北朝鮮経済資料集成』全17巻（共編，東亜経済研究所，2001年），『北朝鮮の経済——起源・形成・崩壊』（創文社，1999年），"From Fascism to Communism: Continuity and Development of Collectivist Economic Policy in North Korea," *Economic History Review*, LII, 1999 など．

安部桂司（あべ・けいじ）
福岡県生まれ．小倉工高，工学院大学で学ぶ．通産省東京工業試験所，同・化学技術研究所，同・物質工学工業技術研究所を経て，化学技術戦略推進機構研究開発事業部つくば管理事務所・前所長．環境化学専攻．朝鮮科学技術史の研究に従事．環境浄化技術，北朝鮮科学技術にかんする論稿多数．

〔北朝鮮の軍事工業化〕　　　　　　　　ISBN4-901654-19-5

2003年8月5日　第1刷印刷
2003年8月10日　第1刷発行

著　者　　木　村　光　彦
　　　　　安　部　桂　司
発行者　　小　山　光　夫
印刷者　　藤　原　良　成

発行所　〒113-0033 東京都文京区本郷1-13-2　　株式会社 知泉書館
　　　　電話(3814)6161　振替00120-6-117170
　　　　http://www.chisen.co.jp

Printed in Japan　　　　　　　　印刷・製本／藤原印刷